모든 응용을
다 푸는
해결의 법칙

수학

6·2

학습 관리

1 메타인지 개념학습

메타인지 학습을 통해 개념을 얼마나 알고 있는지 확인하고 개념을 다질 수 있어요.

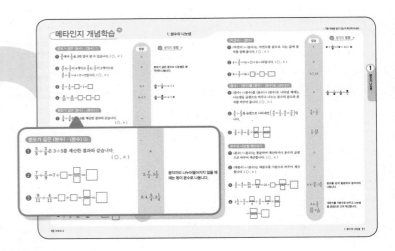

2 응용 개념 비법

응용 개념 비법에서 한 단계 더 나아간 심화 개념 설명을 익히고 교과서 개념으로 기본 개념을 확인할 수 있어요.

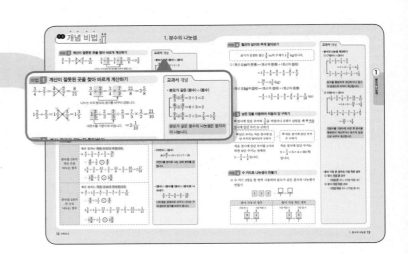

3 기본 유형 익히기

다양한 유형의 문제를 풀면서 개념을 완전히 내 것으로 만들어 보세요.

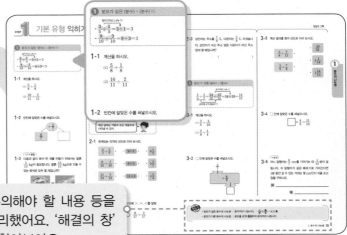

꼭 알아야 할 개념, 주의해야 할 내용 등을 아래에 '해결의 창'으로 정리했어요. '해결의 창'을 통해 문제 해결의 방법을 찾아보아요.

4 응용 유형 익히기

응용 유형 문제를 단계별로 푸는 연습을
통해 어려운 문제도 스스로 풀 수 있는
힘을 길러 줍니다.

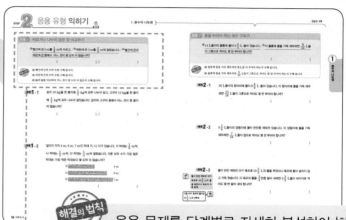

응용 문제를 단계별로 자세히 분석하여 '해
결의 법칙'으로 정리했어요. '해결의 법칙'을 통
해 한 단계 더 나아간 응용 문제를 풀어 보세요.

5 응용 유형 뛰어넘기

한 단계 더 나아간 심화 유형 문제를 풀
면서 수학 실력을 다져 보세요.

▶ 동영상 강의 제공

✦ 유사 문제 제공

유사 표시된 문제의 유사 문제가 제공됩니다.
동영상 표시된 문제의 동영상 특강을 볼 수 있어요.
QR 코드를 찍어 보세요.

6 실력평가

실력평가를 풀면서 앞에서 공부한 내용
을 정리해 보세요. 학교 시험에 잘 나오
는 유형과 좀 더 난이도가 높은 문제까
지 수록하여 확실하게 유형을 정복할 수
있어요.

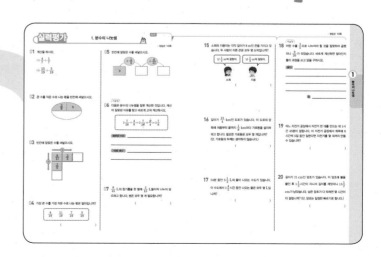

응용 **해결**의 **법칙**의
QR 활용법

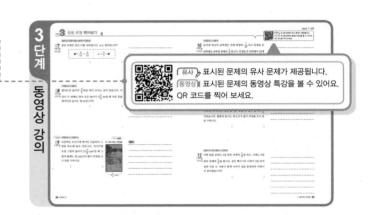

▶ 동영상 강의

선생님의 더 자세한 설명을 듣고 싶거나
혼자 해결하기 어려운 문제는 교재 내 QR
코드를 통해 동영상 강의를 무료로 제공
하고 있어요.

🔗 유사 문제

3단계에서 비슷한 유형의 문제를 더 풀어
보고 싶다면 QR 코드를 찍어 보세요. 추
가로 제공되는 유사 문제를 풀면서 앞에
서 공부한 내용을 정리할 수 있어요.

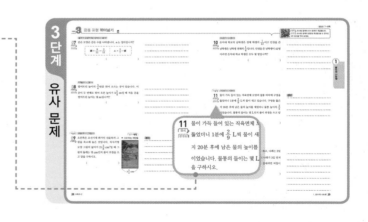

🏠 응용 해결의 법칙 6-2	
동영상	유사문제
1 분수의 나눗셈	학습하기
2 소수의 나눗셈	학습하기
3 공간과 입체	학습하기
4 비례식과 비례배분	학습하기
5 원의 넓이	학습하기
6 원기둥, 원뿔, 구	학습하기

해결의 법칙
이럴 때 필요해요!

우리 아이에게
수학 개념을
탄탄하게 해 주고
싶을 때

교과서 개념, 한 권으로 끝낸다!

개념을 쉽게 설명한 교재로 개념 동영상을 확인하면서 차근차근 실력을 쌓을 수 있어요. 교과서 내용을 충실히 익히면서 자신감을 가질 수 있어요.

개념이 어느 정도
갖춰진 우리 아이에게
공부 습관을
키워 주고싶을 때

기초부터 심화까지 몽땅 잡는다!

다양한 유형의 문제를 풀어 보도록 지도해 주세요. 이렇게 차근차근 유형을 익히며 수학 수준을 높일 수 있어요.

개념이 탄탄한
우리 아이에게
응용 문제로
수학 실력을 길러
주고 싶을 때

응용 문제는 내게 맡겨라!

수준 높고 다양한 유형의 문제를 풀어 보면서 성취감을 높일 수 있어요.

차례

1 분수의 나눗셈

바빌로니아인들은 분수를 어떻게 표현했을까요?

바빌로니아인들은 가까운 강에서 쉽게 구할 수 있었던 진흙으로 판을 만들어 문자를 새겼습니다. 이 진흙 판 문서를 보면 그들은 쐐기 문자라고 불리는 2개의 기호만으로 숫자를 나타냈습니다. ▼, ◀

1을 나타내요.

10을 나타내요.

1	▼	2	▼▼	3	▼▼▼	4	▼▼▼	5	▼▼▼	6	▼▼▼	7	▼▼▼	8	▼▼▼	9	▼▼▼	10	◀
11	◀▼	12	◀▼▼	13	◀▼▼▼	14	◀▼▼▼	15	◀▼▼▼	16	◀▼▼▼	17	◀▼▼▼	18	◀▼▼▼	19	◀▼▼▼	20	◀◀
21	◀◀▼	22	◀◀▼▼	23	◀◀▼▼▼	24	◀◀▼▼▼	25	◀◀▼▼▼	26	◀◀▼▼▼	27	◀◀▼▼▼	28	◀◀▼▼▼	29	◀◀▼▼▼	30	◀◀◀
31	◀◀◀▼	32	◀◀◀▼▼	33	◀◀◀▼▼▼	34	◀◀◀▼▼▼	35	◀◀◀▼▼▼	36	◀◀◀▼▼▼	37	◀◀◀▼▼▼	38	◀◀◀▼▼▼	39	◀◀◀▼▼▼	40	◀
41	◀▼	42	◀▼▼	43	◀▼▼▼	44	◀▼▼▼	45	◀▼▼▼	46	◀▼▼▼	47	◀▼▼▼	48	◀▼▼▼	49	◀▼▼▼	50	◀
51	◀▼	52	◀▼▼	53	◀▼▼▼	54	◀▼▼▼	55	◀▼▼▼	56	◀▼▼▼	57	◀▼▼▼	58	◀▼▼▼	59	◀▼▼▼	60	▼

60진법을 썼기 때문에 다시 숫자 1과 같아져요.

바빌로니아인들은 60진법을 사용했기 때문에 분모로 60을 사용하여 $\frac{7}{60}$, $\frac{15}{60 \times 60}$, $\frac{32}{60 \times 60 \times 60}$ 와 같이 분수를 나타냈는데 분모는 항상 60을 곱한 수였기 때문에 분모는 생략하고 분자만 썼다고 합니다.

이미 배운 내용	이번에 **배울 내용**	앞으로 배울 내용
[6-1 분수의 나눗셈] • (자연수)÷(자연수) • (분수)÷(자연수)를 곱셈으로 나타내기 • (가분수)÷(자연수) • (대분수)÷(자연수)	• (분수)÷(분수) • (자연수)÷(분수) • (분수)÷(분수)를 (분수)×(분수)로 나타내기 • 분수의 나눗셈 계산하기	**[6-2 소수의 나눗셈]** • (소수)÷(소수) • (자연수)÷(소수) • 몫을 반올림하여 나타내기 • 나누어 주고 남는 양 알아보기

예를 들어 다음과 같이 자연수 12와 분수 $\frac{12}{60}$ 를 똑같이 표현했습니다.

자연수 12   분수 $\frac{12}{60}$

그런데 자연수와 분수를 구분하는 방법은 따로 없었기 때문에 앞뒤 수들과의 관계를 통해 따져 보아야 했습니다.

고대 로마인들은 분수를 어떻게 표현했을까요?

12진법을 사용한 로마인들은 분모를 12만 썼기 때문에 바빌로니아인들처럼 분모를 표시하지 않았습니다. 다만, 바빌로니아인들과는 다르게 자연수보다 분수를 조금 작게 나타냈습니다.

예를 들어 다음과 같이 자연수 4와 분수 $\frac{4}{12}$ 를 표현했습니다.

4 (자연수)   4 (분수)
└─ 수를 크게   └─ 수를 작게

현재 우리가 사용하는 분수 기호는 인도에서 시작되었습니다.
맨 처음 분수에는 가로선이 없었습니다. 그 이후 등장한 분수의 가로선도 지금과는 다른 방식으로 사용했습니다.
16세기에 이르러 분수를 나타내는 가로선을 사용했지만 오늘날 우리가 사용하는 모양이 퍼지게 된 것은 17세기 이후입니다. 분수를 사용한 지 한참이 지난 후 표기 방법이 정착된 것입니다.

메타인지 개념학습 ☀

분모가 같은 (분수)÷(분수) ⑴

| | 정답 | 💡 생각의 방향 ↑ |

❶ $\frac{3}{5}$에서 $\frac{1}{5}$을 3번 덜어 낼 수 있습니다. (○ , ×)

○

❷ $\frac{4}{7}$ 는 $\frac{1}{7}$이 4개이고 $\frac{2}{7}$ 는 $\frac{1}{7}$이 2개이므로

$\frac{4}{7}÷\frac{2}{7}=4÷2=2$입니다. (○ , ×)

○

분모가 같은 분수의 나눗셈은 분자끼리 나눕니다.

❸ $\frac{5}{6}÷\frac{1}{6}=\boxed{}÷1=\boxed{}$

5, 5

$\dfrac{\blacktriangle}{\blacksquare}÷\dfrac{1}{\blacksquare}=\blacktriangle÷1$

❹ $\frac{8}{15}÷\frac{4}{15}=\boxed{}÷\boxed{}=\boxed{}$

8, 4, 2

$\dfrac{\blacktriangle}{\blacksquare}÷\dfrac{\bullet}{\blacksquare}=\blacktriangle÷\bullet$

분모가 같은 (분수)÷(분수) ⑵

❶ $\frac{5}{8}÷\frac{3}{8}$은 $3÷5$를 계산한 결과와 같습니다.

(○ , ×)

×

❷ $\frac{7}{9}÷\frac{2}{9}=7÷\boxed{}=\dfrac{\boxed{}}{\boxed{}}=\boxed{}$

$2, \dfrac{7}{2}, 3\dfrac{1}{2}$

분자끼리 나누어떨어지지 않을 때에는 몫이 분수로 나옵니다.

❸ $\frac{9}{11}÷\frac{4}{11}=\boxed{}÷\boxed{}=\dfrac{\boxed{}}{\boxed{}}=\boxed{}$

$9, 4, \dfrac{9}{4}, 2\dfrac{1}{4}$

분모가 다른 (분수)÷(분수)

❶ 분모가 다른 분수의 나눗셈은 분모를 같게 통분하여 분자끼리 나누어 구합니다. (○ , ×)

○

❷ $\frac{1}{2}÷\frac{1}{4}$을 통분하면 $\left(\dfrac{2}{4}÷\dfrac{1}{4}, \dfrac{2}{8}÷\dfrac{4}{8}\right)$입니다.

$\dfrac{2}{4}÷\dfrac{1}{4}$

분수를 통분할 때에는 분모의 곱이나 분모의 최소공배수를 공통분모로 하여 통분합니다.

❸ $\frac{2}{3}÷\frac{1}{6}=\dfrac{\boxed{}}{6}÷\dfrac{1}{6}=\boxed{}÷1=\boxed{}$

4, 4, 4

❹ $\frac{3}{7}÷\frac{4}{5}=\dfrac{15}{35}÷\dfrac{\boxed{}}{35}=15÷\boxed{}=\dfrac{\boxed{}}{\boxed{}}$

$28, 28, \dfrac{15}{28}$

정답   💡 **생각의 방향** ↗

(자연수) ÷ (분수)

❶ (자연수) ÷ (분수)는 자연수를 분모로 나눈 값에 분자를 곱해 줍니다. (○ , ×)

$\times$

$●÷\dfrac{■}{▲}=(●÷▲)×■$

❷ $4÷\dfrac{2}{5}=(4÷2)×5=10$입니다. (○ , ×)

$○$

❸ $6÷\dfrac{3}{7}=(6÷\boxed{})×\boxed{}=\boxed{}$

$3, 7, 14$

(분수) ÷ (분수)를 (분수) × (분수)로 나타내기

❶ (분수) ÷ (분수)를 (분수) × (분수)로 나타낼 때에는 나눗셈을 곱셈으로 바꾸고 나누는 분수의 분모와 분자를 바꾸어 줍니다. (○ , ×)

$○$

$\dfrac{■}{▲}÷\dfrac{★}{●}=\dfrac{■}{▲}×\dfrac{●}{★}$

❷ $\dfrac{4}{5}÷\dfrac{2}{3}$를 곱셈으로 나타내면 $\left(\dfrac{4}{5}×\dfrac{2}{3},\ \dfrac{4}{5}×\dfrac{3}{2}\right)$입니다.

$\dfrac{4}{5}×\dfrac{3}{2}$

❸ $\dfrac{2}{9}÷\dfrac{3}{7}=\dfrac{2}{9}×\dfrac{\boxed{}}{\boxed{}}=\dfrac{\boxed{}}{\boxed{}}$

$\dfrac{7}{3},\ \dfrac{14}{27}$

분수의 나눗셈 계산하기

❶ (분수) ÷ (분수)는 통분하여 계산하거나 분수의 곱셈으로 바꾸어 계산합니다. (○ , ×)

$○$

❷ (대분수) ÷ (분수)는 대분수를 가분수로 바꾸어 계산합니다. (○ , ×)

$○$

❸ $\dfrac{3}{2}÷\dfrac{4}{7}=\dfrac{21}{14}÷\dfrac{\boxed{}}{14}=21÷\boxed{}=\dfrac{\boxed{}}{\boxed{}}=\boxed{}$

$8, 8, \dfrac{21}{8}, 2\dfrac{5}{8}$

분모를 같게 통분하여 분자끼리 나눕니다.

❹ $1\dfrac{1}{4}÷\dfrac{3}{5}=\dfrac{\boxed{}}{4}÷\dfrac{3}{5}=\dfrac{\boxed{}}{4}×\dfrac{\boxed{}}{\boxed{}}$

$=\dfrac{\boxed{}}{\boxed{}}=\boxed{}$

$5, 5, \dfrac{5}{3},$
$\dfrac{25}{12}, 2\dfrac{1}{12}$

대분수를 가분수로 바꾸고 나눗셈을 곱셈으로 고쳐 계산합니다.

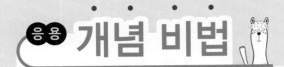
비법 1 계산이 잘못된 곳을 찾아 바르게 계산하기

$$\frac{3}{4} \div \frac{2}{7} = \frac{4}{3} \times \frac{2}{7} = \frac{8}{21}$$ ✗

$$\frac{3}{4} \div \frac{2}{7} = \frac{3}{4} \times \frac{7}{2} = \frac{21}{8} = 2\frac{5}{8}$$

나누는 수의 분모와 분자를 바꾸어 곱합니다.

$$1\frac{2}{5} \div \frac{2}{3} = 1\frac{2}{5} \times \frac{3}{2} = 1\frac{3}{5}$$ ✗

$$1\frac{2}{5} \div \frac{2}{3} = \frac{7}{5} \div \frac{2}{3} = \frac{7}{5} \times \frac{3}{2} = \frac{21}{10}$$

대분수를 가분수로 바꿉니다. $= 2\frac{1}{10}$

비법 2 계산 결과가 맞는지 확인하기

(예) $\dfrac{2}{9} \div \dfrac{5}{8}$ 를 계산하고 결과가 맞는지 확인하기

$$\frac{2}{9} \div \frac{5}{8} = \frac{2}{9} \times \frac{8}{5} = \frac{16}{45}$$

$$■ \div ▲ = ● \Rightarrow \begin{matrix} ▲ \times ● = ■ \\ ● \times ▲ = ■ \end{matrix}$$

확인 $\dfrac{5}{8} \times \dfrac{16}{45} = \dfrac{2}{9}$

나누는 수와 계산 결과를 곱했을 때 나누어지는 수가 나오면 계산이 바른 것입니다.

비법 3 나누는 수에 따른 계산 결과 비교하기

분수를 1보다 작은 수로 나누는 경우	계산 결과는 처음 수보다 커집니다. (예) $\dfrac{4}{7} \div \dfrac{3}{5} = \dfrac{4}{7} \times \dfrac{5}{3} = \dfrac{20}{21}$ $\Rightarrow \dfrac{4}{7} \div \dfrac{3}{5}$ $>$ $\dfrac{4}{7}$ $1\dfrac{5}{8} \div \dfrac{3}{5} = \dfrac{13}{8} \div \dfrac{3}{5} = \dfrac{13}{8} \times \dfrac{5}{3} = \dfrac{65}{24} = 2\dfrac{17}{24}$ $\Rightarrow 1\dfrac{5}{8} \div \dfrac{3}{5}$ $>$ $1\dfrac{5}{8}$
분수를 1보다 큰 수로 나누는 경우	계산 결과는 처음 수보다 작아집니다. (예) $\dfrac{4}{7} \div 1\dfrac{1}{2} = \dfrac{4}{7} \div \dfrac{3}{2} = \dfrac{4}{7} \times \dfrac{2}{3} = \dfrac{8}{21}$ $\Rightarrow \dfrac{4}{7} \div 1\dfrac{1}{2}$ $<$ $\dfrac{4}{7}$ $1\dfrac{5}{8} \div 1\dfrac{1}{2} = \dfrac{13}{8} \div \dfrac{3}{2} = \dfrac{13}{8} \times \dfrac{2}{3} = \dfrac{13}{12} = 1\dfrac{1}{12}$ $\Rightarrow 1\dfrac{5}{8} \div 1\dfrac{1}{2}$ $<$ $1\dfrac{5}{8}$

교과서 개념

• 분모가 같은 (분수)÷(분수)

$$\frac{2}{3} \div \frac{1}{3} = 2 \div 1 = 2$$

$$\frac{6}{7} \div \frac{3}{7} = 6 \div 3 = 2$$

$$\frac{7}{8} \div \frac{5}{8} = 7 \div 5 = \frac{7}{5} = 1\frac{2}{5}$$

분모가 같은 분수의 나눗셈은 분자끼리 나눕니다.

• 분모가 다른 (분수)÷(분수)

$$\frac{5}{6} \div \frac{3}{5} = \frac{25}{30} \div \frac{18}{30}$$
$$= 25 \div 18 = \frac{25}{18} = 1\frac{7}{18}$$

분모가 다른 분수의 나눗셈은 분모를 같게 통분하여 분자끼리 나눕니다.

• (자연수)÷(분수)

$$8 \div \frac{2}{7} = (8 \div 2) \times 7 = 28$$

자연수를 분자로 나눈 값에 분모를 곱합니다.

• (분수)÷(분수)를 (분수)×(분수)로 나타내기

$$\frac{4}{9} \div \frac{3}{4} = \frac{4}{9} \times \frac{4}{3} = \frac{16}{27}$$

나눗셈을 곱셈으로 바꾸고 나누는 수의 분모와 분자를 바꾸어 줍니다.

굵기가 일정한 철근 $\frac{4}{9}$ m의 무게가 $1\frac{3}{5}$ kg입니다.

① (철근 **1 m**의 **무게**)＝(철근의 **무게**)÷(철근의 **길이**)

$$=1\frac{3}{5}\div\frac{4}{9}=\frac{8}{5}\div\frac{4}{9}=\frac{\overset{2}{\cancel{8}}}{5}\times\frac{9}{\cancel{4}_{1}}$$

$$=\frac{18}{5}=3\frac{3}{5}\text{(kg)}$$

② (철근 **1 kg**의 **길이**)＝(철근의 **길이**)÷(철근의 **무게**)

$$=\frac{4}{9}\div1\frac{3}{5}=\frac{4}{9}\div\frac{8}{5}=\frac{\overset{1}{\cancel{4}}}{9}\times\frac{5}{\cancel{8}_{2}}=\frac{5}{18}\text{(m)}$$

(예) ❶ 접시에 있던 쿠키의 $\frac{3}{4}$을 먹었더니 5개가 남았을 때 ❷ 처음 접시에 있던 쿠키 수 구하기

❶ 남은 쿠키는 처음 접시에 있던 쿠키의 얼마인지 구하기	⇨	❷ 처음 접시에 있던 쿠키 수 구하기

처음 접시에 있던 쿠키를 1이라 하면 남은 쿠키는 전체의

$1-\frac{3}{4}=\frac{1}{4}$입니다.

처음 접시에 있던 쿠키는

$5\div\frac{1}{4}=5\times4=20$(개)

입니다.

(예) 수 카드 3장을 한 번씩 사용하여 분모가 같은 분수의 나눗셈식 만들기

$$\boxed{1}\ \boxed{2}\ \boxed{3}\ \Rightarrow\ \frac{\square}{7}\div\frac{\square}{7}$$

몫이 가장 큰 경우	몫이 가장 작은 경우
가장 큰 수 가장 작은 수	가장 작은 수 가장 큰 수
$\dfrac{\boxed{3}}{7}\div\dfrac{\boxed{1}}{7}$	$\dfrac{\boxed{1}}{7}\div\dfrac{\boxed{3}}{7}$

교과서 개념

• 분수의 나눗셈 계산하기

① (가분수)÷(분수)

$$\frac{7}{4}\div\frac{1}{2}=\frac{7}{4}\div\frac{2}{4}$$
$$=7\div2=\frac{7}{2}=3\frac{1}{2}$$

$$\frac{7}{4}\div\frac{1}{2}=\frac{7}{\cancel{4}_{2}}\times\overset{1}{\cancel{2}}=\frac{7}{2}=3\frac{1}{2}$$

분수를 통분하여 계산하거나 분수의 곱셈으로 바꾸어 계산합니다.

② (대분수)÷(분수)

$$1\frac{1}{6}\div\frac{3}{4}=\frac{7}{6}\div\frac{3}{4}=\frac{14}{12}\div\frac{9}{12}$$
$$=14\div9=\frac{14}{9}=1\frac{5}{9}$$

$$1\frac{1}{6}\div\frac{3}{4}=\frac{7}{6}\div\frac{3}{4}=\frac{7}{\cancel{6}_{3}}\times\frac{\overset{2}{\cancel{4}}}{3}$$
$$=\frac{14}{9}=1\frac{5}{9}$$

대분수를 가분수로 바꾼 후 분수를 통분하여 계산하거나 분수의 곱셈으로 바꾸어 계산합니다.

• 몫이 가장 큰 경우와 가장 작은 경우

① 몫이 **가장 큰** 경우
⇨ (**가장 큰 수**)÷(**가장 작은 수**)

② 몫이 **가장 작은** 경우
⇨ (**가장 작은 수**)÷(**가장 큰 수**)

1 분수의 나눗셈

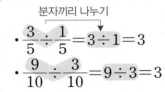

1 분모가 같은 (분수)÷(분수) ⑴

분자끼리 나누기

$$\cdot \frac{3}{5} \div \frac{1}{5} = 3 \div 1 = 3$$

$$\cdot \frac{9}{10} \div \frac{3}{10} = 9 \div 3 = 3$$

1-1 계산을 하시오.

(1) $\frac{5}{8} \div \frac{1}{8}$

(2) $\frac{10}{11} \div \frac{2}{11}$

1-2 빈칸에 알맞은 수를 써넣으시오.

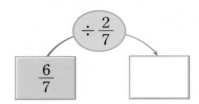

창의+융합

1-3 다음과 같이 화석 한 개를 만들기 위해서는 찰흙 $\frac{3}{13}$ kg이 필요합니다. 찰흙 $\frac{12}{13}$ kg으로 만들 수 있는 화석은 모두 몇 개입니까?

( )

서술형

1-4 그림에 알맞은 진분수끼리의 나눗셈식을 만들고 답을 구하시오.

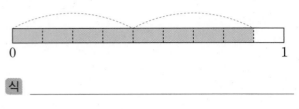

식 _____

답 _____

2 분모가 같은 (분수)÷(분수) ⑵

분자끼리 나누기

$$\frac{5}{9} \div \frac{2}{9} = 5 \div 2 = \frac{5}{2} = 2\frac{1}{2}$$

계산 결과는 가분수 또는 대분수로 나타낼 수 있어.

2-1 관계있는 것끼리 선으로 이어 보시오.

$\frac{6}{7} \div \frac{5}{7}$ · · $9 \div 7$ · · $5\frac{1}{2}$

$\frac{9}{10} \div \frac{7}{10}$ · · $6 \div 5$ · · $1\frac{2}{7}$

$\frac{11}{15} \div \frac{2}{15}$ · · $11 \div 2$ · · $1\frac{1}{5}$

2-2 계산 결과를 비교하여 ◯ 안에 >, =, <를 알맞게 써넣으시오.

$$\frac{8}{11} \div \frac{3}{11} \quad \bigcirc \quad \frac{8}{17} \div \frac{3}{17}$$

2-3 상민이는 주스를 $\dfrac{7}{8}$ L, 다은이는 $\dfrac{3}{8}$ L 마셨습니다. 상민이가 마신 주스 양은 다은이가 마신 주스 양의 몇 배입니까?

(   )

3-3 계산 결과를 찾아 선으로 이어 보시오.

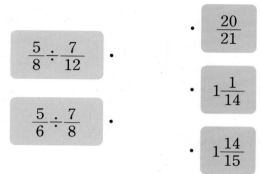

---

3 분모가 다른 (분수)÷(분수)

분자끼리 나누기

$$\dfrac{2}{5} \div \dfrac{3}{7} = \dfrac{14}{35} \div \dfrac{15}{35} = 14 \div 15 = \dfrac{14}{15}$$

분모를 같게 통분하기

3-1 계산을 하시오.

(1) $\dfrac{3}{5} \div \dfrac{3}{10}$

(2) $\dfrac{2}{9} \div \dfrac{1}{4}$

3-4 □ 안에 알맞은 수를 써넣으시오.

$$\boxed{} \times \dfrac{4}{5} = \dfrac{11}{14}$$

3-2 □ 안에 알맞은 수를 써넣으시오.

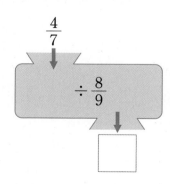

서술형

3-5 어느 달팽이는 $\dfrac{6}{7}$ cm를 기어가는 데 $\dfrac{1}{15}$ 분이 걸립니다. 이 달팽이가 같은 빠르기로 기어간다면 1분 동안 갈 수 있는 거리는 몇 cm인지 식을 쓰고 답을 구하시오.

식 _____

답 _____

· 분모가 같은 분수의 나눗셈 ⇨ 분자끼리 나눕니다. ⇨ $\dfrac{\blacktriangle}{\blacksquare} \div \dfrac{\bullet}{\blacksquare} = \blacktriangle \div \bullet$

· 분모가 다른 분수의 나눗셈 ⇨ 분모를 같게 통분하여 분자끼리 나눕니다.

1 분수의 나눗셈

4 (자연수)÷(분수)

분자로 나누기
$$4 \div \frac{2}{5} = (4 \div 2) \times 5 = 10$$
분모를 곱하기

4-1 계산을 하시오.

(1) $6 \div \frac{2}{7}$

(2) $10 \div \frac{5}{9}$

4-2 빈칸에 알맞은 수를 써넣으시오.

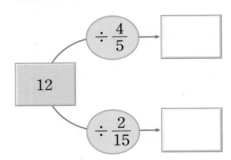

4-3 계산 결과가 큰 것부터 순서대로 기호를 쓰시오.

| ㉠ $7 \div \frac{7}{9}$ | ㉡ $8 \div \frac{4}{11}$ | ㉢ $9 \div \frac{3}{4}$ |

( )

4-4 굵기가 일정한 쇠막대 $\frac{3}{5}$ m의 무게가 3 kg입니다. 쇠막대 1 m의 무게는 몇 kg인지 식을 쓰고 답을 구하시오.

식 _____

답 _____

5 (분수)÷(분수)를 (분수)×(분수)로 나타내기

❶ 나눗셈을 곱셈으로 바꾸기
$$\frac{1}{4} \div \frac{6}{7} = \frac{1}{4} \times \frac{7}{6} = \frac{7}{24}$$
❷ 분모와 분자를 바꾸기

5-1 나눗셈식을 곱셈식으로 나타내어 계산하시오.

(1) $\frac{2}{9} \div \frac{7}{8}$

(2) $\frac{4}{7} \div \frac{3}{13}$

5-2 넓이가 $\frac{11}{21}$ m²인 직사각형이 있습니다. 세로가 $\frac{6}{7}$ m일 때 가로는 몇 m입니까?

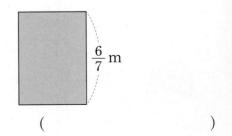

$\frac{6}{7}$ m

( )

5-3 앵무새의 무게는 $\frac{9}{10}$ kg, 참새의 무게는 $\frac{3}{4}$ kg 입니다. 앵무새의 무게는 참새의 무게의 몇 배입니까?

( )

6 분수의 나눗셈 계산하기

방법1 통분하여 계산하기

방법2 나눗셈을 곱셈으로 바꾸어 계산하기

• $1\frac{1}{2} \div \frac{2}{3}$ 의 계산

방법1 $1\frac{1}{2} \div \frac{2}{3} = \frac{3}{2} \div \frac{2}{3} = \frac{9}{6} \div \frac{4}{6} = 9 \div 4$
$= \frac{9}{4} = 2\frac{1}{4}$

방법2 $1\frac{1}{2} \div \frac{2}{3} = \frac{3}{2} \div \frac{2}{3} = \frac{3}{2} \times \frac{3}{2} = \frac{9}{4} = 2\frac{1}{4}$

6-1 계산을 하시오.

(1) $\frac{13}{9} \div \frac{4}{5}$

(2) $1\frac{4}{5} \div \frac{3}{7}$

6-2 빈칸에 알맞은 수를 써넣으시오.

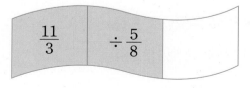

$\frac{11}{3}$ $\div$ $\frac{5}{8}$

6-3 서술형 $2\frac{3}{5} \div \frac{4}{9}$ 를 두 가지 방법으로 계산하시오.

방법1 _____

_____

방법2 _____

_____

창의＋융합
6-4 태희가 만든 고무동력수레는 $2\frac{3}{4}$ m를 달리는 데 $\frac{7}{12}$ 초가 걸렸습니다. 이 고무동력수레가 같은 빠르기로 1초 동안 이동한 거리는 몇 m입니까?

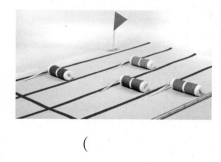

( )

6-5 아이스크림 $\frac{5}{6}$ kg의 가격이 7000원입니다. 아이스크림 1 kg의 가격은 얼마입니까?

( )

해결의 창

• (대분수)÷(분수)는 (가분수)÷(분수)로 바꾸어 계산합니다.

잘못된 계산 $2\frac{4}{5} \div \frac{6}{7} = 2\frac{4}{5} \times \frac{7}{6} = 2\frac{14}{15}$

바른 계산 $2\frac{4}{5} \div \frac{6}{7} = \frac{14}{5} \div \frac{6}{7} = \frac{14}{5} \times \frac{7}{6} = \frac{49}{15} = 3\frac{4}{15}$

1 분수의 나눗셈

STEP **2** 응용 유형 **익히기**

응용 **1** 자르거나 나누어 담은 양 비교하기

❶빨간색 끈 5 m를 $\frac{1}{8}$ m씩 자르고, / ❷파란색 끈 3 m를 $\frac{1}{9}$ m씩 잘랐습니다. / ❸빨간색 끈과 파란색 끈 중에서 어느 것이 몇 도막 더 많습니까?

(   ), (   )

해결의 법칙
❶ 빨간색 끈의 도막 수를 구해 봅니다.
❷ 파란색 끈의 도막 수를 구해 봅니다.
❸ ❶과 ❷를 비교하여 어느 것이 몇 도막 더 많은지 구해 봅니다.

예제 **1 - 1**   감자 19 kg을 한 봉지에 $\frac{1}{2}$ kg씩 모두 나누어 담고, 고구마 12 kg을 한 봉지에 $\frac{1}{3}$ kg씩 모두 나누어 담았습니다. 감자와 고구마 중에서 어느 것이 몇 봉지 더 많습니까?

(   ), (   )

예제 **1 - 2**   길이가 각각 4 m, 6 m, 7 m인 막대 가, 나, 다가 있습니다. 가 막대는 $\frac{1}{6}$ m씩, 나 막대는 $\frac{1}{5}$ m씩, 다 막대는 $\frac{1}{4}$ m씩 잘랐습니다. 자른 도막 수가 가장 많은 막대는 가장 적은 막대보다 몇 도막 더 많습니까?

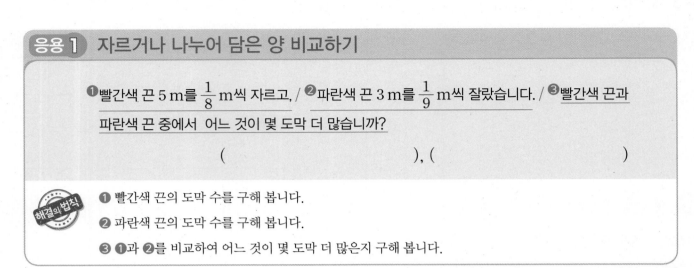

가   4 m

나   6 m

다   7 m

(   )

응용 2 물을 부어야 하는 횟수 구하기

❶ 14 L들이의 물통에 물이 $6\frac{4}{5}$ L 들어 있습니다. / ❷ 이 물통에 물을 가득 채우려면 $\frac{9}{10}$ L들이 그릇으로 적어도 몇 번 부어야 합니까?

(   )

❶ 물통에 물을 가득 채우려면 몇 L를 더 부어야 하는지 구해 봅니다.

❷ 물통에 물을 가득 채우려면 $\frac{9}{10}$ L들이 그릇으로 적어도 몇 번 부어야 하는지 구해 봅니다.

예제 2-1 20 L들이의 항아리에 물이 $9\frac{8}{9}$ L 들어 있습니다. 이 항아리에 물을 가득 채우려면 $\frac{13}{18}$ L들이 그릇으로 적어도 몇 번 부어야 합니까?

(   )

예제 2-2 $5\frac{5}{6}$ L들이의 양동이에 물이 반만큼 채워져 있습니다. 이 양동이에 물을 가득 채우려면 $\frac{7}{24}$ L들이 컵으로 적어도 몇 번 부어야 합니까?

(   )

예제 2-3 물이 반만 채워진 아기 욕조에 $10\frac{2}{5}$ L의 물을 부었더니 욕조에 물이 넘치지 않고 가득 찼습니다. 이 욕조의 물을 $\frac{3}{4}$ 만큼 덜어 내려면 $2\frac{3}{5}$ L들이 바가지로 적어도 몇 번 덜어 내야 합니까?

물이 반만 채워진 아기 욕조에 $10\frac{2}{5}$ L의 물을 부었더니 욕조가 가득 찼대.

그럼 아기 욕조의 들이는 $10\frac{2}{5}$ L의 2배네.

(   )

응용 3 칠할 수 있는 벽의 넓이 구하기

① 넓이가 $11\frac{1}{4}$ m²인 직사각형 모양의 벽을 칠하는 데 $2\frac{1}{10}$ L의 페인트가 필요합니다. / ② 7 L의 페인트로 칠할 수 있는 벽의 넓이는 몇 m²입니까?

( )

① 1 L의 페인트로 칠할 수 있는 벽의 넓이를 구해 봅니다.

② 7 L의 페인트로 칠할 수 있는 벽의 넓이를 구해 봅니다.

예제 **3 - 1**   넓이가 $14\frac{1}{6}$ m²인 직사각형 모양의 벽을 칠하는 데 $3\frac{4}{7}$ L의 페인트가 필요합니다. 15 L의 페인트로 칠할 수 있는 벽의 넓이는 몇 m²입니까?

( )

예제 **3 - 2**   한 변의 길이가 8 m인 정사각형 모양의 벽을 칠하는 데 $10\frac{2}{3}$ L의 페인트를 사용했습니다. 1 L의 페인트로 몇 m²의 벽을 칠한 셈입니까?

( )

예제 **3 - 3**   가로가 12 m이고 세로가 $4\frac{4}{9}$ m인 직사각형 모양의 벽을 칠하는 데 $5\frac{5}{7}$ L의 페인트를 사용했습니다. 1 L의 페인트로 몇 m²의 벽을 칠한 셈입니까?

( )

응용 4 넓이가 같은 두 도형의 변의 길이 비교하기

①②넓이가 각각 $\frac{18}{25}$ m²로 같은 직사각형 가와 나가 있습니다. / ③직사각형 가와 나의 세로의 차는 몇 m입니까?

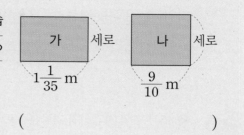

( )

❶ 직사각형 가의 세로는 몇 m인지 구해 봅니다.

❷ 직사각형 나의 세로는 몇 m인지 구해 봅니다.

❸ ❶과 ❷를 비교하여 차를 구해 봅니다.

예제 **4 - 1** 넓이가 각각 $\frac{5}{12}$ m²로 같은 평행사변형 가와 나가 있습니다. 평행사변형 가와 나의 높이의 차는 몇 m입니까?

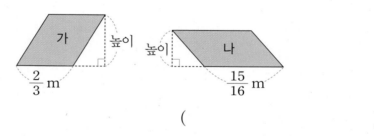

( )

예제 **4 - 2** 넓이가 같은 직각삼각형 가와 직사각형 나가 있습니다. 직사각형 나의 가로는 세로의 몇 배입니까?

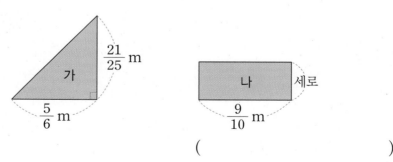

( )

응용 5 일정한 빠르기로 갈 수 있는 거리 구하기

❶❷아인이는 일정한 빠르기로 3 km를 가는 데 45분이 걸렸습니다. / ❸아인이가 같은 빠르기로 $1\frac{1}{2}$시간 동안 갈 수 있는 거리는 몇 km입니까?

(   )

해결의 법칙

❶ 45분은 몇 시간인지 기약분수로 나타내어 봅니다.

❷ 아인이가 한 시간 동안 갈 수 있는 거리를 구해 봅니다.

❸ 아인이가 $1\frac{1}{2}$시간 동안 갈 수 있는 거리를 구해 봅니다.

예제 5 - 1 재민이는 자전거를 타고 일정한 빠르기로 8 km를 가는 데 50분이 걸렸습니다. 재민이가 같은 빠르기로 자전거를 타고 $1\frac{2}{3}$시간 동안 갈 수 있는 거리는 몇 km 입니까?

(   )

예제 5 - 2 혜영이와 유성이가 직선 거리를 일정한 빠르기로 같은 지점에서 동시에 출발하여 반대 방향으로 한 시간 동안 걸었습니다. 두 사람 사이의 거리는 몇 km입니까?

(   )

응용 **6** 어떤 수를 구하여 다시 계산하기

❶❷어떤 수에 $\frac{5}{6}$를 곱하면 $4\frac{4}{9}$가 됩니다. / ❸어떤 수를 $\frac{2}{3}$로 나눈 몫은 얼마입니까?

(   )

❶ 어떤 수를 □라 하여 곱셈식을 세워 봅니다.

❷ 곱셈과 나눗셈의 관계를 이용하여 □의 값을 구해 봅니다.

❸ 어떤 수를 $\frac{2}{3}$로 나눈 몫을 구해 봅니다.

1

분수의 나눗셈

예제 6-1   어떤 수에 $2\frac{4}{5}$를 곱하면 $1\frac{3}{5}$이 됩니다. $2\frac{2}{3}$를 어떤 수로 나눈 몫을 구하시오.

(   )

예제 6-2   어떤 수에 $\frac{5}{6}$를 더한 다음 $\frac{4}{5}$를 곱했더니 $1\frac{2}{3}$가 되었습니다. 어떤 수를 $1\frac{1}{2}$로 나눈 몫을 구하시오.

(   )

예제 6-3   6을 어떤 수로 나누어야 할 것을 잘못하여 어떤 수를 곱했더니 $4\frac{1}{5}$이 되었습니다. 바르게 계산한 값을 구하시오.

어떤 수를 답으로 적어 틀리는 경우가 많아!

바르게 계산한 값을 구하도록 주의해야 해.

(   )

응용 **7** 수 카드로 나눗셈식 만들기

❶❷4장의 수 카드 중에서 2장을 뽑아 한 번씩만 사용하여 진분수를 만들려고 합니다. / ❸만들 수 있는 가장 큰 진분수를 가장 작은 진분수로 나눈 몫은 얼마입니까?

❶❷ | 1 | 3 | 7 | 9 |

(   )

해결의 법칙

❶ 만들 수 있는 가장 큰 진분수를 구해 봅니다.

❷ 만들 수 있는 가장 작은 진분수를 구해 봅니다.

❸ ❶을 ❷로 나눈 몫을 구해 봅니다.

예제 7 - 1   4장의 수 카드 중에서 2장을 뽑아 한 번씩만 사용하여 진분수를 만들려고 합니다. 만들 수 있는 가장 큰 진분수를 가장 작은 진분수로 나눈 몫은 얼마입니까?

| 2 | 4 | 7 | 8 |

(   )

예제 7 - 2   4장의 수 카드 중에서 3장을 뽑아 한 번씩만 사용하여 대분수를 만들려고 합니다. 만들 수 있는 가장 큰 대분수를 가장 작은 대분수로 나눈 몫은 얼마입니까?

| 1 | 5 | 6 | 7 |

(   )

응용 8 양초가 다 타는 데 걸리는 시간 구하기

❶❷ 길이가 15 cm인 양초에 불을 붙이고 4분이 지난 후 양초의 길이를 재었더니 $12\frac{1}{3}$ cm였습니다. /❸ 남은 양초가 다 타려면 몇 분이 더 걸립니까? (단, 양초는 일정한 빠르기로 탑니다.)

(   )

❶ 4분 동안 탄 양초의 길이를 구해 봅니다.

❷ 1분 동안 탄 양초의 길이를 구해 봅니다.

❸ 남은 양초가 다 타는 데 더 걸리는 시간을 구해 봅니다.

예제 **8-1** 길이가 18 cm인 양초에 불을 붙이고 6분이 지난 후 양초의 길이를 재었더니 $13\frac{1}{5}$ cm였습니다. 남은 양초가 다 타려면 몇 분이 더 걸립니까? (단, 양초는 일정한 빠르기로 탑니다.)

(   )

예제 **8-2** 정전이 되어 거실에 길이가 21 cm인 양초를 놓고 불을 붙였습니다. 불을 붙이고 1시간 45분이 지난 후 양초의 길이를 재었더니 $16\frac{1}{10}$ cm였습니다. 처음부터 이 양초가 다 타는 데까지 걸리는 시간은 몇 시간입니까? (단, 양초는 일정한 빠르기로 탑니다.)

(   )

(자연수)÷(분수)

01 다음은 20℃와 60℃ 물에서 백반이 녹은 양을 측정한 결
유사 과입니다. 60℃ 물에서 녹은 백반 양은 20℃ 물에서 녹은
백반 양의 몇 배입니까?

▲ 20℃ 물에서 $1\frac{1}{2}$숟가락 녹음.　　▲ 60℃ 물에서 9숟가락 녹음.

(　　　　　　　　　　　　　)

분모가 같은 (분수)÷(분수)

02 다음 조건을 만족하는 분수의 나눗셈식을 모두 쓰시오.
유사

> **조건**
> • 8÷7을 이용하여 계산할 수 있습니다.
> • 분모가 11보다 작은 진분수의 나눗셈입니다.
> • 두 분수의 분모는 같습니다.

식 _____

서술형 (자연수)÷(분수)

03 □ 안에 들어갈 수 있는 자연수 중에서 1보다 큰 수는 모두
유사 몇 개인지 풀이 과정을 쓰고 답을 구하시오.

$$15 \div \frac{3}{\square} < 20$$

(　　　　　　　　　　　　　)

풀이

(대분수)÷(대분수)

창의+융합

04 간이 육상 경기 종목별 이동 거리와 걸린 시간을 조사하였습니다. 1초 동안 가장 많이 이동한 종목은 무엇입니까?

유사 》

종목	앞발 이어걷기	뒤로 걷기	한 발로 뛰기
이동 거리(m)	$8\frac{2}{3}$	$13\frac{1}{2}$	$8\frac{4}{5}$
걸린 시간(초)	$4\frac{1}{3}$	$5\frac{1}{4}$	$3\frac{3}{10}$

(   )

1

분수의 나눗셈

(대분수)÷(대분수)

05 넓이가 $6\frac{1}{8}$ cm²인 마름모가 있습니다. 한 대각선의 길이가 $4\frac{2}{3}$ cm일 때 다른 대각선의 길이는 몇 cm입니까?

유사 》

(   )

분모가 다른 (분수)÷(분수)

창의+융합

06 보기의 수 카드 중에서 2장을 골라 □ 안에 한 번씩만 넣어 분수의 나눗셈식을 만들려고 합니다. 만들 수 있는 나눗셈식 중에서 가장 큰 몫을 구하시오.

유사 》
동영상

보기

4 7 5 1 ⇒ □/12 ÷ □/9

(   )

분모가 같은/다른 (분수)÷(분수)

07 같은 모양은 같은 수를 나타냅니다. ▲는 얼마입니까?

유사

동영상

$$\blacksquare \times \frac{9}{11} = \frac{2}{11} \qquad \blacktriangle \times \frac{5}{7} = \blacksquare$$

( )

(대분수)÷(분수)

08 떨어뜨린 높이의 $\frac{3}{4}$만큼 튀어 오르는 공이 있습니다. 이

유사

동영상 공이 두 번째로 튀어 오른 높이가 $3\frac{3}{4}$ m일 때 처음 공을 떨어뜨린 높이는 몇 m입니까?

( )

서술형 (대분수)÷(대분수)

09 오른쪽은 조선시대 화가인 신윤복의 그

유사 림을 축소해 놓은 것입니다. 직사각형

모양 그림의 넓이가 $21\frac{3}{8}$ cm²일 때 그

림의 둘레는 몇 cm인지 풀이 과정을 쓰

고 답을 구하시오.

( )

창의+융합

▼ 그네 타는 여인들

$3\frac{3}{4}$ cm

풀이

• 정답은 7~8쪽

유사 표시된 문제의 유사 문제가 제공됩니다.
동영상 표시된 문제의 동영상 특강을 볼 수 있어요.
QR 코드를 찍어 보세요.

(자연수) ÷ (분수)

10 은아네 학교의 남학생은 전체 학생의 $\frac{7}{12}$이고 안경을 쓴
유사
동영상 남학생은 남학생 전체의 $\frac{1}{4}$입니다. 안경을 쓴 남학생이 42명

이라면 은아네 학교 학생은 모두 몇 명입니까?

(   )

서술형 (대분수) ÷ (분수)

11 물이 가득 들어 있는 직육면체 모양의 물통 바닥에 구멍을
유사
동영상 뚫었더니 1분에 $\frac{2}{9}$ L씩 물이 새고 있습니다. 구멍을 뚫은

지 20분 후에 남은 물의 높이를 재었더니 물통 높이의 $\frac{3}{5}$

이었습니다. 물통의 들이는 몇 L인지 풀이 과정을 쓰고 답
을 구하시오.

(   )

풀이

분모가 다른 (분수) ÷ (분수)

12 어떤 일을 준하는 2일 동안 전체의 $\frac{1}{9}$을 하고, 나래는 3일
유사
동영상 동안 전체의 $\frac{1}{3}$을 합니다. 같은 빠르기로 나래가 3일 먼저

일한 다음 두 사람이 함께 나머지 일을 끝내려면 며칠이
더 걸리겠습니까?

(   )

13  네 수 가, 나, 다, 라가 있습니다. 나는 가의 $\dfrac{5}{8}$이고 다는 나의 $\dfrac{9}{10}$이고 라는 다의 $\dfrac{3}{4}$

입니다. 라가 $\dfrac{9}{16}$일 때 가와 나의 합을 구하시오.

(   )

14 넓이가 $82\dfrac{1}{2}$ m²인 직사각형 모양의 땅 ㄱㄴㄷㄹ이 있습니다. 이 땅의

가로를 $4\dfrac{1}{2}$ m 줄이고 세로를 얼마만큼 늘여서 처음 넓이와 같은 직사

각형 모양의 땅 ㄱㅁㅂㅇ을 만들었습니다. 색칠한 부분의 넓이는 몇

m²입니까?

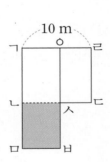

(   )

· 정답은 10쪽

01 계산을 하시오.

(1) $\dfrac{4}{7} \div \dfrac{1}{7}$

(2) $\dfrac{15}{19} \div \dfrac{5}{19}$

02 큰 수를 작은 수로 나눈 몫을 빈칸에 써넣으시오.

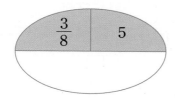

03 빈칸에 알맞은 수를 써넣으시오.

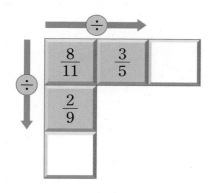

04 가장 큰 수를 가장 작은 수로 나눈 몫은 얼마입니까?

| $\dfrac{4}{19}$ | $\dfrac{11}{19}$ | $\dfrac{7}{19}$ | $\dfrac{5}{19}$ |

(   )

05 빈칸에 알맞은 수를 써넣으시오.

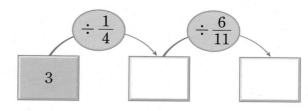

서술형

06 다음은 분수의 나눗셈을 잘못 계산한 것입니다. 계산이 잘못된 이유를 찾고 바르게 고쳐 계산하시오.

$$1\dfrac{7}{18} \div \dfrac{4}{9} = 1\dfrac{7}{\underset{2}{18}} \times \dfrac{\overset{1}{9}}{4} = 1\dfrac{7}{8}$$

잘못된 이유 _____

_____

바른 계산 _____

_____

07 $\dfrac{8}{15}$ L의 참기름을 한 병에 $\dfrac{2}{15}$ L씩 나누어 담으려고 합니다. 병은 모두 몇 개 필요합니까?

(   )

08 $\dfrac{6}{7} \div \dfrac{3}{10}$ 을 두 가지 방법으로 계산하시오.

방법 1

방법 2

창의+융합

09 우리 몸속의 소화 기관 중에서 큰창자의 길이는 약 $1\dfrac{1}{2}$ m, 작은창자의 길이는 약 6 m입니다. 작은창자의 길이는 큰창자의 길이의 약 몇 배입니까?

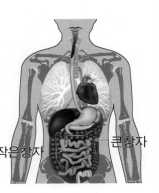

작은창자　　큰창자

(　　　　　　　　)

10 □ 안에 들어갈 수 있는 자연수를 모두 구하시오.

$$\dfrac{12}{17} \div \dfrac{4}{17} < \square < \dfrac{19}{20} \div \dfrac{3}{20}$$

(　　　　　　　　)

창의+융합

11 오른쪽과 같은 간이 정수 장치 하나를 만드는 데 활성탄 $\dfrac{1}{10}$ kg이 필요합니다. 활성탄 $2\dfrac{1}{5}$ kg으로 간이 정수 장치를 몇 개까지 만들 수 있습니까?

자갈
모래
숯
솜
활성탄
솜

(　　　　　　　　)

12 계산 결과가 가장 큰 것의 기호를 쓰시오.

ㄱ $\dfrac{9}{4} \div \dfrac{7}{12}$　　ㄴ $\dfrac{5}{9} \div \dfrac{2}{3}$

ㄷ $12 \div \dfrac{9}{11}$　　ㄹ $7\dfrac{1}{2} \div \dfrac{5}{7}$

(　　　　　　　　)

13 □ 안에 알맞은 수를 써넣으시오.

$$\square \times \dfrac{11}{12} = 1\dfrac{2}{9} \div \dfrac{5}{6}$$

14 넓이가 $\dfrac{55}{7}$ cm²인 삼각형의 높이는 $\dfrac{25}{7}$ cm입니다. 이 삼각형의 밑변의 길이는 몇 cm입니까?

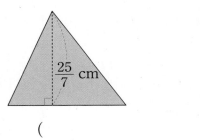

$\dfrac{25}{7}$ cm

(　　　　　　　　)

15 소희와 지용이는 각각 길이가 8 m인 끈을 가지고 있습니다. 두 사람이 자른 끈은 모두 몇 도막입니까?

난 $\frac{1}{2}$ m씩 잘랐어.

난 $\frac{1}{3}$ m씩 잘랐어.

소희   지용

(   )

16 길이가 $\frac{15}{4}$ km인 도로가 있습니다. 이 도로의 양쪽에 처음부터 끝까지 $\frac{1}{8}$ km마다 가로등을 설치하려고 합니다. 필요한 가로등은 모두 몇 개입니까? (단, 가로등의 두께는 생각하지 않습니다.)

(   )

17 24분 동안 $5\frac{1}{3}$ L의 물이 나오는 수도가 있습니다. 이 수도에서 $1\frac{4}{5}$시간 동안 나오는 물은 모두 몇 L입니까?

(   )

서술형

18 어떤 수를 $\frac{3}{5}$으로 나누어야 할 것을 잘못하여 곱했더니 $\frac{9}{20}$가 되었습니다. 바르게 계산하면 얼마인지 풀이 과정을 쓰고 답을 구하시오.

풀이 _____

_____

_____

_____

답 _____

19 어느 자전거 공장에서 자전거 한 대를 만드는 데 1시간 45분이 걸립니다. 이 자전거 공장에서 하루에 8시간씩 5일 동안 일한다면 자전거를 몇 대까지 만들 수 있습니까?

(   )

20 길이가 21 cm인 양초가 있습니다. 이 양초에 불을 붙인 후 $1\frac{1}{3}$시간이 지나서 길이를 재었더니 $13\frac{1}{2}$ cm였습니다. 남은 양초가 다 타려면 몇 시간이 더 걸립니까? (단, 양초는 일정한 빠르기로 탑니다.)

(   )

1

분수의 나눗셈

2 소수의 나눗셈

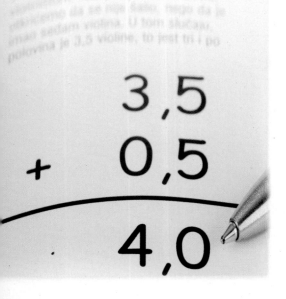

소수는 어떻게 표기하게 되었을까요?

소수를 나타내는 기호는 나라마다 조금씩 다릅니다. 우리나라처럼 소수를 나타낼 때 마침표(.)를 찍는 나라가 있는가 하면 쉼표(,)를 찍는 나라도 있습니다.

> **소수의 표시 방법(예 1.234)**
>
> 국제 표준 ➡ 1.234 또는 1,234
>   마침표 사용┘   └쉼표 사용
>
> 한국, 미국, 영국, 중국, 일본 ➡ 1.234
>   └마침표 사용
>
> 유럽 대부분의 국가 ➡ 1,234
>   └쉼표 사용

맨 처음 점을 사용해 소수를 나타낸 사람은 존 네이피어인데 그는 소수점을 가운데에 찍어(·) 나타냈습니다. 또 독일의 크리스토프 루돌프는 소수점의 기호를 세로선을 그어(|) 나타냈으며 게오르그 안드레아스 뵈클레르는 1661년에 소수점 대신 쉼표(,)를 사용하여 나타냈습니다. 하지만 1.234와 같이 마침표를 찍어 소수를 처음 나타낸 사람은 영국의 수학자 존 월리스입니다.

이미 배운 내용	이번에 **배울 내용**	앞으로 배울 내용
[6-1 소수의 나눗셈] • (소수)÷(자연수) • (자연수)÷(자연수) [6-2 분수의 나눗셈] • (분수)÷(분수)	• (소수)÷(소수) • (자연수)÷(소수) • 몫을 반올림하여 나타내기 • 나누어 주고 남는 양 알아보기	[중학교] • 유리수의 계산

이렇게 생겨난 소수는 스포츠 경기에서 많이 쓰이고 있습니다. 그런데 스포츠 경기에서는 왜 소수를 쓰는 것일까요?

그 이유는 수를 더하고 비교하는 경우가 많은 스포츠에서는 분수보다 소수가 더 편리하기 때문입니다.
소수가 어렵게만 느껴졌었나요?
소수는 이처럼 우리 주변에서 쉽게 찾아볼 수 있는 친근한 존재랍니다.

메타인지 개념학습

| | | 정답 | 💡 생각의 **방향** ↑ |

자연수의 나눗셈을 이용한 (소수)÷(소수)

❶ 나누는 수와 나누어지는 수에 똑같이 10배 또는 100배를 하여도 몫은 같습니다. (○ , ×)

○

❷ 6÷3=2이므로 0.6÷0.3은 (0.2 , 2)입니다.

2

❸ 12.4÷0.4

10배↓   10배↓

124 ÷ 4 = ☐

⇨ 12.4 ÷ 0.4 = ☐

31, 31

나누는 수와 나누어지는 수에 똑같이 10배를 하여도 몫은 같습니다.

❹ 1.24÷0.04

100배↓   100배↓

124 ÷ 4 = ☐

⇨ 1.24 ÷ 0.04 = ☐

31, 31

나누는 수와 나누어지는 수에 똑같이 100배를 하여도 몫은 같습니다.

자릿수가 같은 (소수)÷(소수)

❶ $3.2÷0.2=\dfrac{32}{10}÷\dfrac{2}{10}=32÷2=16$입니다.
(○ , ×)

○

소수 한 자리 수는 분모가 10인 분수로 바꾸어 계산할 수 있습니다.

❷ 45÷3=15이므로 4.5÷0.3은 (1.5 , 15)입니다.

15

❸ 9.1÷0.7= ☐

13

나누는 수와 나누어지는 수의 소수점을 각각 오른쪽으로 한 자리씩 옮겨 계산합니다.

❹ 39.68÷1.24= ☐

32

나누는 수와 나누어지는 수의 소수점을 각각 오른쪽으로 두 자리씩 옮겨 계산합니다.

자릿수가 다른 (소수)÷(소수)

❶ 104÷80=1.3이므로 1.04÷0.8은 1.3입니다.
(○ , ×)

○

❷ 18.9÷9=2.1이므로 1.89÷0.9는 2.1입니다.
(○ , ×)

○

❸ 나눗셈을 세로로 계산하여 몫을 쓸 때 나누어지는 수의 (처음 , 옮긴) 소수점의 위치에서 소수점을 찍습니다.

옮긴

❹ 6.08÷1.6= ☐

3.8

나누는 수와 나누어지는 수의 소수점을 각각 오른쪽으로 한 자리씩 또는 두 자리씩 옮겨 계산합니다.

(자연수)÷(소수)

❶ $11 \div 0.5 = \dfrac{110}{10} \div \dfrac{5}{10} = 110 \div 5 = 22$입니다.

(○ , ×)

❷ $170 \div 34 = 5$이므로 $17 \div 3.4$는 (0.5 , 5)입니다.

❸ $36 \div 0.9 = \boxed{}$

❹ $12 \div 0.25 = \boxed{}$

몫을 반올림하여 나타내기

❶ $2 \div 3 = 0.66 \cdots$이므로 몫을 반올림하여 소수 첫째 자리까지 나타내면 0.6입니다. (○ , ×)

❷ $0.8 \div 6 = 0.133 \cdots$이므로 몫을 반올림하여 소수 둘째 자리까지 나타내면 0.13입니다. (○ , ×)

❸ $5 \div 7$의 몫을 반올림하여 소수 첫째 자리까지 나타내면 $\boxed{}$입니다.

❹ $4.1 \div 1.9$의 몫을 반올림하여 소수 둘째 자리까지 나타내면 $\boxed{}$입니다.

나누어 주고 남는 양 알아보기

우유 13.2 L를 한 사람에게 4 L씩 나누어 줄 때 나누어 줄 수 있는 사람 수와 남는 우유의 양을 알아보시오.

❶ $13.2 - 4 - 4 = 5.2$이므로 나누어 줄 수 있는 사람 수는 2명이고 남는 우유의 양은 5.2 L입니다.

(○ , ×)

❷
$$\begin{array}{r} 3 \\ 4\overline{)1\,3.2} \\ \underline{1\,2} \\ 1.2 \end{array}$$

나누어 줄 수 있는 사람 수: $\boxed{}$명

남는 우유의 양: $\boxed{}$ L

정답

○

5

40

48

×

○

0.7

2.16

×

3, 1.2

🔅 생각의 방향 ↗

나누는 수와 나누어지는 수의 소수점을 각각 오른쪽으로 같은 자리만큼씩 옮길 때 나누어지는 수의 소수점을 옮길 자리에 수가 없으면 0을 쓰고 계산합니다.

소수 둘째 자리에서 반올림합니다.

소수 셋째 자리에서 반올림합니다.

나머지가 4보다 작아질 때까지 13.2에서 4를 계속 뺍니다.

몫을 자연수 부분까지 구하고 나머지를 알아봅니다.

2

소수의 나눗셈

비법 1 계산이 잘못된 곳을 찾아 바르게 계산하기

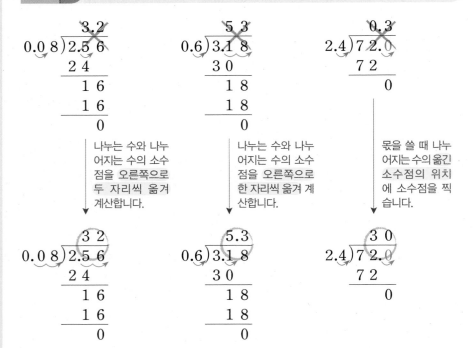

나누는 수와 나누어지는 수의 소수점을 오른쪽으로 두 자리씩 옮겨 계산합니다.

나누는 수와 나누어지는 수의 소수점을 오른쪽으로 한 자리씩 옮겨 계산합니다.

몫을 쓸 때 나누어지는 수의 옮긴 소수점의 위치에 소수점을 찍습니다.

비법 2 나누는 수, 나누어지는 수, 몫의 관계 알아보기

나누어지는 수가 같은 경우	나누는 수가 같은 경우
$42 \div 6 = 7$ $42 \div 0.6 = 70$ $42 \div 0.06 = 700$	$1.53 \div 0.03 = 51$ $15.3 \div 0.03 = 510$ $153 \div 0.03 = 5100$
나누는 수가 $\frac{1}{10}$배, $\frac{1}{100}$배가 되면 몫은 10배, 100배가 됩니다.	나누어지는 수가 10배, 100배가 되면 몫도 10배, 100배가 됩니다.

비법 3 나눗셈의 몫을 자연수 부분까지 구하고 나머지 알아보기

① 몫의 소수점은 나누어지는 수의 옮긴 소수점의 위치와 같게 찍습니다.

② 나머지의 소수점은 나누어지는 수의 처음 소수점의 위치와 같게 찍습니다.

교과서 개념

- 자연수의 나눗셈을 이용한 (소수)÷(소수)

  $10.2 \div 0.2$

  10배 ↓ 10배 ↓

  $102 \div 2 = 51$

  ⇨ $10.2 \div 0.2 = 51$

  $1.02 \div 0.02$

  100배 ↓ 100배 ↓

  $102 \div 2 = 51$

  ⇨ $1.02 \div 0.02 = 51$

나누는 수와 나누어지는 수에 똑같이 10배 또는 100배를 하여도 몫은 같습니다.

- 자릿수가 같은 (소수)÷(소수)

나누는 수와 나누어지는 수의 소수점을 각각 오른쪽으로 같은 자리만큼씩 옮겨 계산합니다.

- 자릿수가 다른 (소수)÷(소수)

나누는 수와 나누어지는 수의 소수점을 각각 오른쪽으로 같은 자리만큼씩 옮겨 계산합니다.

- (자연수)÷(소수)

소수점을 옮길 자리에 수가 없으면 0을 쓰고 계산합니다.

예 ❶ 일정한 빠르기로 1시간 24분 동안 ❷ 137.2 km를 가는 자동차가 한 시간 동안 가는 거리 구하기

> ❶ 1시간 24분은 몇 시간인지 소수로 나타내기 ⇨ ❷ 자동차가 한 시간 동안 가는 거리 구하기

$$1시간 24분 = 1\frac{\overset{4}{24}}{\underset{10}{60}}시간$$

$$= 1\frac{4}{10}시간$$

$$= 1.4시간$$

(한 시간 동안 가는 거리)
= (간 거리) ÷ (걸린 시간)
= 137.2 ÷ 1.4
= 98 (km)

예 ❶❷ 어떤 수를 3.2로 나누어야 할 것을 잘못하여 곱했더니 56.32가 되었을 때 ❸ 바르게 계산한 값 구하기

> ❶ 어떤 수를 □ 라 하여 잘못 계산한 식 세우기 ⇨ ❷ 곱셈과 나눗셈의 관계를 이용하여 □ 의 값 구하기 ⇨ ❸ 바르게 계산한 값 구하기

□ × 3.2 = 56.32

□ = 56.32 ÷ 3.2,
□ = 17.6

17.6 ÷ 3.2 = 5.5

예 카드에 적힌 수의 크기가 ⑤ > ④ > ③ > ② > ① 일 때 한 번씩 모두 사용하여 나눗셈식 만들기

□ . □ □ ÷ □ . □

몫이 가장 큰 경우	몫이 가장 작은 경우
⑤ . ④ ③ ÷ ① . ②	① . ② ③ ÷ ⑤ . ④
큰 수부터 → 작은 수부터 →	작은 수부터 → 큰 수부터 →

교과서 개념

• **몫을 반올림하여 나타내기**

$$7 \div 6 = 1.166\cdots\cdots$$

① 몫을 반올림하여 자연수로 나타내기
　　1.1̇ ⇨ 1
② 몫을 반올림하여 소수 첫째 자리까지 나타내기
　　1.16̇ ⇨ 1.2
③ 몫을 반올림하여 소수 둘째 자리까지 나타내기
　　1.166̇ ⇨ 1.17

• **찰흙 4.3 kg을 한 사람에게 2 kg씩 나누어 주고 남는 찰흙의 양 알아보기**

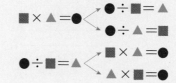

　　2 ← 몫: 나누어 줄 수 있는 사람 수
2⟌4.3
　　4
　0.3 ← 나머지: 남는 찰흙의 양

⇨ 나누어 줄 수 있는 사람 수: 2명
　남는 찰흙의 양: 0.3 kg

• **곱셈과 나눗셈의 관계**

■ × ▲ = ● ⟨ ● ÷ ■ = ▲
　　　　　　 ● ÷ ▲ = ■

● ÷ ■ = ▲ ⟨ ■ × ▲ = ●
　　　　　　 ▲ × ■ = ●

> ● ÷ ■ 에서 ●가 크고 ■가 작을수록 몫이 크고, ●가 작고 ■가 클수록 몫이 작아.

2

소수의 나눗셈

1 자연수의 나눗셈을 이용한 (소수)÷(소수)

$$8.1 \div 0.3$$
10배 ↓ 10배 ↓
$$81 \div 3 = 27$$
⇨ $8.1 \div 0.3 = 27$

$$0.81 \div 0.03$$
100배 ↓ 100배 ↓
$$81 \div 3 = 27$$
⇨ $0.81 \div 0.03 = 27$

나누는 수와 나누어지는 수에 똑같이 10배 또는 100배를 하여도 몫은 같습니다.

1-1 소수의 나눗셈을 자연수의 나눗셈을 이용하여 계산하시오.

$$45.9 \div 0.9$$
10배 ↓ 10배 ↓
$$\boxed{} \div \boxed{} = \boxed{}$$
⇨ $45.9 \div 0.9 = \boxed{}$

1-2 물 1.2 L를 0.4 L씩 컵에 나누어 담으려고 합니다. 그림을 0.4 L씩 나누어 본 후 컵이 몇 개 필요한지 구하시오.

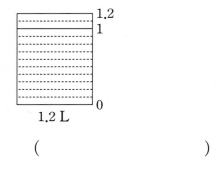

1.2 L

(   )

서술형
1-3 $396 \div 3 = 132$를 이용하여 □ 안에 알맞은 수를 써넣은 후, 계산 방법을 쓰시오.

$$3.96 \div 0.03 = \boxed{}$$

방법 _____

_____

_____

2 자릿수가 같은 (소수)÷(소수)

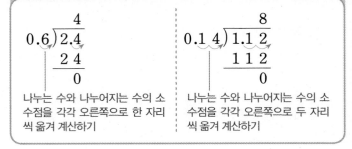

나누는 수와 나누어지는 수의 소수점을 각각 오른쪽으로 한 자리씩 옮겨 계산하기

나누는 수와 나누어지는 수의 소수점을 각각 오른쪽으로 두 자리씩 옮겨 계산하기

2-1 보기 와 같이 분수의 나눗셈으로 계산하시오.

보기
$$7.5 \div 0.5 = \frac{75}{10} \div \frac{5}{10} = 75 \div 5 = 15$$

$9.6 \div 0.8$

2-2 큰 수를 작은 수로 나눈 몫을 빈칸에 써넣으시오.

10.26	0.54

2-3 나눗셈의 몫을 찾아 선으로 이어 보시오.

$20.8 \div 0.8$ ·		· 8
$49.6 \div 6.2$ ·		· 24
$62.4 \div 2.6$ ·		· 26

2-4 몫이 더 작은 것의 기호를 쓰시오.

> ㉠ 29.82÷2.13
> ㉡ 90.36÷7.53

(   )

2-5 식용유 38.7 L가 있습니다. 식용유를 통 한 개에 4.3 L씩 담는다면 통 몇 개가 필요합니까?

(   )

3 자릿수가 다른 (소수)÷(소수)

```
          4.2 ── 몫을 쓸 때 옮긴
0.9)3.7 8       소수점의 위치에서
                소수점을 찍기
     3 6
나누는 수와 나누어
지는 수의 소수점을 각각   1 8
오른쪽으로 한 자리씩    1 8
옮겨 계산하기           0
```

3-1 빈칸에 알맞은 수를 써넣으시오.

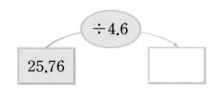

25.76 ─ ÷4.6 ─ ▢

3-2 잘못 계산한 곳을 찾아 바르게 계산하고 그 이유를 쓰시오.

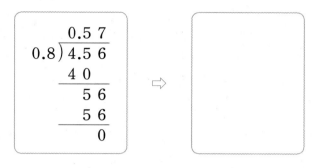

⇨

이유 _____

3-3 계산 결과를 비교하여 ○ 안에 >, =, <를 알맞게 써넣으시오.

7.02÷1.8 60.55÷17.3

창의+융합

3-4 은호네 집에서 이모 댁까지의 거리는 은호네 집에서 할머니 댁까지의 거리의 몇 배입니까?

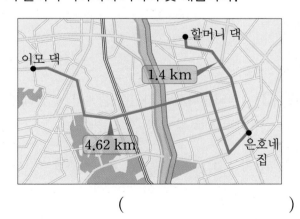

할머니 댁   1.4 km   이모 댁   4.62 km   은호네 집

(   )

해결의 창
· (소수)÷(소수)는 나누는 수와 나누어지는 수의 소수점을 각각 오른쪽으로 같은 자리만큼씩 옮겨 계산합니다.
· 몫의 소수점은 나누어지는 수의 옮긴 소수점의 위치와 같게 찍습니다.

잘못된 계산 0.0 4 / 0.2 6)1.0 4   바른 계산 4 / 0.2 6)1.0 4

4 (자연수)÷(소수)

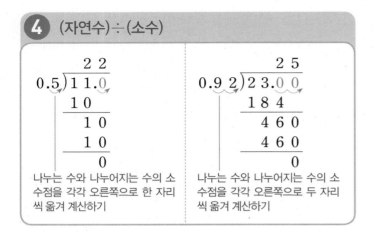

나누는 수와 나누어지는 수의 소수점을 각각 오른쪽으로 한 자리씩 옮겨 계산하기

나누는 수와 나누어지는 수의 소수점을 각각 오른쪽으로 두 자리씩 옮겨 계산하기

4-1 ☐ 안에 알맞은 수를 써넣으시오.

6 → ÷1.5 → ☐

4-2 ☐ 안에 알맞은 수를 써넣으시오.

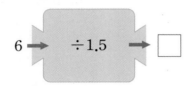

$1.76 \div 0.08 = $ ☐

$17.6 \div 0.08 = $ ☐

$176 \div 0.08 = $ ☐

4-3 1부터 9까지의 자연수 중에서 ☐ 안에 들어갈 수 있는 수는 모두 몇 개입니까?

☐ $< 84 \div 10.5$

(   )

4-4 ☐ 안에 알맞은 수를 써넣으시오.

$0.62 \times$ ☐ $= 31$

서술형

4-5 빵 1개를 만드는 데 소금 3.2 g이 필요합니다. 소금 48 g으로 빵을 몇 개 만들 수 있는지 두 가지 방법으로 구하시오.

방법 1

방법 2

(   )

5 몫을 반올림하여 나타내기

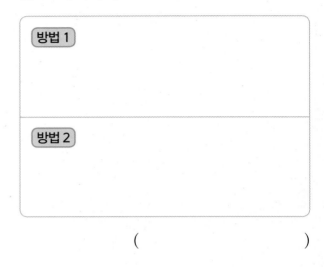

몫을 반올림하여
— 자연수로 나타내면
  $0.6 \Rightarrow 1$
— 소수 첫째 자리까지 나타내면
  $0.63 \Rightarrow 0.6$
— 소수 둘째 자리까지 나타내면
  $0.633 \Rightarrow 0.63$

5-1 몫을 반올림하여 자연수로 나타내시오.

$12.3 \div 7$

(   )

5-2 몫을 반올림하여 주어진 자리까지 나타내시오.

$13 \div 6$

소수 첫째 자리까지	소수 둘째 자리까지

5-3 계산 결과가 더 큰 사람의 이름을 쓰시오.

난 7.8÷9의 몫을 반올림하여 소수 첫째 자리까지 나타냈어.

다연

난 7.8÷9를 계산하려고 해.

재찬

( )

창의+융합

5-4 번개가 친 곳에서 21 km 떨어진 곳은 번개가 친 약 1분 뒤에 천둥소리를 들을 수 있습니다. 번개  가 친 곳에서 60 km 떨어진 곳은 번개가 친 지 몇 분 뒤에 천둥소리를 들을 수 있는지 반올림하여 소수 첫째 자리까지 나타내시오.

( )

6 나누어 주고 남는 양 알아보기

쌀 18.1 kg을 한 봉지에 4 kg씩 나누어 담기

방법 1 18.1−4−4−4−4=2.1

방법 2
```
        4  ← 몫: 나누어 담을 수 있는 봉지 수
   4)1 8.1
      1 6
       2.1  ← 나머지: 남는 쌀의 양
```
⇨ 나누어 담을 수 있는 봉지 수: 4봉지
남는 쌀의 양: 2.1 kg

6-1 식혜 16.3 L를 한 통에 3 L씩 나누어 담으려고 합니다. 나누어 담을 수 있는 통 수와 남는 식혜의 양을 알아보기 위해 다음과 같이 계산했습니다. ☐ 안에 알맞은 수를 써넣으시오.

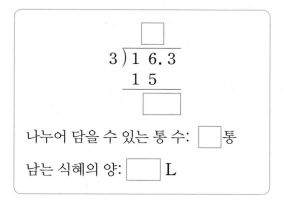

나누어 담을 수 있는 통 수: ☐ 통
남는 식혜의 양: ☐ L

서술형

6-2 끈 17.2 m를 한 사람에게 5 m씩 나누어 주려고 합니다. 나누어 줄 수 있는 사람 수와 남는 끈의 길이를 두 가지 방법으로 구하시오.

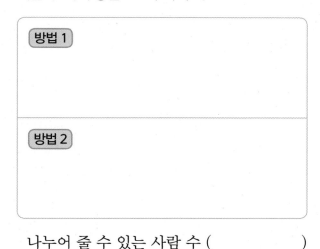
방법 1

방법 2

나누어 줄 수 있는 사람 수 ( )
남는 끈의 길이 ( )

해결의 창

몫을 반올림하여
— 자연수로 나타내려면 소수 첫째 자리에서 반올림!
— 소수 첫째 자리까지 나타내려면 소수 둘째 자리에서 반올림!
— 소수 둘째 자리까지 나타내려면 소수 셋째 자리에서 반올림!

반올림하여 나타낼 때에는 구하려는 자리 바로 아래 자리의 숫자를 살펴봅니다.

2

소수의 나눗셈

응용1 자르는 횟수 구하기

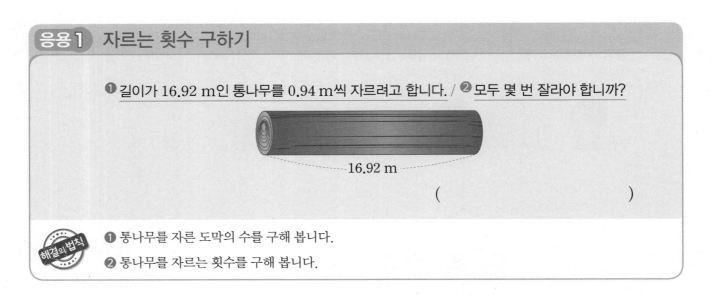

❶ 길이가 16.92 m인 통나무를 0.94 m씩 자르려고 합니다. / ❷ 모두 몇 번 잘라야 합니까?

16.92 m

(   )

해결의 법칙
❶ 통나무를 자른 도막의 수를 구해 봅니다.
❷ 통나무를 자르는 횟수를 구해 봅니다.

예제 **1**-1 길이가 32.4 m인 철근을 1.2 m씩 자르려고 합니다. 모두 몇 번 잘라야 합니까?

32.4 m

(   )

 철근을 1번 자르면 2 도막이 되고, 2번 자르면 3도막이 되고, 3번 자르면 4도막이 되고……

자르는 횟수는 도막의 수보다 1 작구나!

예제 **1**-2 길이가 20.6 cm인 빨간색 테이프와 길이가 19.4 cm인 파란색 테이프를 겹치지 않게 한 줄로 길게 이은 후 2.5 cm씩 자르려고 합니다. 모두 몇 번 잘라야 합니까?

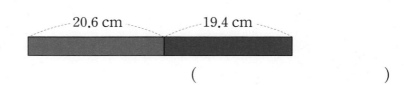

20.6 cm   19.4 cm

(   )

응용 2 몫의 소수 ■째 자리 숫자 구하기

❷ 몫의 소수 10째 자리 숫자를 구하시오.

❶ $0.5 \div 1.1$

(   )

❶ $0.5 \div 1.1$을 계산하여 몫의 소수점 아래 숫자가 반복되는 규칙을 찾아봅니다.

❷ 몫의 소수 10째 자리 숫자를 구해 봅니다.

예제 **2**-1   몫의 소수 35째 자리 숫자를 구하시오.

$1.6 \div 2.2$

(   )

예제 **2**-2   몫의 소수 28째 자리 숫자와 93째 자리 숫자의 합을 구하시오.

$1.9 \div 0.6$

(   )

예제 **2**-3   몫의 소수 200째 자리 숫자를 구하시오.

$4.5 \div 3.7$

(   )

응용 3 넓이가 같은 두 도형에서 변의 길이 구하기

❶ 직사각형 가와 나의 넓이가 같을 때 / ❷ 직사각형 나의 세로는 몇 cm입니까?

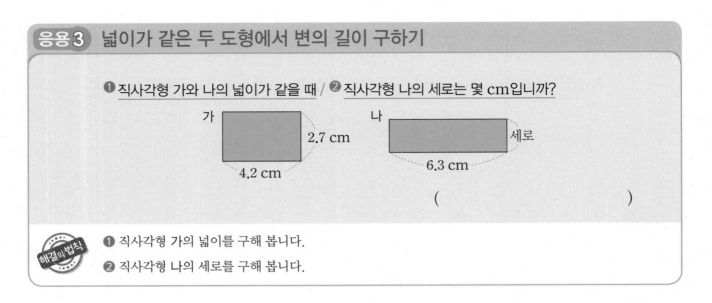

가 2.7 cm 4.2 cm

나 세로 6.3 cm

( )

해결의 법칙
❶ 직사각형 가의 넓이를 구해 봅니다.
❷ 직사각형 나의 세로를 구해 봅니다.

예제 **3-1** 평행사변형 가와 나의 넓이가 같을 때 평행사변형 나의 밑변의 길이는 몇 cm입니까?

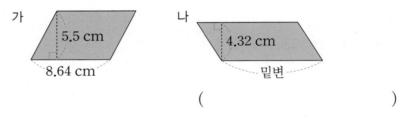

가 5.5 cm 8.64 cm

나 4.32 cm 밑변

( )

예제 **3-2** 선사 시대는 사용한 도구에 따라 구석기, 신석기, 청동기 시대로 나눕니다. 다음에 주어진 삼각형 모양 뗀석기와 직사각형 모양 간석기의 넓이가 같을 때 뗀석기의 높이는 몇 cm입니까?

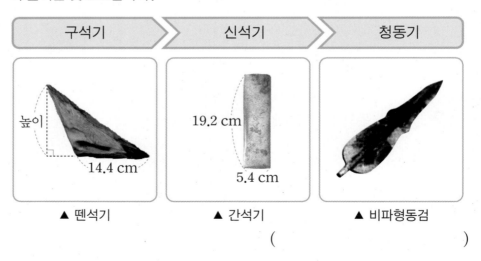

구석기 ▷ 신석기 ▷ 청동기

높이 14.4 cm

19.2 cm 5.4 cm

▲ 뗀석기   ▲ 간석기   ▲ 비파형동검

( )

· 정답은 14쪽

응용 4 물건 한 개의 무게 구하기

❶ 무게가 같은 감자 53개를 담은 상자의 무게를 재어 보니 27.78 kg이었습니다. 상자에서 감자 19개를 덜어 내고 무게를 재어 보니 19.14 kg이었습니다. / ❷ 감자 한 개의 무게는 몇 kg인지 반올림하여 소수 첫째 자리까지 나타내시오.

(   )

❶ 감자 19개의 무게를 구해 봅니다.

❷ 감자 한 개의 무게는 몇 kg인지 반올림하여 소수 첫째 자리까지 나타내어 봅니다.

예제 4 - 1 무게가 같은 고구마 62개를 담은 상자의 무게를 재어 보니 51.8 kg이었습니다. 상자에서 고구마 27개를 덜어 내고 무게를 재어 보니 33.18 kg이었습니다. 고구마 한 개의 무게는 몇 kg인지 반올림하여 소수 첫째 자리까지 나타내시오.

(   )

예제 4 - 2 한 상자에 무게가 같은 치약이 14개씩 들어 있습니다. 이 치약 5상자의 무게는 19.25 kg이고 빈 상자 하나의 무게는 0.25 kg입니다. 치약 한 개의 무게는 몇 kg인지 반올림하여 소수 둘째 자리까지 나타내시오.

(   )

2

소수의 나눗셈

응용5 바르게 계산한 값 구하기

❶❷어떤 수를 2.4로 나누어야 할 것을 잘못하여 곱했더니 40.32가 되었습니다. / ❸바르게 계산하면 얼마입니까?

( )

해결의 법칙

❶ 어떤 수를 □라 하여 잘못 계산한 식을 세워 봅니다.

❷ 곱셈과 나눗셈의 관계를 이용하여 어떤 수를 구해 봅니다.

❸ 바르게 계산한 값을 구해 봅니다.

예제 **5 - 1** 어떤 수를 3.8로 나누어야 할 것을 잘못하여 곱했더니 72.2가 되었습니다. 바르게 계산하면 얼마입니까?

( )

예제 **5 - 2** 어떤 수를 0.92로 나누어야 할 것을 잘못하여 9.2로 나누었더니 몫이 2.5가 되었습니다. 바르게 계산하면 얼마입니까?

( )

예제 **5 - 3** 어떤 수를 1.5로 나누어야 할 것을 잘못하여 5.1로 나누어 몫을 자연수 부분까지 구하였더니 몫이 4이고 나머지가 0.6이었습니다. 바르게 계산했을 때의 몫은 얼마입니까?

( )

응용6 자동차의 기름의 가격 구하기

❶ 휘발유 1.4 L로 15.12 km를 달릴 수 있는 자동차가 있습니다. / ❷❸ 휘발유 1 L가 1350원이라면 이 자동차가 272.16 km를 가는 데 드는 휘발유의 가격은 얼마입니까?

( )

❶ 휘발유 1 L로 갈 수 있는 거리를 구해 봅니다.

❷ 자동차가 272.16 km를 가는 데 드는 휘발유의 양을 구해 봅니다.

❸ 자동차가 272.16 km를 가는 데 드는 휘발유의 가격을 구해 봅니다.

예제 **6-1**

경유 2.3 L로 28.52 km를 달릴 수 있는 승합차가 있습니다. 지영이네 가족은 이 승합차를 타고 262.88 km 떨어진 할머니 댁에 가려고 합니다. 경유 1 L의 값이 오른쪽과 같을 때 할머니 댁까지 가는 데 드는 경유의 가격은 얼마입니까?

( )

예제 **6-2**

휘발유 3.6 L로 43.2 km를 달릴 수 있는 자동차가 있습니다. 휘발유 1 L가 1420원이라면 이 자동차가 지난달과 이번 달에 사용한 휘발유의 가격은 모두 얼마입니까?

	지난달	이번 달
달린 거리(km)	2250	1206

( )

2

소수의 나눗셈

응용 **7** 수 카드로 나눗셈식 만들기

❶ 수 카드 4장을 한 번씩 모두 사용하여 몫이 가장 큰 나눗셈식을 만들고 / ❷ 그 몫을 반올림하여 소수 첫째 자리까지 나타내시오.

1 3 5 7 ⇨ ☐.☐ ÷ ☐.☐

(   )

해결의 법칙
❶ 몫이 가장 크게 될 때의 나누어지는 수와 나누는 수를 각각 구해 봅니다.

❷ 몫이 가장 크게 되는 나눗셈식을 만들고 몫을 반올림하여 소수 첫째 자리까지 나타내어 봅니다.

예제 7-1 수 카드 4장을 한 번씩 모두 사용하여 몫이 가장 큰 나눗셈식을 만들고 그 몫을 반올림하여 소수 첫째 자리까지 나타내시오.

2 6 8 9 ⇨ ☐.☐ ÷ ☐.☐

(   )

예제 7-2 수 카드 5장을 한 번씩 모두 사용하여 몫이 가장 큰 나눗셈식을 만들고 그 몫을 반올림하여 소수 첫째 자리까지 나타내시오.

0 3 4 5 8 ⇨ ☐.☐☐ ÷ ☐.☐

(   )

예제 7-3 수 카드 6장을 한 번씩 모두 사용하여 몫이 가장 작은 나눗셈식을 만들고 그 몫을 반올림하여 소수 둘째 자리까지 나타내시오.

 가장 작은 몫은 어떻게 구해?

나누어지는 수가 작을수록, 나누는 수가 클수록 몫이 작아.

1 2 5 6 7 9 ⇨ ☐.☐☐ ÷ ☐.☐☐

(   )

· 정답은 14쪽

응용8 한 시간 동안 갈 수 있는 거리 비교하기

❶일정한 빠르기로 민아는 30분 동안 1.3 km를 가고 / ❷승기는 1시간 30분 동안 4.5 km를 갑니다. / ❸한 시간 동안 갈 수 있는 거리는 누가 몇 km 더 멉니까?

(   ), (   )

❶ 민아가 한 시간 동안 갈 수 있는 거리를 구해 봅니다.

❷ 승기가 한 시간 동안 갈 수 있는 거리를 구해 봅니다.

❸ 한 시간 동안 갈 수 있는 거리는 누가 몇 km 더 먼지 구해 봅니다.

예제 **8-1** 일정한 빠르기로 기차는 30분 동안 48.75 km를 가고 자동차는 1시간 12분 동안 90.36 km를 갑니다. 한 시간 동안 갈 수 있는 거리는 어느 것이 몇 km 더 멉니까?

(   ), (   )

예제 **8-2** 은주, 상호, 나래가 각각 일정한 빠르기로 갈 때 한 시간 동안 갈 수 있는 거리가 가장 먼 사람은 가장 가까운 사람보다 몇 km 더 갑니까?

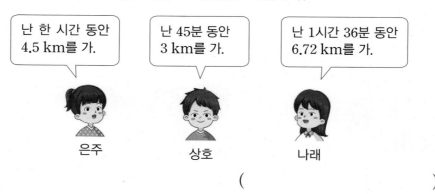

(   )

자릿수가 같은 (소수)÷(소수)

01 가장 큰 수를 가장 작은 수로 나눈 몫을 구하시오.
유사

| 2.26 | 16.94 | 13.09 | 1.54 |

( )

서술형 자연수의 나눗셈을 이용한 (소수)÷(소수)

02 조건을 만족하는 나눗셈식을 찾아 계산하고 그 이유를 쓰
유사 시오.

조건
• 846÷2를 이용하여 풀 수 있습니다.
• 나누는 수와 나누어지는 수를 각각 10배 하면 846÷2
가 됩니다.

식 _____

이유 _____

(자연수)÷(소수)

창의+융합

03 수애는 둘레가 28 cm인 소매 단을 시침질하려고 합니다.
유사 3.2 cm의 바늘땀 길이로 0.3 cm 간격을 두고 바느질을
한다면 바늘땀은 모두 몇 개 생깁니까?

바늘땀

겉

▲ 시침질

( )

자릿수가 같은 (소수)÷(소수)

04 □ 안에 알맞은 수를 써넣으시오.
유사

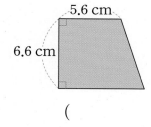

자릿수가 다른 (소수)÷(소수)

05 사다리꼴의 넓이는 44.22 cm²입니다. 윗변의 길이가
유사 5.6 cm이고 높이가 6.6 cm일 때 아랫변의 길이는 몇 cm
입니까?

5.6 cm

6.6 cm

(   )

몫을 반올림하여 나타내기

06 몫을 반올림하여 소수 첫째 자리까지 나타낸 수와 소수 둘
유사
동영상 째 자리까지 나타낸 수의 차를 구하시오.

$$16.7 \div 1.4$$

(   )

2
소수의 나눗셈

(자연수)÷(소수)

창의+융합

07 길이가 6.75 cm인 용수철에 추를 매달았더니 20.25 cm
유사 만큼 늘어났습니다. 늘어난 후 용수철의 길이는 처음 용수
철의 길이의 몇 배입니까?

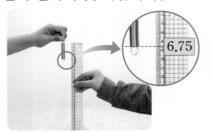 

( )

서술형 (자연수)÷(소수)

08 길이가 2.1 km인 도로의 한쪽에 처음부터 끝까지 10.5 m
유사
동영상 간격으로 가로수를 심으려고 합니다. 필요한 가로수는 모
두 몇 그루인지 풀이 과정을 쓰고 답을 구하시오. (단, 가
로수의 굵기는 생각하지 않습니다.)

( )

풀이

(자연수)÷(소수)

09 행복 가게에서 파는 사과음료는 1.4 L당 1330원이고 소
유사
동영상 망 가게에서 파는 사과음료는 0.8 L당 920원입니다. 같은
양의 사과음료를 산다면 어느 가게가 더 저렴합니까?

( )

유사 표시된 문제의 유사 문제가 제공됩니다.
동영상 표시된 문제의 동영상 특강을 볼 수 있어요.
QR 코드를 찍어 보세요.

서술형 (소수)÷(소수)

10 가♥나＝가÷나＋나÷가라고 약속할 때 다음을 계산하면 얼마인지 풀이 과정을 쓰고 답을 구하시오.

유사
동영상

$$2.6 ♥ (2.4 ♥ 0.48)$$

( )

풀이

자릿수가 다른 (소수)÷(소수)

창의＋융합

11 염색 종이로 꾸미는 방법입니다. 윗옷 위에 꾸민 삼각형 가의 넓이가 6.88 cm^2일 때 삼각형 나의 넓이를 구하시오.

유사
동영상

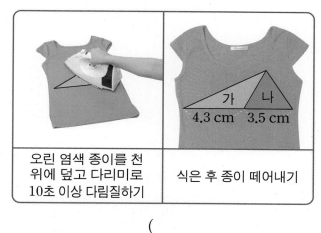

| 오린 염색 종이를 천 위에 덮고 다리미로 10초 이상 다림질하기 | 식은 후 종이 떼어내기 |

4.3 cm 3.5 cm 가 나

( )

몫을 반올림하여 나타내기

12 다음 나눗셈의 몫을 반올림하여 소수 첫째 자리까지 구하면 3.1입니다. 1부터 9까지의 자연수 중에서 □ 안에 들어갈 수 있는 수를 모두 구하시오.

유사
동영상

$$7.2\square ÷ 2.3$$

( )

2

소수의 나눗셈

창의사고력

13 둘레가 33.5 m인 직사각형 모양의 밭이 있습니다. 밭의 가로가 세로보다 3.35 m 더 길 때 밭의 가로는 세로의 몇 배입니까?

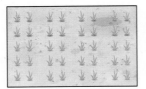

(   )

창의사고력

14 연어는 산란 시기가 오면 강 상류로 올라가 산란하고 죽습니다. 1시간 48분 동안 7.74 km를 흐르는 강을 한 시간에 4.88 km를 가는 연어가 5.22 km 거슬러 올라가려면 모두 몇 시간이 걸리겠습니까?

(   )

2. 소수의 나눗셈

점수

· 정답은 19쪽

01 소수의 나눗셈을 자연수의 나눗셈을 이용하여 계산하시오.

$$5.16 \div 0.03$$

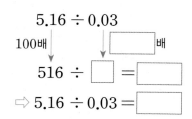

⇨ $5.16 \div 0.03 =$ ☐

02 보기 와 같이 분수의 나눗셈으로 계산하시오.

보기

$$28.8 \div 2.4 = \frac{288}{10} \div \frac{24}{10} = 288 \div 24 = 12$$

$64.4 \div 4.6$

03 계산을 하시오.

(1)
$$0.71 \overline{) 2\,5.5\,6}$$

(2)
$$9.7 \overline{) 1\,5.5\,2}$$

04 잘못 계산한 곳을 찾아 바르게 계산하시오.

$$\begin{array}{r} 0.2\,5 \\ 0.9\,2 \overline{) 2\,3} \\ 1\,8\,4 \\ \hline 4\,6\,0 \\ 4\,6\,0 \\ \hline 0 \end{array}$$

⇨

05 빈칸에 알맞은 수를 써넣으시오.

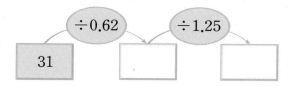

서술형

06 체육 시간에 멀리뛰기를 했습니다. 은선이의 기록은 2.14 m이고 태연이의 기록은 1.07 m입니다. 은선이의 기록은 태연이의 기록의 몇 배인지 식을 쓰고 답을 구하시오.

식 _____

답 _____

창의+융합

07 한국은행에서 2009년에 발행한 새 만 원권입니다. 새 만 원권의 넓이가 100.64 cm²일 때 가로는 몇 cm입니까?

(_____)

2

소수의 나눗셈

08 계산 결과를 비교하여 ○ 안에 >, =, <를 알맞게 써넣으시오.

$$10.4 \div 0.8 \bigcirc 9 \div 0.5$$

서술형

09 □ 안에 들어갈 수 있는 자연수는 모두 몇 개인지 풀이 과정을 쓰고 답을 구하시오.

$$63.99 \div 8.1 < \square < 28.6 \div 2.6$$

풀이 _____

_____

답 _____

10 나눗셈의 몫을 자연수 부분까지 구하여 원 안에 쓰고 나머지는 □ 안에 써넣으시오.

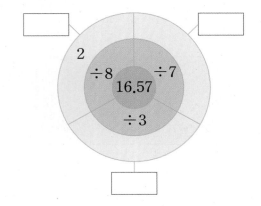

11 사료를 강아지는 고양이의 몇 배만큼 먹는지 반올림하여 소수 둘째 자리까지 나타내시오.

난 하루에 사료를 128.7 g 먹어.

난 하루에 57 g 만큼 먹지.

( )

12 우유 2 L를 병에 0.3 L씩 담으려고 합니다. 몇 병에 담을 수 있고 남는 우유는 몇 L입니까?

담을 수 있는 병의 수 ( )

남는 우유의 양 ( )

창의+융합

13 태양계 행성인 금성과 지구에 대해 조사한 것입니다. 금성의 반지름이 지구의 반지름의 0.95라고 할 때 □ 안에 알맞은 수를 써넣으시오.

행성		특징
금성		• 이산화탄소로 이루어진 두꺼운 대기가 있음. • 반지름: 약 6051.5 km
지구		• 다른 행성과 달리 물이 있고 유일하게 생명체가 있음. • 반지름: 약 _____ km

14 몫의 소수 12째 자리 숫자를 구하시오.

$$8.9 \div 2.7$$

(   )

15 ㉠, ㉡, ㉢을 비교하여 큰 수부터 차례로 기호를 쓰시오.

$$㉠ \times 3.6 = 24.84$$
$$7.95 \div ㉡ = 1.5$$
$$6.8 \times ㉢ = 62.56$$

(   )

16 □ 안에 알맞은 수를 써넣으시오.

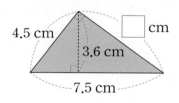

17 현기와 은주는 각각 길이가 2.25 m인 리본을 가지고 있습니다. 리본을 현기는 0.75 m씩 잘랐고 은주는 0.45 m씩 잘랐습니다. 자른 조각은 누가 몇 개 더 많습니까?

(   ), (   )

18 수 카드 5장을 한 번씩 모두 사용하여 몫이 가장 큰 나눗셈식을 만들고 그 몫을 반올림하여 소수 둘째 자리까지 나타내시오.

| 1 | 3 | 6 | 7 | 9 |

□.□□ ÷ □.□

(   )

〔서술형〕
19 어떤 수를 2.75로 나누어야 할 것을 잘못하여 곱했더니 121이 되었습니다. 바르게 계산하면 얼마인지 풀이 과정을 쓰고 답을 구하시오.

풀이 ＿＿＿＿＿＿＿＿＿＿＿＿＿

＿＿＿＿＿＿＿＿＿＿＿＿＿＿＿

＿＿＿＿＿＿＿＿＿＿＿＿＿＿＿

답 ＿＿＿＿＿＿＿＿＿＿＿

2

소수의 나눗셈

20 오렌지주스 0.8 L를 담은 병의 무게는 1.24 kg이고 1.8 L를 더 담은 병의 무게는 3.58 kg입니다. 빈 병의 무게는 몇 kg입니까?

(   )

3 공간과 입체

첨단기술로 쌓은 수원화성

수원화성은 조선왕조 22대 정조왕이 왕위에 오르지 못하고 뒤주 속에서 생애를 마감한 아버지의 무덤을 조선시대 최고의 명당인 수원으로 옮김으로써 돌아가신 아버지에게나마 효성을 다하고자 축조된 것입니다.

수원화성의 성곽 쌓기는 1794년에 시작하여 1796년에 완성하였는데, 성곽을 쌓을 때 거중기를 사용하여 당초 10년을 예상했던 것보다도 훨씬 빨리 완성한 것입니다. 바로 수원화성 축조에는 선조들의 과학·수학적 지혜가 고스란히 담겨져 있는 것이죠.

▲ 거중기

수원화성 화서문

이미 배운 내용	이번에 배울 내용	앞으로 배울 내용
[4-1 평면도형의 이동] • 밀기, 뒤집기, 돌리기 [5-2 직육면체] • 직육면체	• 여러 방향에서 바라보기 • 위, 앞, 옆에서 본 모양 • 위에서 본 모양에 수 쓰기 • 층별로 나타낸 모양 • 여러 가지 모양 만들기	[6-2 원기둥, 원뿔, 구] • 원기둥 • 원뿔 • 구

화성의 성벽은 전체 형태가 구불구불한데 이는 성벽을 구불구불하게 하여 아치를 만들면 더욱 견고하기 때문입니다. 또 성벽의 허리를 잘록하게 쌓음으로써 돌과 돌 사이가 견고하게 맞물릴 수 있도록 했는데 이는 적군이 성벽을 쉽게 타고 오를 수 없도록 한 조치였습니다.

화성의 시설물 중 낮에는 연기, 밤에는 불로 적의 침입 등의 여러 가지 사항을 알리는 역할을 하는 화성의 봉수대인 '봉돈'은 5개의 굴뚝을 모두 벽돌로 쌓았습니다. 이처럼 화성의 성곽을 따라 설치된 시설물들은 그 기능과 목적에 알맞은 재료와 모양으로 만들어졌습니다.

수원화성은 역사적 가치 뿐만 아니라 아름다움, 그리고 축조에 있어서의 기술 등을 인정받아 1997년 유네스코 세계문화유산으로 등록되었습니다.
이번 단원에서 쌓기나무의 모양과 관련하여 여러 가지 문제를 해결하면서 공간 감각을 기르도록 합시다.

봉돈

정답

쌓은 모양과 쌓기나무의 개수 알아보기 (1)

| | 정답 | 생각의 방향 |

위에서 본 모양

❶ 위에서 본 모양을 보면 뒤에 보이지 않는 쌓기나무가 있습니다. (○ , ×)

○

쌓은 모양에서 보이는 위의 면들과 위에서 본 모양이 다른 경우에는 뒤에 보이지 않는 쌓기나무가 있습니다.

❷ 1층: 6개, 2층: ☐개, 3층: ☐개
⇨ 주어진 모양과 똑같이 쌓는 데 필요한 쌓기나무의 개수: ☐개

2, 1, 9

쌓은 모양과 쌓기나무의 개수 알아보기 (2)

위

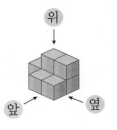

앞   옆

쌓기나무 7개로 쌓은 모양이야.

❶ 쌓기나무로 쌓은 모양을 위에서 본 모양은

위

입니다. (○ , ×)

○

위에서 본 모양은 1층의 모양과 같습니다.

❷ 쌓기나무로 쌓은 모양을 앞과 옆에서 본 모양을 각각

앞   옆

그려 보면 ☐☐   ☐☐ 입니다.

앞

옆

쌓기나무로 쌓은 모양을 앞과 옆에서 본 모양을 그릴 때에는 각 방향에서 각 줄의 가장 높은 층만큼 그립니다.

쌓은 모양과 쌓기나무의 개수 알아보기 (3)

❶ 쌓기나무로 쌓은 모양을 보고 위에서 본 모양에 수를

위

쓰면   ⇨ | 2 | 2 |
        | 2 | 1 | 입니다. (○ , ×)

앞

○

위에서 본 모양의 각 자리에 쌓은 쌓기나무의 개수를 세어 위에서 본 모양에 수를 씁니다.

❷ 위에서 본 모양에 수를 쓴 것을 보고 앞과 옆에서 본 모양을 각각 그려 보면

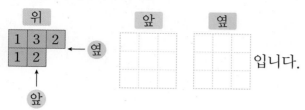

입니다.

위에서 본 모양에 수를 쓴 것을 보고 앞과 옆에서 본 모양을 각각 그릴 때에는 각 방향에서 각 줄의 가장 큰 수만큼 그립니다.

쌓은 모양과 쌓기나무의 개수 알아보기 ⑷

❶ 쌓기나무로 쌓은 모양을 보고 1층 모양을 그려 보면

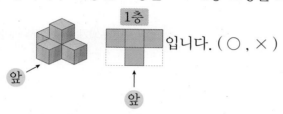

입니다. (○ , ×)

○

1층 모양은 위에서 본 모양과 같습니다.

❷ 쌓기나무 8개로 쌓은 모양과 1층 모양을 보고 2층과 3층 모양을 각각 그려 보면

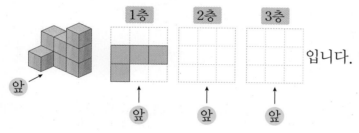

입니다.

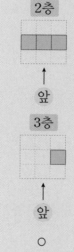

쌓인 모양을 보고 2층의 쌓기나무 3개와 3층의 쌓기나무 1개를 위치에 맞게 그립니다. 이때 1층을 기준으로 같은 위치에 쌓인 쌓기나무는 같은 자리에 그려야 합니다.

여러 가지 모양 만들기

❶ 쌓기나무 3개로 만들 수 있는 서로 다른 모양은 2가지입니다. (○ , ×)

○

쌓기나무로 만든 모양을 돌리거나 뒤집어서 같은 것은 같은 모양입니다.

❷  모양에 쌓기나무 1개를 더 붙여서 만들 수 있는 모양은 (,   )입니다.

❸ 모양은 (,   ,   )의 2가지 모양으로 만들었습니다.

3 공간과 입체

비법 1 쌓기나무의 모양 추측하기

쌓기나무로 쌓은 모양 뒤에 보이지 않는 쌓기나무가 있을 수 있습니다.

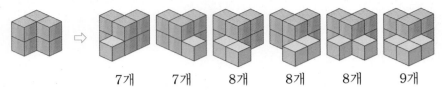

⇨ 위에서 본 모양을 알면 쌓기나무의 개수를 정확히 구할 수 있습니다.

비법 2 위, 앞, 옆에서 본 모양 그리기

• 쌓기나무 6개로 쌓은 모양을 위, 앞, 옆에서 본 모양 각각 그려 보기

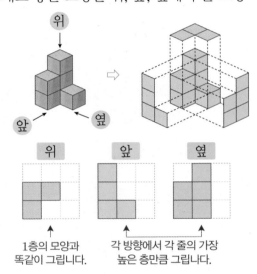

1층의 모양과 똑같이 그립니다.

각 방향에서 각 줄의 가장 높은 층만큼 그립니다.

비법 3 보이는 쌓기나무의 개수 구하기

• 위에서 본 모양에 수를 쓴 것을 보고 각 방향에서 보이는 쌓기나무의 개수 구하기

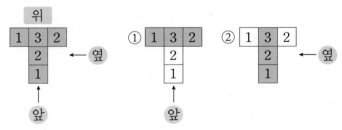

① 앞에서 보면 각 줄의 가장 높은 층수만큼 보이므로
  1+3+2=6(개)입니다.
② 옆에서 보면 각 줄의 가장 높은 층수만큼 보이므로
  1+2+3=6(개)입니다.

교과서 개념

• 쌓은 모양과 쌓기나무의 개수 알아보기(1)

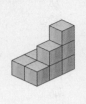 

위에서 본 모양

주어진 모양과 똑같이 쌓는 데 필요한 쌓기나무는 1층 6개, 2층 2개, 3층 1개이므로 6+2+1=9(개)입니다.

• 쌓은 모양과 쌓기나무의 개수 알아보기(2)

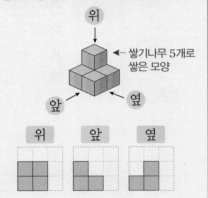

쌓기나무 5개로 쌓은 모양

• 쌓은 모양과 쌓기나무의 개수 알아보기(3)
① 쌓기나무로 쌓은 모양을 보고 위에서 본 모양에 수 쓰기

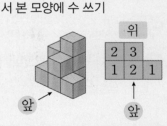

② 위에서 본 모양에 수를 쓴 것을 보고 앞과 옆에서 본 모양을 각각 그려 보기

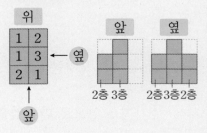

비법 4 위, 앞, 옆에서 본 모양을 보고 쌓기나무의 개수 구하기

- 위, 앞, 옆에서 본 모양을 보고 똑같은 모양으로 쌓는 데 필요한 쌓기나무의 개수 구하기

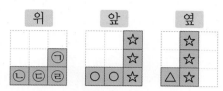

① 각 자리에 쌓인 쌓기나무의 개수 구하기

  ㉠ ─ 앞 과 옆 에서 본 모양의 ☆ 부분에 의해서 3개입니다.

  ㉡ ─ 앞 에서 본 모양의 ○ 부분에 의해서 1개입니다.

  ㉢ ─ 앞 에서 본 모양의 ○ 부분에 의해서 1개입니다.

  ㉣ ─ 옆 에서 본 모양의 △ 부분에 의해서 1개입니다.

② 똑같은 모양으로 쌓는 데 필요한 쌓기나무의 개수 구하기

  (필요한 쌓기나무의 개수)=3+1+1+1=6(개)

③ 똑같은 모양으로 쌓아 보기

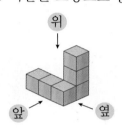

위에서 본 모양의 각 자리에 쌓기나무를 쌓은 거야.

비법 5 여러 가지 모양 만들기

- 쌓기나무를 각각 4개씩 붙여서 만든 두 가지 모양으로 여러 가지 모양 만들기

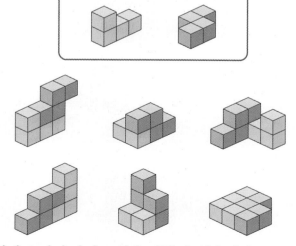

⇨ 이 외에도 여러 가지 모양을 만들 수 있습니다.

교과서 개념

- 쌓은 모양과 쌓기나무의 개수 알아보기 (4)

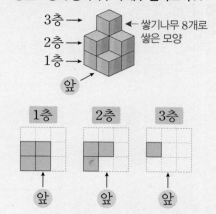
← 쌓기나무 8개로 쌓은 모양

3층 →
2층 →
1층 →

앞 ↗

| 1층 | 2층 | 3층 |

앞 ↑   앞 ↑   앞 ↑

- 여러 가지 모양 만들기

① 쌓기나무 3개로 여러 가지 모양 만들기

  ⇨ 2가지

② 모양에 쌓기나무 1개를 더 붙여서 모양 만들기

 ⇨ 2가지

③ 쌓기나무를 각각 4개씩 붙여서 만든 두 가지 모양으로 여러 가지 모양 만들기

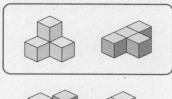

1 쌓은 모양과 쌓기나무의 개수 알아보기 (1)

• 주어진 모양과 똑같이 쌓는 데 필요한 쌓기나무의 개수 구하기

위에서 본 모양

1층: 5개, 2층: 2개, 3층: 1개

⇨ (필요한 쌓기나무의 개수)=5+2+1=8(개)

1-1 쌓기나무로 쌓은 모양을 보고 위에서 본 모양을 그렸습니다. 관계있는 것끼리 선으로 이어 보시오.

•   •   •

•   •   •

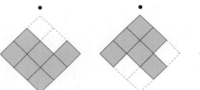

서술형

1-2 오른쪽과 같이 쌓기나무로 쌓으면 쌓은 쌓기나무의 개수를 정확하게 알 수 없습니다. 그 이유를 써 보시오.

이유 _____

_____

1-3 주어진 모양과 똑같이 쌓는 데 필요한 쌓기나무의 개수를 구하시오.

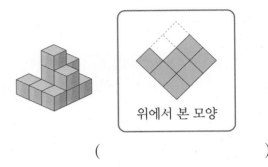

위에서 본 모양

(   )

창의+융합

1-4 쌓기나무를 이용하여 우주발사체 모양을 만들었습니다. 우주발사체 모양을 만드는 데 사용한 쌓기나무의 개수를 구하시오.

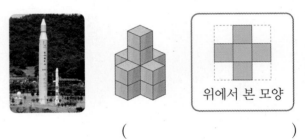

위에서 본 모양

(   )

2 쌓은 모양과 쌓기나무의 개수 알아보기 (2)

• 쌓기나무 8개로 쌓은 모양을 위, 앞, 옆에서 본 모양 각각 그려 보기

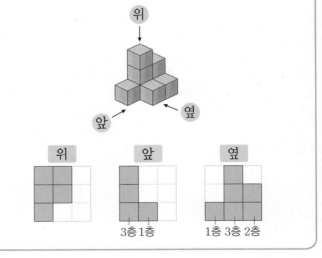

2-1 쌓기나무 8개로 쌓은 오른쪽 모양을 위, 앞, 옆에서 본 모양을 각각 그려 보시오.

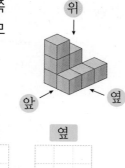

위	앞	옆

2-2 쌓기나무로 쌓은 모양을 위, 앞, 옆에서 본 모양입니다. 가능한 모양을 모두 찾아 기호를 쓰시오.

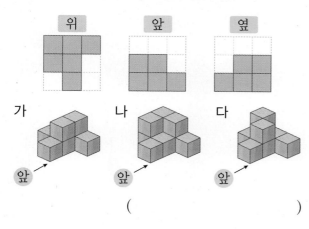

(   )

2-3 쌓기나무 7개로 쌓은 모양을 위와 앞에서 본 모양입니다. 옆에서 본 모양을 그려 보시오.

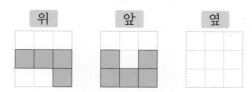

---

3 쌓은 모양과 쌓기나무의 개수 알아보기 ⑶

• 쌓기나무로 쌓은 모양을 보고 위에서 본 모양에 수 쓰기

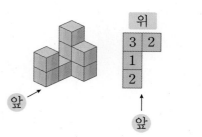

창의＋융합

3-1 택배회사 물류 창고에 다음과 같이 상자가 쌓여 있습니다. 상자로 쌓은 모양을 보고 위에서 본 모양에 수를 써넣으시오.

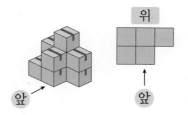

3-2 쌓기나무로 쌓은 모양을 보고 위에서 본 모양에 수를 썼습니다. 관계있는 것끼리 선으로 이어 보시오.

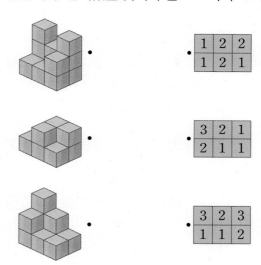

 • 쌓기나무로 쌓은 모양을 위에서 본 모양은 1층의 모양과 같습니다.
• 쌓기나무로 쌓은 모양을 앞과 옆에서 본 모양은 각 방향에서 각 줄의 가장 높은 층의 모양과 같습니다.

3

공간과 입체

3-3 쌀기나무로 쌓은 모양을 보고 위에서 본 모양에 수를 쓴 것입니다. 앞에서 본 모양을 그려 보시오.

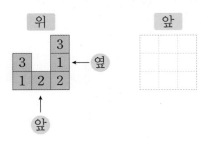

3-4 쌀기나무로 쌓은 모양을 보고 위에서 본 모양에 수를 쓴 것입니다. 옆에서 본 모양이 다른 하나를 찾아 ○표 하시오.

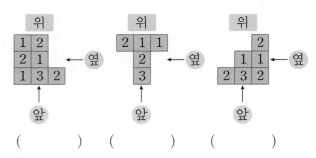

(   )   (   )   (   )

서술형
3-5 쌀기나무로 쌓은 모양을 위, 앞, 옆에서 본 모양입니다. 똑같은 모양으로 쌓는 데 필요한 쌀기나무는 몇 개인지 풀이 과정을 쓰고 답을 구하시오.

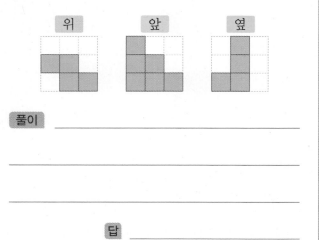

풀이 _____

_____

_____

답 _____

4 쌓은 모양과 쌀기나무의 개수 알아보기 (4)

• 쌀기나무 9개로 쌓은 오른쪽 모양을 보고 1층, 2층, 3층 모양을 각각 그려 보기

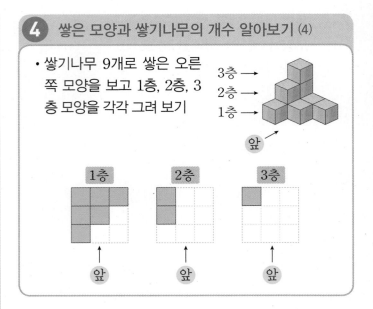

4-1 오른쪽 쌀기나무로 쌓은 모양과 1층 모양을 보고 2층과 3층 모양을 각각 그려 보시오.

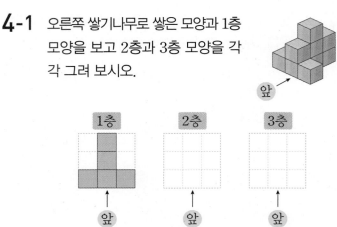

4-2 쌀기나무로 쌓은 모양을 층별로 나타낸 모양을 보고 쌓은 모양을 찾아 기호를 쓰시오.

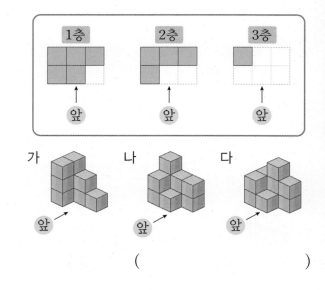

(   )

4-3 쌓기나무로 쌓은 모양을 층별로 나타낸 모양을 보고 위에서 본 모양에 수를 쓰는 방법으로 나타내고, 똑같은 모양으로 쌓는 데 필요한 쌓기나무의 개수를 구하시오.

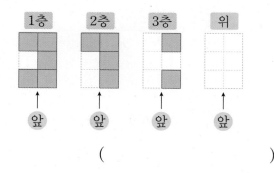

(   )

5 여러 가지 모양 만들기

 모양에 쌓기나무 1개를 더 붙여서 만들 수 있는 모양

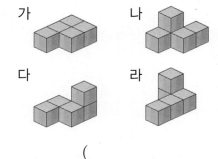 ⇨ 3가지

· 쌓기나무를 각각 4개씩 붙여서 만든 두 가지 모양을 사용하여 여러 가지 모양을 만들 수 있습니다.

5-1 모양에 쌓기나무 1개를 더 붙여서 만들 수 있는 모양이 <u>아닌</u> 것을 찾아 기호를 쓰시오.

가   나

다   라

(   )

서술형
5-2 쌓기나무 4개로 만들 수 있는 서로 다른 모양은 모두 몇 가지인지 풀이 과정을 쓰고 답을 구하시오. (단, 돌리거나 뒤집었을 때 같은 모양인 것은 1가지로 생각합니다.)

풀이 _____

_____

답 _____

5-3 쌓기나무를 각각 4개씩 붙여서 만든 두 가지 모양을 사용하여 새로운 모양을 만들었습니다. 사용한 두 가지 모양을 찾아 기호를 쓰시오.

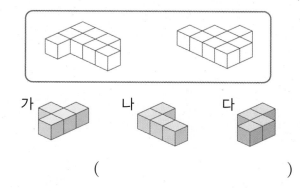

가   나   다

(   )

5-4 쌓기나무를 각각 4개씩 붙여 만든 두 가지 모양을 사용하여 새로운 모양을 만들었습니다. 어떻게 만들었는지 구분하여 색칠하시오.

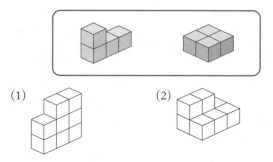

(1)   (2)

3 공간과 입체

 · 쌓기나무로 쌓은 모양을 층별로 나타낸 모양을 보면 2층의 쌓기나무는 1층의 쌓기나무 위에, 3층의 쌓기나무는 2층의 쌓기나무 위에 놓여 있습니다.
· 쌓기나무로 만든 모양을 돌리거나 뒤집어서 같은 것은 같은 모양입니다.

응용1 필요한 쌓기나무의 개수의 합과 차 구하기

❸ 가와 나 모양과 똑같이 쌓는 데 필요한 쌓기나무의 개수의 합을 구하시오.

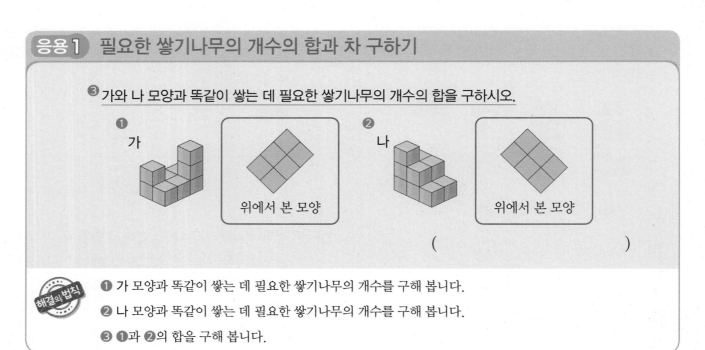

❶ 가
위에서 본 모양

❷ 나
위에서 본 모양

( )

해결의 법칙!

❶ 가 모양과 똑같이 쌓는 데 필요한 쌓기나무의 개수를 구해 봅니다.

❷ 나 모양과 똑같이 쌓는 데 필요한 쌓기나무의 개수를 구해 봅니다.

❸ ❶과 ❷의 합을 구해 봅니다.

예제 1-1 가와 나 모양과 똑같이 쌓는 데 필요한 쌓기나무의 개수의 합을 구하시오.

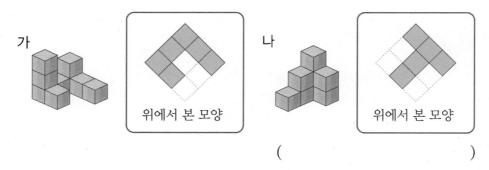

가
위에서 본 모양

나
위에서 본 모양

( )

예제 1-2 각 모양과 똑같이 쌓는 데 필요한 쌓기나무의 개수가 가장 많은 것과 가장 적은 것의 개수의 차를 구하시오.

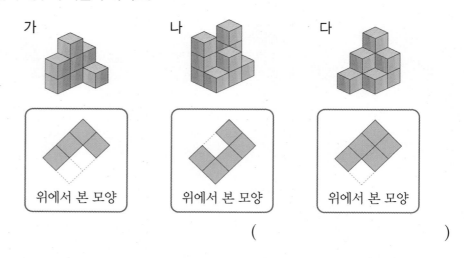

가
위에서 본 모양

나
위에서 본 모양

다
위에서 본 모양

( )

응용2 모양을 만들고 남는 쌓기나무의 개수 구하기

❷ 쌓기나무 15개를 사용하여 각 층의 모양이 다음과 같은 모양을 만들고 남는 쌓기나무는 몇 개 입니까?

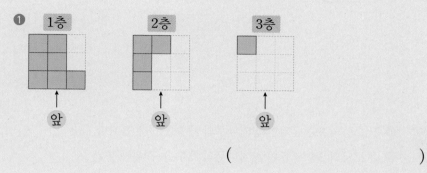

(   )

❶ 주어진 모양을 만드는 데 사용한 쌓기나무의 개수를 구해 봅니다.

❷ 모양을 만들고 남는 쌓기나무의 개수를 구해 봅니다.

예제 2-1 쌓기나무 20개를 사용하여 각 층의 모양이 다음과 같은 모양을 만들고 남는 쌓기나무는 몇 개입니까?

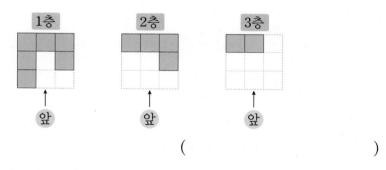

(   )

예제 2-2 쌓기나무 23개를 남김없이 사용하여 각 층의 모양이 다음과 같은 모양을 만들려고 합니다. 3층의 모양을 그려 보시오.

3층에 쌓인 쌓기나무의 개수를 먼저 구해 보자.

그런 다음 2층에 쌓인 쌓기나무의 위치에 맞게 3층의 쌓기나무를 쌓으면 돼.

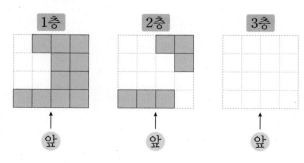

응용 3 위에서 본 모양에 수를 쓴 것을 보고 각 층에 쌓인 쌓기나무의 개수 구하기

❶❷ 쌓기나무로 쌓은 모양을 보고 위에서 본 모양에 수를 썼습니다. / ❸ 가와 나 모양의 2층에 쌓인 쌓기나무의 개수의 합을 구하시오.

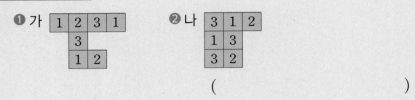

❶ 가

1	2	3	1
	3		
	1	2	

❷ 나

3	1	2
1	3	
3	2	

(   )

❶ 가 모양의 2층에 쌓인 쌓기나무의 개수를 구해 봅니다.

❷ 나 모양의 2층에 쌓인 쌓기나무의 개수를 구해 봅니다.

❸ ❶과 ❷의 합을 구해 봅니다.

예제 3 - 1 쌓기나무로 쌓은 모양을 보고 위에서 본 모양에 수를 썼습니다. 가와 나 모양의 2층에 쌓인 쌓기나무의 개수의 합을 구하시오.

가

1	3		
2	1	2	3
	3		

나

1		3
3	2	1
1	1	3

(   )

예제 3 - 2 쌓기나무로 쌓은 모양을 보고 위에서 본 모양에 수를 썼습니다. 가, 나, 다 모양의 3층에 쌓인 쌓기나무의 개수의 합을 구하시오.

가

2		4
3	1	2
3		3

나

3	1		
	2	1	
	4	3	4	2

다

		2	1	3
2	1	3	4	
4		3		

(   )

응용 4 쌓기나무를 더 쌓거나 빼낸 후 위, 앞, 옆에서 본 모양 그리기

❶ 쌓기나무 9개로 쌓은 모양에서 ㉠ 자리에 쌓기나무 1개를 더 쌓은 후 / ❷ 위, 앞, 옆에서 본 모양을 각각 그려 보시오.

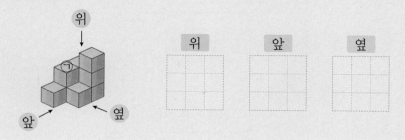

 ❶ 주어진 모양의 ㉠ 자리에 쌓기나무 1개를 더 쌓은 모양을 알아봅니다.

❷ ❶의 모양을 위, 앞, 옆에서 본 모양을 각각 그려 봅니다.

예제 4 - 1 쌓기나무 10개로 쌓은 모양에서 ㉠ 자리에 쌓기나무 1개를 더 쌓은 후 위, 앞, 옆에서 본 모양을 각각 그려 보시오.

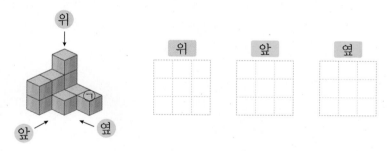

예제 4 - 2 쌓기나무 14개로 쌓은 모양에서 빨간색 쌓기나무 2개를 빼낸 후 위, 앞, 옆에서 본 모양을 각각 그려 보시오.

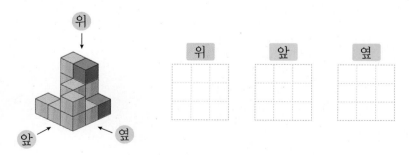

3 공간과 입체

응용5 쌓기나무로 정육면체 모양을 만들 때 더 쌓아야 할 쌓기나무의 개수 구하기

❶❷ 쌓기나무로 쌓은 왼쪽 모양에 쌓기나무를 더 쌓아 오른쪽 정육면체 모양을 만들려고 합니다.
/ ❸ 더 쌓아야 할 쌓기나무는 몇 개입니까?

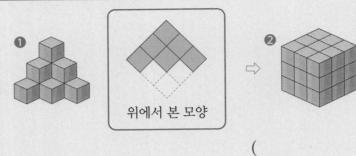

위에서 본 모양

(   )

해결의 법칙
❶ 왼쪽 모양을 쌓는 데 사용한 쌓기나무의 개수를 구해 봅니다.

❷ 정육면체 모양을 쌓는 데 필요한 쌓기나무의 개수를 구해 봅니다.

❸ ❶과 ❷의 차를 구하여 더 쌓아야 할 쌓기나무는 몇 개인지 구해 봅니다.

 예제 5-1 쌓기나무로 쌓은 왼쪽 모양에 쌓기나무 몇 개를 더 쌓아 오른쪽 큐브 모양을 만들려고 합니다. 큐브가 정육면체 모양일 때 더 쌓아야 할 쌓기나무는 몇 개입니까?

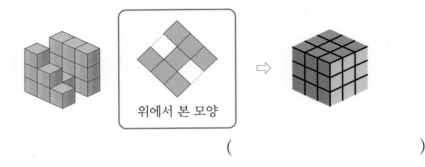

위에서 본 모양

(   )

예제 5-2 왼쪽 정육면체 모양에서 쌓기나무 몇 개를 빼내 오른쪽 모양을 만들었습니다. 빼낸 쌓기나무는 몇 개입니까?

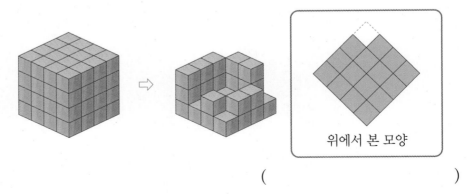

위에서 본 모양

(   )

• 정답은 23쪽

응용6 색칠된 쌓기나무의 개수 구하기

❶ 쌓기나무로 쌓은 오른쪽 직육면체 모양의 바깥쪽 면을 모두 색칠했습니다.
/ ❷ 두 면이 색칠된 쌓기나무는 모두 몇 개입니까? (단, 바닥에 닿은 면에
도 색칠한 것으로 생각합니다.)

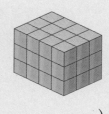

( )

해결의 법칙

❶ 각 층에서 두 면이 색칠된 쌓기나무의 개수를 각각 구해 봅니다.

❷ ❶에서 구한 개수를 모두 더해 봅니다.

예제 **6 - 1**   쌓기나무로 쌓은 오른쪽 직육면체 모양의 바깥쪽 면을 모두 색
칠했습니다. 두 면이 색칠된 쌓기나무는 모두 몇 개입니까?
(단, 바닥에 닿은 면에도 색칠한 것으로 생각합니다.)

( )

예제 **6 - 2**   쌓기나무로 쌓은 오른쪽 정육면체 모양의 바깥쪽 면을 모
두 색칠했습니다. 두 면이 색칠된 쌓기나무와 세 면이 색칠
된 쌓기나무의 개수의 차를 구하시오. (단, 바닥에 닿은 면
에도 색칠한 것으로 생각합니다.)

 두 면이 색칠된 쌓기나
무는 각 층에 있어.

세 면이 색칠된 쌓기나
무는 1층과 4층에만 있
어.

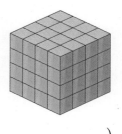

( )

응용 7 위, 앞, 옆에서 본 모양을 보고 쌓기나무의 최대, 최소 개수 구하기

❶❷ 쌓기나무로 쌓은 모양을 위, 앞, 옆에서 본 모양입니다. 필요한 쌓기나무의 최대 개수와 최소 개수를 각각 구하시오.

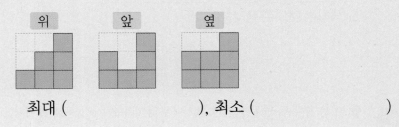

최대 (   ), 최소 (   )

 ❶ 위에서 본 모양의 각 자리에 쌓기나무의 개수를 써넣어 쌓기나무의 최대 개수를 구해 봅니다.

❷ 위에서 본 모양의 각 자리에 쌓기나무의 개수를 써넣어 쌓기나무의 최소 개수를 구해 봅니다.

예제 **7 - 1** 쌓기나무로 쌓은 모양을 위, 앞, 옆에서 본 모양입니다. 필요한 쌓기나무의 최대 개수와 최소 개수를 각각 구하시오.

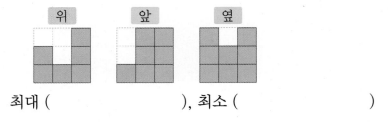

최대 (   ), 최소 (   )

예제 **7 - 2** 쌓기나무로 쌓은 모양을 위, 앞, 옆에서 본 모양입니다. 필요한 쌓기나무의 최대 개수와 최소 개수의 차를 구하시오.

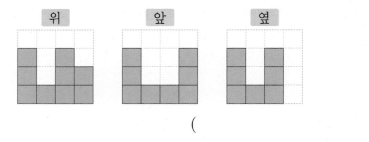

(   )

응용8 쌓기나무로 쌓은 모양의 겉넓이 구하기

❷ 한 모서리의 길이가 1 cm인 쌓기나무로 쌓은 모양입니다. 이 모양의 겉넓이는 몇 cm²입니까? (단, 바닥에 닿은 면도 포함하여 구합니다.)

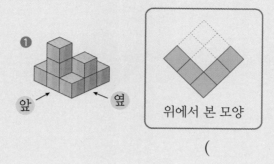

위에서 본 모양

(   )

해결의법칙

❶ 위, 앞, 옆에서 본 모양의 쌓기나무 면의 수의 합을 구해 봅니다.

❷ ❶을 2배 하여 전체 쌓기나무 면의 수의 합을 구한 후 겉넓이를 구해 봅니다.

예제8-1 한 모서리의 길이가 1 cm인 쌓기나무로 쌓은 모양입니다. 이 모양의 겉넓이는 몇 cm²입니까? (단, 바닥에 닿은 면도 포함하여 구합니다.)

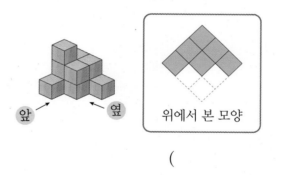

위에서 본 모양

(   )

예제8-2 한 모서리의 길이가 1 cm인 쌓기나무로 쌓은 모양을 보고 오른쪽과 같이 위에서 본 모양에 수를 썼습니다. 이 모양의 겉넓이는 몇 cm²입니까? (단, 바닥에 닿은 면도 포함하여 구합니다.)

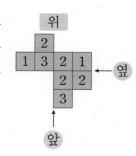

(   )

STEP 3 **응용 유형 뛰어넘기**

쌓은 모양과 쌓기나무의 개수 알아보기 (1)

01 쌓기나무로 쌓은 오른쪽 모양을 보고 위에서
[유사] 본 모양이 될 수 있는 것을 모두 찾아 기호를
쓰시오.

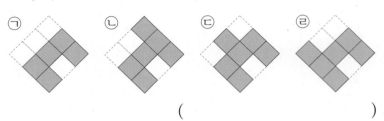

(   )

쌓은 모양과 쌓기나무의 개수 알아보기 (2)

02 구멍이 있는 상자에 쌓기나무를 붙여서 만든 모양을 넣으
[유사] 려고 합니다. 모양을 넣을 수 있는 상자를 모두 찾아 기호
를 쓰시오.

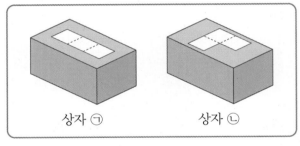

상자 ㉠   상자 ㉡

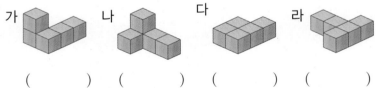

가   나   다   라

(   ) (   ) (   ) (   )

[서술형] 쌓은 모양과 쌓기나무의 개수 알아보기 (1)

03 쌓기나무 16개를 사용
[유사] 하여 오른쪽과 같은 모
[동영상] 양을 만들려고 합니다.
똑같은 모양을 만들고
남는 쌓기나무는 몇 개
인지 풀이 과정을 쓰고 답을 구하시오.

위에서 본 모양

풀이

(   )

유사 표시된 문제의 유사 문제가 제공됩니다.
동영상 표시된 문제의 동영상 특강을 볼 수 있어요.
QR 코드를 찍어 보세요.

쌓은 모양과 쌓기나무의 개수 알아보기 (3)

04 유사 쌓기나무로 쌓은 모양을 보고 위에서 본 모양에 수를 썼습니다. 다음은 쌓기나무로 쌓은 모양을 어느 방향에서 본 모양인지 ( ) 안에 알맞은 기호를 쓰시오.

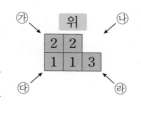

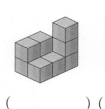

( ) ( ) ( ) ( )

여러 가지 모양 만들기

05 유사 쌓기나무를 각각 4개씩 붙여서 만든 어떤 두 가지 모양을 사용하여 새로운 모양을 만들었습니다. 어떻게 만들었는지 구분하여 색칠하시오.

(1) 　　　　(2)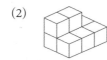

3

공간과 입체

서술형 쌓은 모양과 쌓기나무의 개수 알아보기 (1)　　창의+융합

06 유사 피라미드를 보고 1층에 25개, 2층에 9개, 3층에 1개의 쌓기나무를 쌓았습니다. 이 모양을 위, 앞, 옆에서 보았을 때 어느 방향에서도 보이지 않는 쌓기나무는 모두 몇 개인지 풀이 과정을 쓰고 답을 구하시오.

 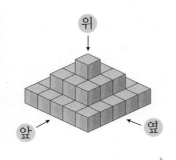

( )

풀이

쌓은 모양과 쌓기나무의 개수 알아보기 (4)

07 쌓기나무로 1층 위에 2층과 3층을 쌓으려고 합니다. 1층 모양을 보고 2층과 3층으로 알맞은 모양을 각각 찾아 기호 를 쓰시오.

유사 동영상

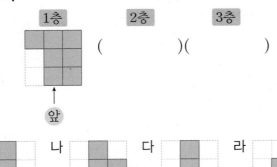

1층   2층   3층

(   )(   )

↑
앞

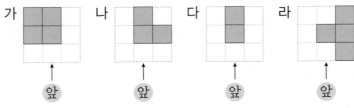

가   나   다   라

앞   앞   앞   앞

쌓은 모양과 쌓기나무의 개수 알아보기 (2)

창의+융합

08 쌓기나무 12개로 쌓은 모양 입니다. 빨간색 쌓기나무 위 에 쌓기나무를 각각 1개씩 더 쌓은 모양을 앞에서 손전등 으로 비추었을 때 생기는 그 림자 모양을 찾아 기호를 쓰시오.

유사 동영상

앞

㉠   ㉡   ㉢

(   )

여러 가지 모양 만들기

09 쌓기나무를 각각 4개씩 붙여 서 만든 오른쪽 두 가지 모양 을 사용하여 만들 수 없는 모 양을 찾아 기호를 쓰시오.

유사

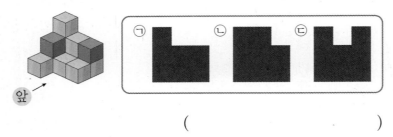

가   나   다   라

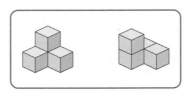

(   )

쌓은 모양과 쌓기나무의 개수 알아보기 (3)

10 쌓기나무를 9개씩 사용하여 **조건** 을 만족하도록 쌓았습니다. 위에서 본 모양에 수를 쓰는 방법으로 나타내시오.

유사
동영상

조건
- 가와 나의 쌓은 모양은 서로 다릅니다.
- 위에서 본 모양이 서로 같습니다.
- 앞에서 본 모양이 서로 같습니다.
- 옆에서 본 모양이 서로 같습니다.

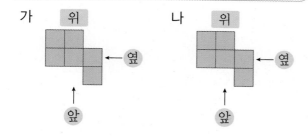

쌓은 모양과 쌓기나무의 개수 알아보기 (2)

11 위, 앞, 옆에서 본 모양이 다음과 같도록 쌓기나무를 쌓으려고 합니다. 모두 몇 가지로 쌓을 수 있습니까? (단, 돌리거나 뒤집었을 때 같은 모양인 것은 1가지로 생각합니다.)

유사
동영상

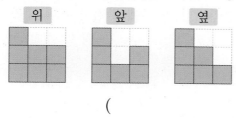

(   )

서술형 쌓은 모양과 쌓기나무의 개수 알아보기 (2)

12 위, 앞, 옆에서 본 모양이 모두 오른쪽과 같은 쌓기나무 모양을 만들려고 합니다. 필요한 쌓기나무의 최대 개수와 최소 개수의 차는 몇 개인지 풀이 과정을 쓰고 답을 구하시오.

유사
동영상

(   )

풀이

3

공간과 입체

창의사고력

13 오른쪽은 쌓기나무 13개로 쌓은 모양입니다. 이 모양을 위, 앞, 옆에서 본 모양은 변하지 않게 쌓기나무를 빼내려고 합니다. 쌓기나무를 동시에 몇 개까지 빼낼 수 있습니까?

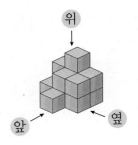

(   )

창의사고력

14 쌓기나무로 쌓은 모양을 위, 앞, 옆에서 본 모양입니다. 여기에 쌓기나무 몇 개를 더 쌓아 가장 작은 정육면체를 만들려고 합니다. 더 필요한 쌓기나무는 최대 몇 개입니까?

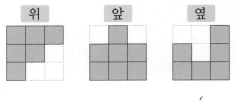

(   )

· 정답은 28쪽

01 쌓기나무로 쌓은 모양을 보고 위에서 본 모양에 수를 쓰시오.

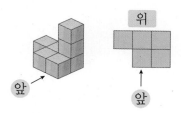

02 모양에 쌓기나무 1개를 더 붙여서 만들 수 <u>없는</u> 모양을 찾아 ○표 하시오.

(   ) (   ) (   )

03 주어진 모양과 똑같이 쌓는 데 필요한 쌓기나무의 개수를 구하시오.

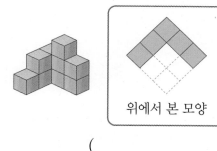

위에서 본 모양

(   )

04 부산항에 컨테이너가 다음과 같이 쌓여 있습니다. 컨테이너의 최소 개수를 구하시오.

(   )

05 쌓기나무 4개로 만든 모양입니다. 같은 모양끼리 선으로 이어 보시오.

·   ·   ·

·   ·   ·

06 쌓기나무 9개로 쌓은 오른쪽 모양을 위, 앞, 옆에서 본 모양을 각각 그려 보시오.

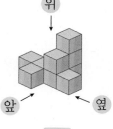

위	앞	옆
	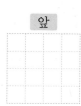	

07 쌓기나무로 쌓은 오른쪽 모양을 위에서 본 모양이 될 수 있는 것을 모두 찾으려고 합니다. 풀이 과정을 쓰고 답을 구하시오.

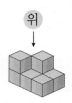

가   위   나   위   다   위

풀이 _____

답 _____

08 쌓기나무로 쌓은 모양을 보고 위에서 본 모양에 수를 썼습니다. 앞과 옆에서 본 모양을 각각 그려 보시오.

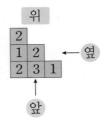

창의+융합

09 정육면체 모양의 각설탕 8개로 쌓은 오른쪽 모양을 보고 1층, 2층, 3층의 모양을 각각 그려 보시오.

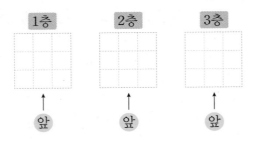

[10~11] 쌓기나무를 각각 4개씩 붙여 만든 두 가지 모양을 사용하여 새로운 모양을 만들었습니다. 어떻게 만들었는지 구분하여 색칠하시오.

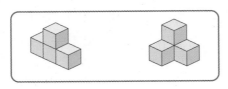

10

11

12 쌓기나무로 쌓은 모양을 층별로 나타낸 모양을 보고 앞에서 본 모양을 그려 보고, 똑같은 모양을 쌓는 데 필요한 쌓기나무의 개수를 구하시오.

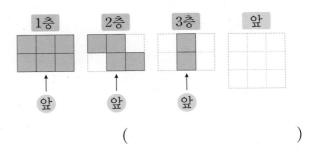

( )

서술형

13 쌓기나무로 쌓은 모양을 위, 앞, 옆에서 본 모양입니다. 똑같은 모양을 쌓는 데 필요한 쌓기나무는 몇 개인지 풀이 과정을 쓰고 답을 구하시오.

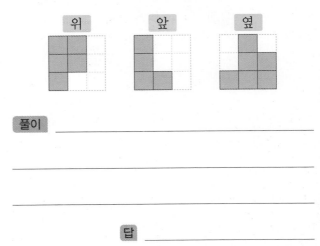

풀이 _____

_____

_____

답 _____

14 위, 앞, 옆에서 본 모양을 보고 쌓기나무로 쌓을 때 만들어지는 모양이 한 개가 아닌 것을 찾아 기호를 쓰시오.

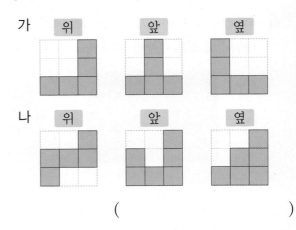

( )

15 쌓기나무 9개로 쌓은 오른쪽 모양에서 빨간색 쌓기나무 3개를 빼낸 모양을 위, 앞, 옆에서 본 모양을 각각 그려 보시오.

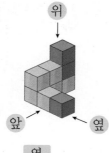

위	앞	옆

16 쌓기나무 8개로 조건 을 만족하는 모양을 쌓았습니다. 이 모양을 위에서 본 모양을 그리고 각 자리에 쌓인 쌓기나무의 개수를 쓰시오.

조건
- 1층에는 쌓기나무가 5개입니다.
- 앞에서 본 모양과 옆에서 본 모양이 서로 같습니다.
- 4층짜리 모양입니다.

위

17 가와 나는 각각 쌓기나무 10개로 쌓은 모양입니다. 가와 나의 1층에 쌓인 쌓기나무의 개수의 차를 구하시오.

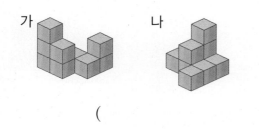

( )

18 쌓기나무 9개로 쌓은 모양을 위와 앞에서 본 모양입니다. 옆에서 본 모양을 그려 보시오.

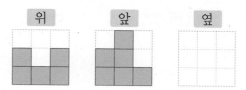

서술형
19 쌓기나무로 쌓은 모양에 쌓기나무 몇 개를 더 쌓아 가장 작은 정육면체 모양을 만들려고 합니다. 필요한 쌓기나무는 몇 개인지 풀이 과정을 쓰고 답을 구하시오.

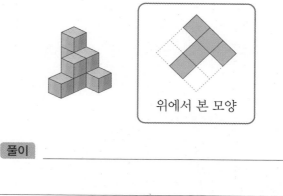

위에서 본 모양

풀이 _____

_____

답 _____

20 쌓기나무로 쌓은 모양을 위와 앞에서 본 모양입니다. 똑같은 모양을 쌓는 데 필요한 쌓기나무의 최대 개수와 최소 개수를 각각 구하시오.

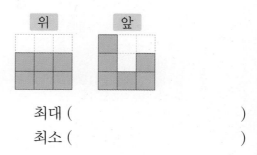

최대 ( )
최소 ( )

3
공간과 입체

4 비례식과 비례배분

이동식 단속카메라의 속도 측정

도로에서 기준 속도보다 빨리 달리면 사고 발생율이 높아집니다.
그래서 기준 속도를 지키지 않는 운전자에게 벌금을 부과합니다.
그렇다면 달리는 자동차의 속도는 어떻게 측정할 수 있을까요?
바로 이동식 단속카메라를 설치함으로써 달리는 자동차의 속도를 측정합니다.
이동식 단속카메라는 도로에서 움직이는 자동차와 같은 물체의 속도를 측정하는 기계입니다.
원리는 진동수가 일정한 빛인 레이저를 이용하는 것입니다.

즉, 빛을 발사한 후 반사되어 되돌아오는 빛 중 같은 진동수를 가지는 빛을 감지해내고 발사 시각과 도착 시각의 차이를 계산하여 빛은 1초에 30만 km를 간다는 사실로부터 (1초) : (30만 km) = (시각의 차) : (□ km)라는 비례식을 세울 수 있고 이를 통해 움직이는 자동차의 속도를 측정할 수 있는 것입니다.
한편, 구간 단속카메라는 이동식 단속카메라 앞에서만 속도를 줄여서 단속을 피하는 자동차를 단속하는 역할을 합니다.

▲ 이동식 단속카메라

구간 단속카메라

90

구간단속종점

<table>
<tr><td>이미 배운 내용</td><td>이번에 배울 내용</td><td>앞으로 배울 내용</td></tr>
</table>

이미 배운 내용	이번에 배울 내용	앞으로 배울 내용
[6-1 비와 비율] • 비 • 비율 • 백분율	• 비의 성질 • 간단한 자연수의 비 • 비례식 • 비례식의 성질 • 비례배분	[중학교] • 정비례와 반비례 • 일차방정식 • 일차함수

탈레스의 지팡이와 피라미드의 높이

고대 그리스의 수학자였던 탈레스는 지금으로부터 약 2600년 전 이집트를 방문했을 때, 지팡이 하나로 피라미드의 높이를 구해 이집트의 왕에게 존경을 받았다고 알려져 있습니다. 탈레스는 어떻게 지팡이 하나만으로 그 거대한 피라미드의 높이를 구할 수 있었을까요? 그것은 피라미드의 그림자와 지팡이의 그림자의 길이를 재어 비례식으로 피라미드의 높이를 구할 수 있었던 것입니다.
즉, (피라미드 높이) : (피라미드 그림자 길이)＝(지팡이 길이) : (지팡이 그림자 길이)의 비례식을 통해 피라미드의 높이를 구한 것입니다.

여러분도 탈레스처럼 생활 속에서 비례식을 이용해 보면 비례식을 공부하는 데 도움이 될 것입니다.

비의 성질 알아보기

정답 / **생각의 방향**

❶ 비 4 : 5와 8 : 10에서 기호 ' : ' 앞에 있는 4와 8을 ☐, 뒤에 있는 5와 10을 ☐(이)라고 합니다.

전항, 후항

전항: 비에서 기호 ' : ' 앞에 있는 항
후항: 비에서 기호 ' : ' 뒤에 있는 항

❷ 비의 전항과 후항에 0이 아닌 같은 수를 곱하여도 비율은 같습니다. (○ , ×)

○

❸ 30 : 10의 전항과 후항을 각각 0으로 나누어도 비율은 같습니다. (○ , ×)

×

비의 전항과 후항을 0이 아닌 같은 수로 나누어도 비율은 같습니다.

간단한 자연수의 비로 나타내기

❶ 45 : 36 = 5 : ☐
└ ÷ ☐ ↑

(위부터)
4, 9

(자연수) : (자연수)는 전항과 후항을 전항과 후항의 최대공약수로 나누어 간단한 자연수의 비로 나타낼 수 있습니다.

❷ 5.2 : 0.11 = 520 : ☐
└ × ☐ ↑

(위부터)
11, 100

(소수) : (소수)는 전항과 후항에 소수의 자릿수에 따라 10, 100……을 곱하여 간단한 자연수의 비로 나타낼 수 있습니다.

❸ $\frac{1}{5} : \frac{1}{2} = ☐ : 5$
└ × ☐ ↑

(위부터)
2, 10

(분수) : (분수)는 전항과 후항에 두 분모의 최소공배수를 곱하여 간단한 자연수의 비로 나타낼 수 있습니다.

비례식 알아보기

❶ 비율이 같은 두 비를 기호 '='를 사용하여 2 : 3 = 4 : 6과 같이 나타낼 수 있으며 이와 같은 식을 비례식이라고 합니다. (○ , ×)

○

비율이 같은 두 비를 기호 '='를 사용하여 2 : 3 = 4 : 6과 같이 나타낸 식을 비례식이라고 합니다.

❷ 비례식 2 : 5 = 4 : 10에서 바깥쪽에 있는 2와 10을 ☐, 안쪽에 있는 5와 4를 ☐(이)라고 합니다.

외항, 내항

외항: 비례식에서 바깥쪽에 있는 두 항
내항: 비례식에서 안쪽에 있는 두 항

❸ 비례식 3 : 4 = 9 : 12에서 내항은 3과 9이고, 외항은 4와 12입니다. (○ , ×)

×

비례식의 성질 알아보기

1 비례식에서 외항의 곱과 내항의 곱은 같습니다.
(○ , ×)

2 $2 : 9 = \dfrac{1}{2} : \dfrac{1}{9}$ (○ , ×)

3 $2 : 3 = 6 : 9$ (○ , ×)

4 $0.4 : 0.7 = 8 : 14$ (○ , ×)

비례식 활용하기

7초 동안 5장을 인쇄할 수 있는 프린터가 있습니다. 이 프린터가 15장을 인쇄할 때 걸리는 시간을 구하시오.

1 15장을 인쇄할 때 걸리는 시간을 ■초라 하고 비례식을 세우면 $7 : 5 = ■ : 15$입니다. (○ , ×)

2 외항의 곱과 내항의 곱이 같으므로 $7 × \boxed{} = 5 × ■$, $5 × ■ = \boxed{}$, $■ = \boxed{}$입니다.

3 따라서 15장을 인쇄할 때 걸리는 시간은 $\boxed{}$초입니다.

비례배분하기

1 전체를 주어진 비로 배분하는 것을 $\boxed{}$(이)라고 합니다.

2 8을 $1 : 3$으로 비례배분하기

$8 × \dfrac{1}{\boxed{} + \boxed{}} = 8 × \dfrac{\boxed{}}{\boxed{}} = \boxed{}$

$8 × \dfrac{3}{\boxed{} + \boxed{}} = 8 × \dfrac{\boxed{}}{\boxed{}} = \boxed{}$

정답

○

×

○

○

○

15, 105, 21

21

비례배분

$1, 3, \dfrac{1}{4}, 2$ /

$1, 3, \dfrac{3}{4}, 6$

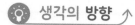
생각의 방향

외항
■ : ▲ = ● : ★
내항
⇨ ■ × ★ = ▲ × ●

외항의 곱과 내항의 곱이 같으면 옳은 비례식입니다.

외항의 곱과 내항의 곱이 같다는 비례식의 성질을 이용하여 □의 값을 구할 수 있습니다.

전체를 주어진 비로 배분하는 것을 비례배분이라고 합니다.

전체 ●를 ■:▲로 비례배분하기
⇨ $● × \dfrac{■}{■ + ▲}$, $● × \dfrac{▲}{■ + ▲}$

4

비례식과 비례배분

비법 1 비의 성질 알아보기

- 비의 전항과 후항에 0이 아닌 같은 수를 곱하여도 비율은 같습니다.

예) $2 : 5 = (2 \times 2) : (5 \times 2) = 4 : 10$ → 비율: $\frac{4}{10} = \frac{2}{5}$

비율: $\frac{2}{5}$ ← $= (2 \times 3) : (5 \times 3) = 6 : 15$ → 비율: $\frac{6}{15} = \frac{2}{5}$

- 비의 전항과 후항을 0이 아닌 같은 수로 나누어도 비율은 같습니다.

예) $36 : 48 = (36 \div 2) : (48 \div 2) = 18 : 24$ → 비율: $\frac{18}{24} = \frac{3}{4}$

비율: $\frac{36}{48} = \frac{3}{4}$ ← $= (36 \div 3) : (48 \div 3) = 12 : 16$ → 비율: $\frac{12}{16} = \frac{3}{4}$

참고 비의 전항과 후항에 0을 곱하거나 0으로 나누면 안 되는 이유

$4 : 7 = (4 \times 0) : (7 \times 0) = 0 : 0$ — 비가 0이 되어 처음과 다릅니다.

$4 : 7 = (4 \div 0) : (7 \div 0)$ — 모든 수는 0으로 나눌 수 없습니다.

비법 2 분수와 소수의 비를 간단한 자연수의 비로 나타내기

예) $\frac{1}{5} : 0.9$를 간단한 자연수의 비로 나타내기

방법 1 전항을 소수로 바꾸어 간단한 자연수의 비로 나타내기

$\frac{1}{5} = \frac{2}{10} = 0.2 \Rightarrow 0.2 : 0.9 \Rightarrow 2 : 9$ — 소수 한 자리 수이므로 전항과 후항에 각각 10 곱하기

전항을 소수로 바꾸기 (×10)

방법 2 후항을 분수로 바꾸어 간단한 자연수의 비로 나타내기

$0.9 = \frac{9}{10} \Rightarrow \frac{1}{5} : \frac{9}{10} \Rightarrow 2 : 9$ — 전항과 후항에 각각 두 분모의 최소공배수 곱하기

후항을 분수로 바꾸기 (×10)

비법 3 옳은 비례식 찾기

① 두 비로 이루어져야 합니다.

② 기호 '='를 사용한 식이어야 합니다.

③ 비율이 같아야 합니다.

예) $4 : 3 = 16 : 12$ $3 : 4 \ne 4 : 3$
비율: $\frac{3}{4}$ 비율: $\frac{4}{3}$

교과서 개념

- **전항과 후항 알아보기**

$3 : 2$
전항 후항
항

전항: 비에서 기호 ' : ' 앞에 있는 항
후항: 비에서 기호 ' : ' 뒤에 있는 항

- **간단한 자연수의 비로 나타내기**

① (자연수) : (자연수)

전항과 후항을 전항과 후항의 최대공약수로 나눕니다.

예) $20 : 28 = (20 \div 4) : (28 \div 4)$
$= 5 : 7$ 20과 28의 최대공약수

② (소수) : (소수)

전항과 후항에 소수의 자릿수에 따라 10, 100……을 곱합니다.

예) $2.2 : 3.4 = (2.2 \times 10) : (3.4 \times 10)$
$= 22 : 34$ 소수 한 자리 수이므로 10 곱하기
$= (22 \div 2) : (34 \div 2)$
$= 11 : 17$ 22와 34의 최대공약수

③ (분수) : (분수)

전항과 후항에 두 분모의 최소공배수를 곱합니다.

예) $\frac{2}{5} : \frac{4}{7} = \left(\frac{2}{5} \times 35\right) : \left(\frac{4}{7} \times 35\right)$
5와 7의 최소공배수
$= 14 : 20$
$= (14 \div 2) : (20 \div 2)$
$= 7 : 10$ 14와 20의 최대공약수

- **비례식 알아보기**

비율이 같은 두 비를 기호 '='를 사용하여 $3 : 2 = 6 : 4$와 같이 나타낼 수 있습니다.

이와 같은 식을 비례식이라고 합니다.

- **외항과 내항 알아보기**

외항
$3 : 2 = 6 : 4$
내항

외항: 비례식에서 바깥쪽에 있는 두 항
내항: 비례식에서 안쪽에 있는 두 항

비법 4 비례식의 성질을 이용하여 비례식 풀기

예 비례식에서 □의 값 구하기

$$4 : 5 = 12 : \square$$

⇨ $4 \times \square = 5 \times 12$ ← 비례식의 성질을 이용합니다.

$4 \times \square = 60$ ← 기호 '='의 오른쪽을 계산합니다.

$\square = 60 \div 4$ ← □를 구하는 식을 알아봅니다.

$\square = 15$ ← □를 구합니다.

비법 5 비례식으로 문제 해결하기

┌─────────────────────────┐
│ 구하려고 하는 것을 □로 놓기 │
└─────────────────────────┘
⇩
┌──────────────────────────────────┐
│ □를 이용하여 조건에 맞게 비례식 세우기 │
│ ⇨ 두 비의 각 항에 놓이는 항목이 같아야 합니다. │
└──────────────────────────────────┘
⇩
┌──────────────────────────────────┐
│ 비례식의 성질을 이용하여 문제 해결하기 │
└──────────────────────────────────┘

예 비누를 만들기 위해 물과 폐식용유를 2 : 9의 비로 섞으려고 할 때 물의 양이 40 mL라면 폐식용유는 몇 mL가 필요한지 구하기

① 폐식용유의 양을 □mL라 하고 비례식을 세우기
$$2 : 9 = 40 : \bullet$$

② 비례식의 성질을 이용하여 □의 값 구하기
$$2 \times \square = 9 \times 40, \ 2 \times \square = 360, \ \square = 180$$

⇨ 따라서 필요한 폐식용유는 180 mL입니다.

비법 6 비례배분 활용하기

예 5000원을 지우와 수아가 4 : 1로 나누어 가질 때 두 사람이 각각 가지게 되는 용돈 구하기

지우: $5000 \times \dfrac{4}{4+1} = 5000 \times \dfrac{4}{5} = 4000$(원)

수아: $5000 \times \dfrac{1}{4+1} = 5000 \times \dfrac{1}{5} = 1000$(원)

$4000 + 1000 = 5000$(원)
비례배분한 양의 합은 전체의 양과 같습니다.

⇨ 비례배분을 할 때에는 주어진 비의 전항과 후항의 합을 분모로 하는 분수의 비로 나타냅니다.

① 비의 성질 알아보기

$$\overset{\text{전항}}{3} : 4 = 6 : \underset{\text{후항}}{8}$$

- 비의 전항과 후항에 0이 아닌 같은 수를 곱하여도 비율은 같습니다.
- 비의 전항과 후항을 0이 아닌 같은 수로 나누어도 비율은 같습니다.

1-1 비의 성질을 이용하여 비율이 같은 비를 2개 쓰시오.

$$24 : 36$$

(   )

1-2 태극기는 가로와 세로의 비가 3 : 2가 되도록 그려야 합니다. 세로를 30 cm로 하면 가로는 몇 cm로 해야 합니까?

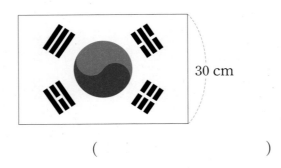

30 cm

(   )

1-3 비 42 : 54의 전항과 후항을 0이 아닌 같은 자연수로 나누어 비율이 같은 비를 만들려고 합니다. 만들 수 있는 비를 모두 쓰시오. (단, 1로 나누는 것은 생각하지 않습니다.)

(   )

② 간단한 자연수의 비로 나타내기

- 소수의 비를 간단한 자연수의 비로 나타내기

$$\overset{\times 100}{3.6} : 0.17 = 360 : \underset{\times 100}{17}$$

- 분수의 비를 간단한 자연수의 비로 나타내기

$$\overset{\times 20}{\frac{1}{4}} : \frac{1}{5} = 5 : \underset{\times 20}{4}$$

2-1 간단한 자연수의 비로 나타내시오.

(1) $72 : 56$ ⇨ (   )

(2) $0.5 : 0.8$ ⇨ (   )

(3) $\dfrac{3}{4} : \dfrac{7}{9}$ ⇨ (   )

2-2 간단한 자연수의 비로 바르게 나타낸 사람은 누구입니까?

〈준상〉 $3.2 : 4.8 = 2 : 5$

〈민수〉 $\dfrac{4}{5} : \dfrac{2}{7} = 14 : 5$

(   )

서술형

2-3 부길이와 윤석이가 어제 잠을 잔 시간의 비는 $7\dfrac{1}{2} : 6.5$입니다. 부길이와 윤석이가 어제 잠을 잔 시간의 비를 간단한 자연수의 비로 나타내는 풀이 과정을 쓰고 답을 구하시오.

풀이 _____

_____

_____

답 _____

2-4 재우와 희수가 같은 양의 숙제를 하는 데 재우는 2시간, 희수는 3시간이 걸렸습니다. 재우와 희수가 1시간 동안 한 숙제의 양의 비를 간단한 자연수의 비로 나타내시오.

( )

③ 비례식 알아보기

• 비례식: 비율이 같은 두 비를 기호 '＝'를 사용하여 4 : 7＝8 : 14와 같이 나타낸 식

외항
4 : 7＝8 : 14
내항

3-1 비례식에서 외항과 내항을 각각 찾아 쓰시오.

$$5 : 9＝15 : 27$$

외항 ( )
내항 ( )

3-2 비율이 같은 두 비를 찾아 비례식으로 나타내시오.

$$2 : 5 \quad 3 : 7 \quad 6 : 8 \quad 8 : 20$$

( )

창의＋융합

3-3 묽은 염산을 만들려고 염산 3 mL와 증류수 25 mL를 준비했습니다. 증류수 양에 대한 염산 양의 비에서 전항과 후항을 각각 쓰시오.

전항 ( )
후항 ( )

서술형

3-4 비율을 기약분수로 나타내었을 때 $\frac{5}{9}$인 비의 후항이 90일 때 전항은 얼마인지 풀이 과정을 쓰고 답을 구하시오.

풀이 _____

_____

_____

답 _____

④ 비례식의 성질 알아보기

• 비례식에서 외항의 곱과 내항의 곱은 같습니다.

2×15＝30
2 : 5＝6 : 15
5×6＝30

4-1 비례식을 보고 외항의 곱은 얼마인지 구하시오.

$$● : 5＝12 : 15$$

( )

2-2번에서 (소수) : (소수) ⇨ 각 항에 10을 곱하여 소수의 비를 자연수의 비로 먼저 나타냅니다.
(분수) : (분수) ⇨ 각 항에 두 분모의 최소공배수를 곱하여 분수의 비를 자연수의 비로 먼저 나타냅니다.

4

비례식과 비례배분

4-2 옳은 비례식을 모두 찾아 기호를 쓰시오.

> ㉠ 5 : 8＝10 : 16   ㉡ 4 : 6＝6 : 9
> ㉢ 8 : 3＝10 : 2   ㉣ 12 : 6＝23 : 11

( )

4-3 다음 비례식의 외항의 곱이 140일 때 ㉠과 ㉡에 알맞은 수를 각각 구하시오.

> ㉠ : 7＝㉡ : 35

㉠ ( )
㉡ ( )

4-4 □ 안에 들어갈 수가 큰 비례식부터 차례로 기호를 쓰시오.

> ㉠ 4 : 7＝□ : 28
> ㉡ $1\frac{2}{3} : 2\frac{1}{2}＝16 : □$
> ㉢ 3.8 : 2.2＝□ : 11

( )

---

5 비례식 활용하기

① 문제에서 주어진 정보를 먼저 비로 나타내고, 각 항목이 같은 비를 찾습니다.
② 구하려는 것을 □로 놓고 비례식을 세워 비례식의 성질을 이용하여 □의 값을 구합니다.

5-1 가로와 세로의 비가 4 : 3이고 가로가 64 cm인 직사각형이 있습니다. 직사각형의 세로는 몇 cm입니까?

( )

창의＋융합

5-2 경복궁의 개인일 때와 단체일 때 한 명의 입장료의 비는 5 : 4입니다. 개인일 때 한 명의 입장료가 3000원이라면 단체일 때 한 명의 입장료를 구하시오.

( )

5-3 자동차가 일정한 빠르기로 9 km를 달리는 데 5분이 걸렸습니다. 같은 빠르기로 360 km를 달린다면 몇 시간 몇 분이 걸리는지 구하시오.

( )

비례식의 성질 알아보기

1 비례식에서 외항의 곱과 내항의 곱은 같습니다.

(○ , ×)

2 $2:9=\dfrac{1}{2}:\dfrac{1}{9}$ (○ , ×)

3 $2:3=6:9$ (○ , ×)

4 $0.4:0.7=8:14$ (○ , ×)

비례식 활용하기

7초 동안 5장을 인쇄할 수 있는 프린터가 있습니다. 이 프린터가 15장을 인쇄할 때 걸리는 시간을 구하시오.

1 15장을 인쇄할 때 걸리는 시간을 ■초라 하고 비례식을 세우면 $7:5=$ ■$:15$입니다. (○ , ×)

2 외항의 곱과 내항의 곱이 같으므로 $7\times\boxed{}=5\times$ ■, $5\times$ ■ $=\boxed{}$, ■ $=\boxed{}$입니다.

3 따라서 15장을 인쇄할 때 걸리는 시간은 $\boxed{}$초입니다.

비례배분하기

1 전체를 주어진 비로 배분하는 것을 $\boxed{}$(이)라고 합니다.

2 8을 $1:3$으로 비례배분하기

$8\times\dfrac{1}{\boxed{}+\boxed{}}=8\times\dfrac{\boxed{}}{\boxed{}}=\boxed{}$

$8\times\dfrac{3}{\boxed{}+\boxed{}}=8\times\dfrac{\boxed{}}{\boxed{}}=\boxed{}$

정답

○

×

○

○

○

15, 105, 21

21

비례배분

$1, 3, \dfrac{1}{4}, 2$ /
$1, 3, \dfrac{3}{4}, 6$

💡 생각의 방향 ↗

외항
■ : ▲ ＝ ● : ★
내항
⇨ ■ × ★ ＝ ▲ × ●

외항의 곱과 내항의 곱이 같으면 옳은 비례식입니다.

외항의 곱과 내항의 곱이 같다는 비례식의 성질을 이용하여 □의 값을 구할 수 있습니다.

전체를 주어진 비로 배분하는 것을 비례배분이라고 합니다.

전체 ●를 ■:▲로 비례배분하기

⇨ ● × $\dfrac{■}{■+▲}$, ● × $\dfrac{▲}{■+▲}$

4

비례식과 비례배분

비법 1 비의 성질 알아보기

- 비의 전항과 후항에 0이 아닌 같은 수를 곱하여도 비율은 같습니다.

(예) $2:5=(2\times2):(5\times2)=4:10$ →비율: $\frac{4}{10}=\frac{2}{5}$

비율: $\frac{2}{5}$ ← $=(2\times3):(5\times3)=6:15$ →비율: $\frac{6}{15}=\frac{2}{5}$

- 비의 전항과 후항을 0이 아닌 같은 수로 나누어도 비율은 같습니다.

(예) $36:48=(36\div2):(48\div2)=18:24$ →비율: $\frac{18}{24}=\frac{3}{4}$

비율: $\frac{36}{48}=\frac{3}{4}$ ← $=(36\div3):(48\div3)=12:16$ →비율: $\frac{12}{16}=\frac{3}{4}$

참고 비의 전항과 후항에 0을 곱하거나 0으로 나누면 안 되는 이유

$4:7=(4\times0):(7\times0)=0:0$ — 비가 0이 되어 처음과 다릅니다.

$4:7=(4\div0):(7\div0)$ — 모든 수는 0으로 나눌 수 없습니다.

비법 2 분수와 소수의 비를 간단한 자연수의 비로 나타내기

(예) $\frac{1}{5}:0.9$를 간단한 자연수의 비로 나타내기

방법 1 전항을 소수로 바꾸어 간단한 자연수의 비로 나타내기

$\frac{1}{5}=\frac{2}{10}=0.2 \Rightarrow 0.2:0.9 \Rightarrow 2:9$ — 소수 한 자리 수이므로 전항과 후항에 각각 10 곱하기

전항을 소수로 바꾸기 ×10

방법 2 후항을 분수로 바꾸어 간단한 자연수의 비로 나타내기

$0.9=\frac{9}{10} \Rightarrow \frac{1}{5}:\frac{9}{10} \Rightarrow 2:9$ — 전항과 후항에 각각 두 분모의 최소공배수 곱하기

후항을 분수로 바꾸기 ×10

비법 3 옳은 비례식 찾기

① 두 비로 이루어져야 합니다.

② 기호 '='를 사용한 식이어야 합니다.

③ 비율이 같아야 합니다.

(예) $4:3=16:12$ $3:4\neq4:3$

비율: $\frac{3}{4}$ 비율: $\frac{4}{3}$

교과서 개념

- **전항과 후항 알아보기**

  $3 : 2$
  전항 후항
  └─ 항 ─┘

  전항: 비에서 기호 ' : ' 앞에 있는 항

  후항: 비에서 기호 ' : ' 뒤에 있는 항

- **간단한 자연수의 비로 나타내기**

  ① (자연수) : (자연수)

  전항과 후항을 전항과 후항의 최대 공약수로 나눕니다.

  (예) $20:28=(20\div4):(28\div4)$

  $=5:7$ 20과 28의 최대공약수

  ② (소수) : (소수)

  전항과 후항에 소수의 자릿수에 따라 $10, 100 \cdots$을 곱합니다.

  (예) $2.2:3.4=(2.2\times10):(3.4\times10)$

  $=22:34$ 소수 한 자리 수이므로

  $=(22\div2):(34\div2)$ 10 곱하기

  $=11:17$ 22와 34의 최대공약수

  ③ (분수) : (분수)

  전항과 후항에 두 분모의 최소공배수를 곱합니다.

  (예) $\frac{2}{5}:\frac{4}{7}=\left(\frac{2}{5}\times35\right):\left(\frac{4}{7}\times35\right)$

  5와 7의 최소공배수

  $=14:20$

  $=(14\div2):(20\div2)$

  $=7:10$ 14와 20의 최대공약수

- **비례식 알아보기**

  비율이 같은 두 비를 기호 '='를 사용하여 $3:2=6:4$와 같이 나타낼 수 있습니다.

  이와 같은 식을 비례식이라고 합니다.

- **외항과 내항 알아보기**

  외항
  ┌──────┐
  $3:2=6:4$
  └──┘
  내항

  외항: 비례식에서 바깥쪽에 있는 두 항

  내항: 비례식에서 안쪽에 있는 두 항

5-4 민호가 운동장에 삼각형 모양을 그리고 사진을 찍었습니다. 사진 속 삼각형의 밑변의 길이는 4 cm, 높이는 5 cm입니다. 삼각형의 실제 밑변의 길이가 3.6 m일 때, 삼각형의 실제 넓이는 몇 m²입니까?

(   )

6 비례배분 알아보기

• 비례배분: 전체를 주어진 비로 배분하는 것

6-1 160을 주어진 비로 비례배분하시오.

> 가 : 나＝2 : 3

가 (   )
나 (   )

6-2 비례배분하는 식을 보고 비 가 : 나를 구하시오.

> 가: $100 \times \dfrac{7}{7+13}$ 나: $100 \times \dfrac{13}{7+13}$

(   )

6-3 어떤 분수의 분모와 분자의 합은 260이고, 이 분수를 기약분수로 나타내면 $\dfrac{9}{11}$입니다. 어떤 분수를 구하시오.

(   )

서술형
6-4 진호와 지선이는 가로가 25 cm, 세로가 20 cm인 직사각형 모양의 도화지를 넓이의 비가 3 : 7이 되도록 나누어 가지려고 합니다. 진호와 지선이가 가지게 되는 도화지의 넓이는 각각 몇 cm²인지 풀이 과정을 쓰고 답을 구하시오.

풀이 _____

_____

_____

답 진호 _____, 지선 _____

6-5 현수가 오전과 오후에 마신 우유의 양의 비가 $\dfrac{2}{3} : \dfrac{3}{5}$입니다. 현수가 오늘 마신 우유의 양이 모두 380 mL일 때 오전과 오후에 마신 우유의 양을 각각 구하시오.

오전 (   )
오후 (   )

해결의 창

• 전체 ●를 ■ : ▲로 비례배분하기 ⇨ $● \times \dfrac{■}{■+▲}$, $● \times \dfrac{▲}{■+▲}$

전체에 대하여 각 부분이 차지하는 비율

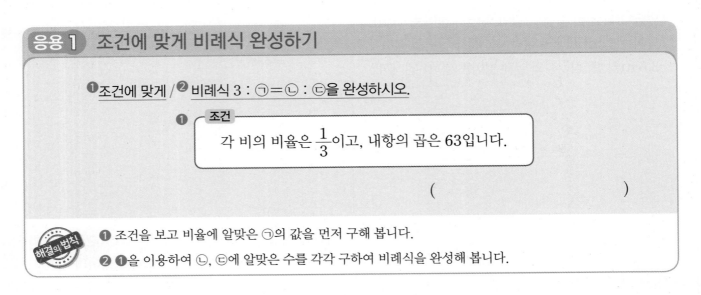

응용 1 조건에 맞게 비례식 완성하기

❶조건에 맞게 / ❷ 비례식 3 : ㉠=㉡ : ㉢을 완성하시오.

❶ ┌조건─────
각 비의 비율은 $\frac{1}{3}$이고, 내항의 곱은 63입니다.
└──────────

(   )

해결의 법칙
❶ 조건을 보고 비율에 알맞은 ㉠의 값을 먼저 구해 봅니다.
❷ ❶을 이용하여 ㉡, ㉢에 알맞은 수를 각각 구하여 비례식을 완성해 봅니다.

예제 **1**-1   조건에 맞게 비례식 ㉠ : ㉡=4 : ㉢을 완성하시오.

┌조건─────
각 비의 비율은 $\frac{2}{5}$이고, 외항의 곱은 80입니다.
└──────────

(   )

예제 **1**-2   비례식 6 : (㉠+1)=㉡ : (㉢-3)은 다음 조건을 만족합니다. ㉠, ㉡, ㉢에 알맞은 수를 각각 구하시오.

┌조건─────
각 비의 비율은 $\frac{3}{4}$이고, 외항의 곱은 72입니다.
└──────────

㉠ (   ), ㉡ (   ), ㉢ (   )

응용 2 간단한 자연수의 비로 나타내기

❶파란색 테이프의 길이는 빨간색 테이프의 길이의 3.5배입니다. / ❷빨간색 테이프와 파란색 테이프의 길이의 비를 / ❸간단한 자연수의 비로 나타내시오.

(   )

❶ 빨간색 테이프의 길이를 1이라 할 때 파란색 테이프의 길이를 구해 봅니다.

❷ 빨간색 테이프와 파란색 테이프의 길이의 비를 구해 봅니다.

❸ ❷에서 구한 비를 간단한 자연수의 비로 나타내어 봅니다.

예제 2-1
사람이 보기에 가장 균형적이고 이상적으로 보이는 비율을 황금비라고 합니다. 황금비가 사용된 '밀로의 비너스'에서 ⓒ은 ⓐ의 1.6배라고 할 때 ⓐ과 ⓒ의 비를 간단한 자연수의 비로 나타내시오.

(   )

예제 2-2
영호와 민재가 노끈을 나누어 가졌습니다. 영호가 가진 노끈의 길이는 민재가 가진 노끈의 길이의 1.75배일 때 민재가 가진 노끈의 길이와 두 사람이 나누어 가지기 전의 처음 노끈의 길이의 비를 간단한 자연수의 비로 나타내시오.

(   )

응용 3 겹쳐진 부분이 있는 도형에서 넓이의 비 구하기

원 가와 원 나가 오른쪽 그림과 같이 겹쳐져 있습니다. ❶ 겹쳐진 부분의 넓이는 가의 $\frac{1}{3}$이고, 나의 $\frac{2}{5}$입니다. / ❷ 가와 나의 넓이의 비를 / ❸ 간단한 자연수의 비로 나타내시오.

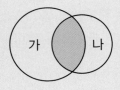

(   )

❶ 겹쳐진 부분의 넓이를 가, 나를 사용한 곱셈식으로 나타내어 봅니다.

❷ ❶에서 만든 곱셈식을 비례식으로 만들어 봅니다.

❸ 가와 나의 넓이의 비를 간단한 자연수의 비로 나타내어 봅니다.

예제 3 - 1 정사각형 가와 직사각형 나가 오른쪽 그림과 같이 겹쳐져 있습니다. 겹쳐진 부분의 넓이는 가의 $\frac{3}{8}$이고, 나의 $\frac{4}{5}$입니다. 가와 나의 넓이의 비를 간단한 자연수의 비로 나타내시오.

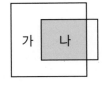

(   )

예제 3 - 2 사다리꼴 가와 삼각형 나가 오른쪽 그림과 같이 겹쳐져 있습니다. 겹쳐진 부분의 넓이는 가의 $\frac{4}{7}$이고, 나의 30 %입니다. 가와 나의 넓이의 비를 간단한 자연수의 비로 나타내시오.

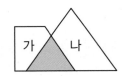

(   )

응용 4 톱니바퀴의 회전수 구하기

맞물려 돌아가는 두 톱니바퀴가 있습니다. ❶ 톱니바퀴 ㉠가 4바퀴 도는 동안에 톱니바퀴 ㉡는 7바퀴 돕니다. / ❷ 톱니바퀴 ㉠가 56 바퀴 도는 동안에 톱니바퀴 ㉡는 몇 바퀴 도는지 구하시오.

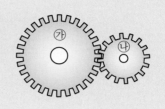

(   )

❶ 톱니바퀴 ㉠와 ㉡의 회전수의 비를 구해 봅니다.

❷ 톱니바퀴 ㉠가 56바퀴 도는 동안 톱니바퀴 ㉡의 회전수를 □로 놓고 비례식을 세워 □의 값을 구해 봅니다.

예제 4 - 1 맞물려 돌아가는 두 톱니바퀴 ㉠와 ㉡가 있습니다. 톱니바퀴 ㉠가 5바퀴 도는 동안에 톱니바퀴 ㉡는 7바퀴 돕니다. 톱니바퀴 ㉠가 45바퀴 도는 동안에 톱니바퀴 ㉡는 몇 바퀴 도는지 구하시오.

(   )

예제 4 - 2 맞물려 돌아가는 두 톱니바퀴 ㉠와 ㉡가 있습니다. 톱니바퀴 ㉠의 톱니는 12개이고 톱니바퀴 ㉡의 톱니는 26개입니다. 톱니바퀴 ㉠가 39바퀴 도는 동안에 톱니바퀴 ㉡는 몇 바퀴 도는지 구하시오.

(   )

응용 5 빨라지거나 느려지는 시계의 시각 구하기

❶3일 동안에 144분씩 빨리 가는 시계가 있습니다. /❷ 오늘 오전 7시 30분에 시계를 정확히 맞추었다면 내일 오후 3시에 /❸ 이 시계가 가리키는 시각은 오후 몇 시 몇 분인지 구하시오.

( )

❶ 3일은 몇 시간인지 확인하여 걸린 시간과 시계가 빨리 간 시간의 비를 구해 봅니다.

❷ 오늘 오전 7시 30분부터 내일 오후 3시까지의 시간을 소수로 나타내어 봅니다.

❸ 내일 오후 3시까지 시계가 빨리간 시간을 □로 놓고 비례식을 세워 구해 봅니다.

예제 5 - 1 재활용품을 이용하여 만든 시계가 2일 동안에 192분씩 늦게 간다고 합니다. 오늘 오전 8시 30분에 시계를 정확히 맞추었다면 내일 오후 5시에 이 시계가 가리키는 시각은 오후 몇 시 몇 분입니까?

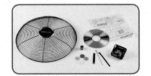  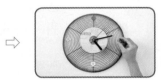

재활용품을 이용하여 시계 만들기

( )

예제 5 - 2 가 시계는 4일 동안에 288분씩 빨리 가고, 나 시계는 3일 동안에 360분씩 늦게 갑니다. 두 시계를 오늘 오전 10시에 정확히 맞추었다면 내일 오후 3시 30분에 두 시계가 가리키는 시각은 몇 시간 몇 분 차이가 나겠습니까?

( )

응용 6 비례배분하여 도형의 넓이 구하기

❷직사각형 가와 나의 넓이의 합이 290 cm²일 때 직사각형 가와 나의 넓이는 각각 몇 cm²입니까?

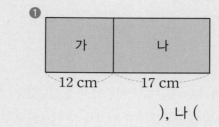

가 (   ), 나 (   )

❶ 직사각형 가와 나의 넓이의 비를 구해 봅니다.

❷ 직사각형 가와 나의 넓이의 합을 비례배분하여 가와 나의 넓이를 각각 구해 봅니다.

예제 6-1

평행사변형 가와 나의 넓이의 합은 798 cm²입니다. 평행사변형 가와 나의 넓이는 각각 몇 cm²입니까?

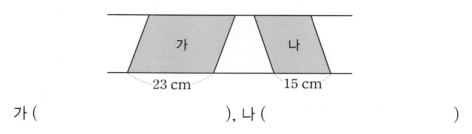

가 (   ), 나 (   )

예제 6-2

평행사변형에서 가와 나의 넓이의 비는 2 : 3입니다. ㉠의 길이를 구하시오.

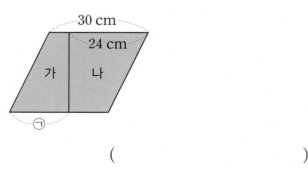

(   )

응용 **7** 간단한 자연수의 비로 비례배분하기

❶ 선미가 한 달 동안 평일과 주말에 공부한 시간의 비는 4.8 : 6입니다. / ❷ 선미가 한 달 동안 공부한 시간이 모두 90시간일 때, / ❸ 평일에 공부한 시간은 주말에 공부한 시간보다 몇 시간 더 적은지 구하시오.

( )

해결의 법칙

❶ 선미가 한 달 동안 평일과 주말에 공부한 시간의 비를 간단한 자연수의 비로 나타내어 봅니다.

❷ ❶을 이용하여 평일과 주말에 공부한 시간은 각각 몇 시간인지 구해 봅니다.

❸ 평일에 공부한 시간은 주말에 공부한 시간보다 몇 시간 더 적은지 구해 봅니다.

예제 7 - 1 희지가 일 년 동안 마신 우유와 주스의 양의 비는 $5 : 3\frac{4}{7}$입니다. 희지가 일 년 동안 마신 우유와 주스의 양이 모두 180 L일 때, 일 년 동안 마신 우유의 양은 주스의 양보다 몇 L 더 많은지 구하시오.

( )

예제 7 - 2 어느 밭에서 수확한 배추와 무의 양의 비는 $2\frac{2}{5} : 4.2$입니다. 수확한 배추와 무의 양이 모두 165 kg일 때, 수확한 배추의 양은 무의 양보다 몇 kg 더 적은지 구하시오.

( )

응용 8 비례배분하기 전의 양 구하기

❶ 어떤 수를 가 : 나=3 : 4로 비례배분하면 가는 60이라고 합니다. / ❷ 어떤 수를 가 : 나=2 : 5
로 비례배분하면 나는 얼마인지 구하시오.

(   )

❶ 어떤 수를 □로 놓고 가를 구하는 식을 세워 어떤 수를 구해 봅니다.

❷ ❶을 이용하여 나를 구해 봅니다.

예제 8-1   어떤 수를 가 : 나=4 : 7로 비례배분하면 나는 98이라고 합니다. 어떤 수를
가 : 나=8 : 3으로 비례배분하면 가는 얼마인지 구하시오.

(   )

예제 8-2   우리나라 국회의원은 지역구 의원과 비례대표
의원으로 구성되어 있습니다. 지역구 의원과
비례대표 의원 수의 비는 41 : 9이고, 비례대
표 의원은 54명입니다. 지역구 의원과 비례대
표 의원 수의 비가 7 : 3으로 바뀐다면 지역구

의원은 비례대표 의원보다 몇 명 더 많은지 구하시오. (단, 전체 국회의원 수는
변하지 않습니다.)

(   )

4

비례식과 비례배분

비의 성질 알아보기

01 비율이 1.8인 비의 후항이 60이라면 전항은 얼마인지 구
유사 하시오.

( )

비례배분하기

02 연필 18자루를 미라와 윤호가 $2.1 : 2\frac{5}{8}$로 나누어 가지려
유사 고 합니다. 미라와 윤호가 가지게 되는 연필의 수를 각각
구하시오.

미라 ( )
윤호 ( )

서술형 비례식 만들기

03 다음 6장의 수 카드 중 4장을 골라 한 번씩만 사용하여 비
유사 례식을 만들고 만든 방법을 쓰시오.

| 4 | 7 | 10 | 12 | 17 | 21 |

☐ : ☐ = ☐ : ☐

방법

비례식 활용하기

04 실제 우리나라의 남북의 길이가 1000 km라고 할 때 축척
유사 》 이 1 : 1000만인 지도에서 우리나라의 남북의 길이를 재
면 몇 cm인지 구하시오.

(   )

서술형 비례식 활용하기

05 어떤 직사각형의 가로와 세로의 비는 9 : 8이고, 세로는
유사 》 16 cm입니다. 이 직사각형의 둘레는 몇 cm인지 풀이 과
정을 쓰고 답을 구하시오.

(   )

풀이

비례식 활용하기

창의＋융합

06 선주는 사진전에 출품하기 위해 원본 사진을 출품 규격에
유사 》 맞게 확대했습니다. 원본 사진에서 건물의 높이가 24 cm일
동영상 때, 확대본 사진에서 건물의 높이는 몇 cm인지 구하시오.

36 cm
48 cm
〈원본 사진〉

⇨

45 cm
60 cm
〈확대본 사진〉

(   )

4

비례식과 비례배분

서술형 · 비례배분하기

07 우표가 140장 있습니다. 이 우표의 $\dfrac{3}{7}$을 남기고, 나머지를
유사 · 동영상 · 수미와 병철이가 7 : 9로 나누어 가지려고 합니다. 수미는 우표를 몇 장 가지게 되는지 풀이 과정을 쓰고 답을 구하시오.

(   )

풀이

간단한 자연수의 비로 나타내기

08 다음 그림에서 직선 가와 직선 나는 서로 평행합니다. 평
유사 · 행사변형 ㄱㄴㄷㄹ의 넓이와 사다리꼴 ㅁㅂㅅㅇ의 넓이의 비를 간단한 자연수의 비로 나타내시오.

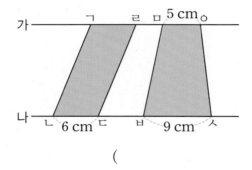

(   )

비례배분하기

09 사람의 신체 길이에 대한 황금
유사 · 동영상 · 비는 오른쪽 그림과 같다고 합니다. 머리에서 배꼽까지의 길이가 65 cm인 사람의 무릎에서 발까지의 길이는 몇 cm인지 구하시오.

창의 +**융합**

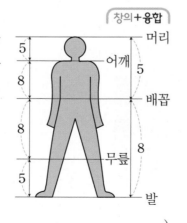

(   )

유사 표시된 문제의 유사 문제가 제공됩니다.
동영상 표시된 문제의 동영상 특강을 볼 수 있어요.
QR 코드를 찍어 보세요.

비례식 활용하기

10 현수네 반 학생의 75 %는 책을 매주 한 권씩 읽고 그중 $\frac{1}{3}$은 소설책을 읽는다고 합니다. 소설책을 매주 한 권씩 읽는 학생이 6명이라면 현수네 반 전체 학생은 몇 명입니까?

유사
동영상

(   )

4

비례식과 비례배분

비례배분하기

11 민주네 학교의 남학생과 여학생 수의 비는 11 : 14였습니다. 그런데 여학생 몇 명이 전학을 가서 남학생과 여학생 수의 비가 5 : 6이 되었고 전체 학생은 847명이 되었습니다. 전학을 간 여학생은 몇 명입니까?

유사
동영상

(   )

비례식의 성질 알아보기

12 비례식 ㉠ : □＝8 : ㉡은 다음 조건을 만족합니다. □ 안에 들어갈 수 있는 가장 큰 자연수를 구하시오.

유사
동영상

조건
· ㉠과 ㉡의 곱은 300보다 작습니다.
· ㉠과 ㉡의 곱은 7의 배수입니다.

(   )

· 정답은 35쪽

창의사고력

13 1년 중 밤이 가장 길고, 낮이 가장 짧은 날인 동짓날에는 나쁜 것을 쫓아낸다는 의미로 팥죽을 끓여 먹습니다. 어느 해 동짓날 밤의 길이가 낮의 길이보다 4시간 더 길었습니다. 이날의 낮과 밤의 길이의 비를 간단한 자연수의 비로 나타내시오.

( )

창의사고력

14 갑과 을은 투자한 금액의 비로 이익금을 비례배분하여 가집니다. 지난달에 갑과 을이 각각 210만 원, 90만 원을 투자하여 얻은 이익금이 50만 원이었습니다. 이번 달에 갑과 을이 투자한 금액의 비율, 투자한 금액과 이익금의 비율은 각각 지난달과 같습니다. 이번 달에 갑이 70만 원의 이익금을 얻었다면 갑은 얼마를 투자한 것입니까?

( )

4. 비례식과 비례배분

· 정답은 37쪽

01 후항이 8보다 작은 비의 기호를 모두 쓰시오.

> ㉠ 7 : 5   ㉡ 5 : 8
> ㉢ 3 : 9   ㉣ 4 : 7

(   )

02 비율이 같은 두 비를 찾아 비례식으로 나타내시오.

> 8 : 9   2 : 3   4 : 5   6 : 9

(   )

03 비의 성질을 이용하여 비율이 같은 비를 2개씩 쓰시오.

(1) 5 : 3   ⇨ (   )

(2) 24 : 48 ⇨ (   )

04 210을 주어진 비로 비례배분하시오.

> 가 : 나＝3 : 4

가 (   )
나 (   )

05 간단한 자연수의 비로 나타내시오.

(1) $\dfrac{1}{7} : \dfrac{3}{4}$ ⇨ (   )

(2) 4.5 : 3.6 ⇨ (   )

06 7 : 11＝■ : ▲의 비례식을 만들었을 때 외항의 곱과 내항의 곱이 같게 되는 비의 기호를 쓰시오.

> ㉠ 9 : 13   ㉡ 14 : 22
> ㉢ 9 : 21   ㉣ 5 : 17

(   )

창의＋융합

07 세계자연유산인 제주도 성산일출봉의 초등학생과 어른의 입장료의 비는 1 : 2입니다. 어른의 입장료가 2000원일 때 초등학생의 입장료는 얼마인지 구하시오.

(   )

비례식과 비례배분

08 옳은 비례식을 모두 찾아 기호를 쓰시오.

> ㉠ $\frac{3}{4} : \frac{2}{3} = 3 : 4$
>
> ㉡ $10 : 3 = 20 : 6$
>
> ㉢ $7 : 9 = 27 : 21$
>
> ㉣ $0.9 : 1.5 = 6 : 10$

(   )

09 4장의 수 카드 4 , 6 , 12 , 18 을 한 번씩만 사용하여 비례식을 만들려고 합니다. □ 안에 알맞은 수를 써넣으시오.

□ : □ = □ : □

10 소희가 우체국을 갈 때 걸어가면 $\frac{3}{4}$시간, 자전거를 타고 가면 20분이 걸립니다. 소희가 우체국까지 걸어갈 때와 자전거를 타고 갈 때 걸리는 시간의 비를 간단한 자연수의 비로 나타내는 풀이 과정을 쓰고 답을 구하시오.

풀이 _____

_____

_____

답 _____

11 ㉮$\times \frac{4}{7} =$ ㉯$\times \frac{5}{9}$일 때, □ 안에 알맞은 수를 써넣으시오.

㉮ : ㉯ = $\frac{□}{□}$: $\frac{□}{□}$

12 길이가 8.4 m인 색 테이프를 갑과 을이 7 : 5로 나누어 가졌습니다. 갑과 을이 가진 색 테이프의 길이는 각각 몇 cm인지 구하시오.

갑 (   )
을 (   )

13 6 : 5와 비율이 같고 전항과 후항이 7보다 크고 40보다 작은 자연수의 비는 모두 몇 개입니까?

(   )

14 비례식에서 외항의 곱이 572일 때 ●와 ▲에 알맞은 수의 합을 구하는 풀이 과정을 쓰고 답을 구하시오.

> 4 : 11 = ● : ▲

풀이 _____

_____

_____

답 _____

15 은채네 반 학생의 45 %가 축구를 좋아합니다. 축구를 좋아하는 학생이 9명이라면 은채네 반 전체 학생은 몇 명입니까?

(   )

16 □ 안에 들어갈 수가 큰 비례식부터 차례로 기호를 쓰시오.

> ㉠ $4 : 8 = 16 : \square$
> ㉡ $5 : 100 = \square : 500$
> ㉢ $3.2 : 15 = 6.4 : \square$
> ㉣ $\dfrac{4}{7} : \dfrac{5}{21} = \square : 15$

(   )

17 삼각형 ㄱㄴㄷ의 넓이가 $66\,\text{cm}^2$일 때, 삼각형 ㄱㄹㄷ의 넓이를 구하시오.

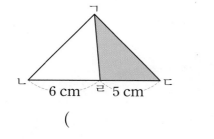

6 cm   5 cm

(   )

서술형

18 올해 삼촌의 나이는 42살이고 현서의 나이와 삼촌의 나이의 비는 2 : 7입니다. 3년 후 현서와 삼촌의 나이의 비를 간단한 자연수의 비로 나타내는 풀이 과정을 쓰고 답을 구하시오.

풀이 _____

_____

_____

_____

답 _____

창의+융합

19 정희네 집에서는 쌀과 잡곡을 섞어 잡곡밥을 지어 먹었습니다. 잡곡밥에 넣은 쌀과 잡곡의 비가 7 : 3이고, 넣은 잡곡의 무게가 60 g이라면 넣은 쌀의 무게는 몇 g인지 구하시오.

(   )

20 진수의 몸무게의 3배와 영호의 몸무게의 1.2배는 같습니다. 진수의 몸무게와 영호의 몸무게의 비를 간단한 자연수의 비로 나타내시오.

(   )

4 비례식과 비례배분

5 원의 넓이

3월 14일은 파이(π) 데이 !!

원의 둘레를 지름으로 나눈 값은 원의 크기에 상관없이 일정한데, 이 값을 원주율이라고 하고 기호 π(파이)로 나타냅니다. 이 π의 값이 3.1415926······임을 기념하기 위해서 3월 14일을 '파이(π) 데이'라고 이름 붙였습니다.

특히 미국에서 활동하고 있는 'π—클럽'이라는 모임에서는 3월 14일 오후 1시 59분 26초에 모여 π 모양의 파이를 먹으며 이 날을 기념합니다. 그리고 π값 외우기, π에 나타나는 숫자에서 생일 찾아내기 같은 π를 연상시킬 수 있는 게임을 한답니다.

그렇다면 원주율을 누가, 언제부터 계산하기 시작했을까요?

원주율의 역사를 알아보려면 기원전 2000년경 고대 이집트 시대로 거슬러 올라가야 합니다.

당시 이집트인들은 나일강 주변의 모래판 위에서 막대와 끈만으로 계산하여 원주율의 값 $3\frac{1}{7}$을 얻었어요.

〈이집트인들의 원주율 계산 방법〉

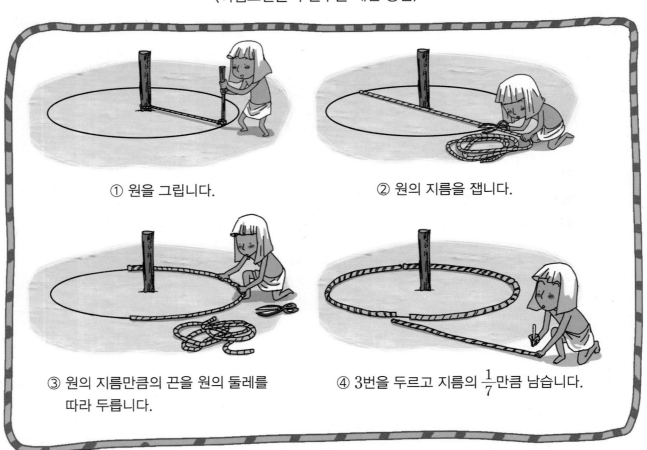

① 원을 그립니다.

② 원의 지름을 잽니다.

③ 원의 지름만큼의 끈을 원의 둘레를 따라 두릅니다.

④ 3번을 두르고 지름의 $\frac{1}{7}$만큼 남습니다.

고대 그리스의 수학자 아르키메데스는 원의 안쪽과 바깥쪽에 정구십육각형을 그린 다음 그 둘레를 재었습니다. 원의 지름이 1 m일 때, 안쪽과 바깥쪽에 있는 정구십육각형의 둘레는 각각 3.1408…… m와 3.1428…… m가 됩니다.

원주는 이 두 값의 사이에 있는 수가 되기 때문에 아르키메데스는 원주율이 3.1418이라는 답을 얻었습니다. 이것은 현재 원주율의 값인 3.14159……와 약 0.0002의 차이 밖에 나지 않을 정도로 매우 정확했답니다.

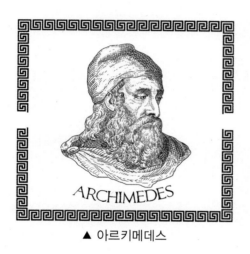

▲ 아르키메데스

▲ 오일러

시간이 흐를수록 사람들은 원주율을 더욱 정확하게 계산해 냈습니다. 하지만 원주율은 끝이 없는 소수이기 때문에 18세기 스위스의 수학자 오일러는 원주율을 π로 나타낸 것입니다.

현재에도 원주율의 값을 구하는 노력을 계속하고 있답니다. 1949년에는 최초로 컴퓨터를 이용하여 70시간에 걸쳐 소수 2037자리까지 원주율의 값을 계산했고, 현재는 원주율의 값을 소수 1조 2천 4백억의 자리까지 계산했답니다.

자, 여러분도 원주율의 값을 구하는 데 도전해 보시겠어요?

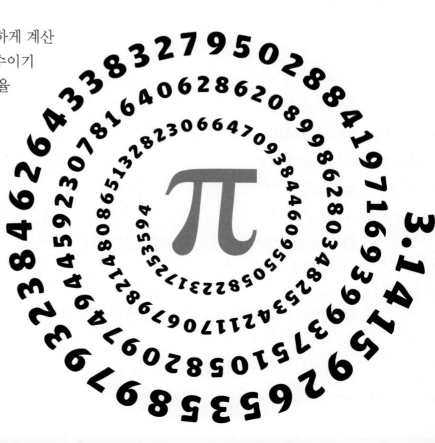

원주와 지름의 관계

❶
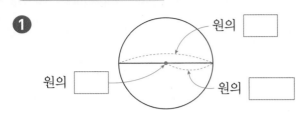

원의 [ ]

원의 [ ]

원의 [ ]

❷ 원의 둘레를 (원주 , 지름)(이)라고 합니다.

❸ 원의 지름이 길어지면 원주도 길어집니다. (○ , ×)

원주율 알아보기

❶ 원의 지름에 대한 원주의 비율을 원주율이라고 합니다. (○ , ×)

❷ (원주율)＝(원주)÷([ ])

❸ 원의 크기에 따라 (원주)÷(지름)은 변합니다.
(○ , ×)

원주와 지름 구하기

❶ (원주)＝(지름)×([ ])

＝(반지름)×2×([ ])

❷ (지름)＝(원주)÷([ ])

❸ 지름이 22 cm이고 원주율이 3.1인 원의 원주는
(68.2 , 6.82) cm입니다.

❹ 원주가 279 cm이고 원주율이 3인 원의 지름은
(93 , 9.3) cm입니다.

생각의 방향

(위부터) 지름, 중심, 반지름

원주 — 원주: 원의 둘레

○

○ — 원주율을 소수로 나타내면 3.1415926535897932······와 같이 끝없이 이어집니다.

지름 — 원주율은 필요에 따라 3, 3.1, 3.14 등으로 어림하여 사용하기도 합니다.

× — 원의 크기와 상관없이 (원주)÷(지름)은 일정합니다.

원주율, 원주율

원주율 — (원주율)＝(원주)÷(지름)이므로 (지름)＝(원주)÷(원주율)입니다.

68.2 — (원주)＝(지름)×(원주율)

93 — (지름)＝(원주)÷(원주율)

원의 넓이 어림하기

❶ 원 안에 있는 정사각형의 넓이는 (100 , 200) cm² 입니다.

200

원 안에 있는 정사각형은 마름모 입니다.

❷ 원 밖에 있는 정사각형의 넓이는 (200 , 400) cm² 입니다.

400

(정사각형의 넓이)
＝(한 변의 길이)×(한 변의 길이)

❸ ⬚ cm²＜(반지름이 10 cm인 원의 넓이)

(반지름이 10 cm인 원의 넓이)＜⬚ cm²

200, 400

원의 넓이는 원 안에 있는 정사각형의 넓이보다는 크고 원 밖에 있는 정사각형의 넓이보다는 작습니다.

원의 넓이 구하는 방법 알아보기

 ⇨

❶ 점점 직사각형에 가까워지는 도형의 가로는

(원주)×$\frac{1}{2}$과 같습니다. (○ , ×)

○

❷ 점점 직사각형에 가까워지는 도형의 세로는 원의 (지름 , 반지름)과 같습니다.

반지름

❸ (원의 넓이)＝(원주)×$\frac{1}{2}$×(⬚)

＝(반지름)×(⬚)×(원주율)

반지름,
반지름

(원의 넓이)

＝(원주)×$\frac{1}{2}$×(반지름)

＝(원주율)×(지름)×$\frac{1}{2}$×(반지름)

＝(반지름)×(반지름)×(원주율)

여러 가지 원의 넓이 구하기

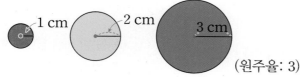

(원주율: 3)

❶

	빨간색 원	노란색 원	초록색 원
반지름(cm)	1	2	3
넓이(cm²)			

3, 12, 27

❷ 반지름이 길어지면 원의 넓이도 넓어집니다. (○ , ×)

○

❸ 반지름이 2배가 되면 원의 넓이는 (2 , 4)배가 됩니다.

4

반지름이 2배, 3배⋯⋯가 될 때 원의 넓이는 4배, 9배⋯⋯가 됩니다.

응용 개념 비법

비법 1 원주와 지름의 관계

원주는 원의 둘레이므로
① 원의 지름이 길어지면 원주도 길어집니다.
② 원주가 길어지면 원의 지름도 길어집니다.
③ 지름에 대한 원주의 비율은 일정합니다.

비법 2 원주율을 이용하여 지름과 원주 구하기

• 지름을 알 때 원주율 이용하여 원주 구하기

$$(원주) = (지름) \times (원주율)$$

예
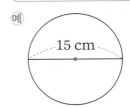

15 cm

원주율: 3.14

$\Rightarrow (원주) = 15 \times 3.14$
$= 47.1 \,(\text{cm})$

• 원주를 알 때 원주율 이용하여 지름 구하기

$$(지름) = (원주) \div (원주율)$$

예

원주: 34.1 cm
원주율: 3.1

$\Rightarrow (지름) = 34.1 \div 3.1$
$= 11 \,(\text{cm})$

비법 3 원이 굴러간 거리 구하기

원이 ■바퀴 굴러간 거리는 원주의 ■배와 같습니다.
$\Rightarrow (원이 굴러간 거리) = (원의 원주) \times (굴러간 바퀴 수)$

예 지름이 20 cm인 원이 2바퀴 굴러간 거리 (원주율: 3.14)

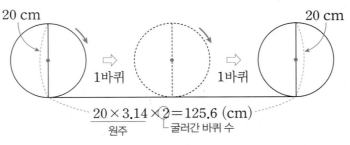

20 cm   20 cm

1바퀴   1바퀴

$\underset{\text{원주}}{20 \times 3.14} \times \underset{\text{굴러간 바퀴 수}}{2} = 125.6 \,(\text{cm})$

교과서 개념

• 원주
원의 둘레

• 원주율
원의 지름에 대한 원주의 비율

$$(원주율) = (원주) \div (지름)$$

⇨ 원주율을 소수로 나타내면
3.1415926535897932……
와 같이 끝없이 이어집니다. 따라서 필요에 따라 3, 3.1, 3.14 등으로 어림하여 사용하기도 합니다.

• $(원주율) = (원주) \div (지름)$
⇨ ┌ $(지름) = (원주) \div (원주율)$
   └ $(원주) = (지름) \times (원주율)$
          $= (반지름) \times 2 \times (원주율)$

• 원을 한 바퀴 굴렸을 때 굴러간 거리는 원주와 같습니다.

비법 4 원의 크기 비교하기

① 원주, 지름, 반지름 중 한 가지로 통일합니다.
② 원주, 지름, 반지름이 길수록 큰 원입니다.

예 큰 원부터 차례로 기호 쓰기 (원주율: 3)

> ㉠ 반지름이 11 cm인 원
> ㉡ 지름이 26 cm인 원
> ㉢ 원주가 72 cm인 원

반지름을 모두 구해 원의 크기를 비교해 봅니다.
㉠ (반지름)=11 cm
㉡ (반지름)=26÷2=13 (cm)
㉢ (지름)×3=72, (지름)=24 cm ⇨ (반지름)=24÷2=12 (cm)
⇨ ㉡>㉢>㉠

비법 5 원의 넓이가 주어졌을 때 원의 반지름 구하기

예 넓이가 111.6 cm²인 원의 반지름 구하기(원주율: 3.1)

넓이: 111.6 cm²

원의 반지름을 □ cm라고 하면
□×□×3.1=111.6 (cm²)입니다.
⇨ □×□=111.6÷3.1=36,
6×6=36이므로 원의 반지름은 6 cm입니다.

비법 6 색칠한 부분의 넓이 구하기

• 색칠한 부분의 일부를 옮겨서 구하기

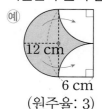 ⇨

(색칠한 부분의 넓이)
=(직사각형의 넓이)
=6×12=72 (cm²)

(원주율: 3)

• 원의 일부분의 넓이 구하기

주어진 모양이 원의 넓이의 몇 분의 몇인지를 알아봅니다.

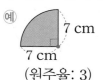 ⇨

(원주율: 3)

(색칠한 부분의 넓이)
=(원의 넓이)×$\frac{1}{4}$

=7×7×3×$\frac{1}{4}$

=36.75 (cm²)

교과서 개념

• 원의 반지름과 지름의 관계
(지름)=(반지름)×2
• (원주)=(지름)×(원주율)
　　　 =(반지름)×2×(원주율)

• 원의 넓이 구하는 방법
(원의 넓이)
=(원주)×$\frac{1}{2}$×(반지름)

=(원주율)×(지름)×$\frac{1}{2}$×(반지름)
　　　　　　　└→반지름
=(반지름)×(반지름)×(원주율)

• 원의 넓이 구하는 방법을 활용하여 여러 가지 색칠한 부분의 넓이를 구할 수 있습니다.

5

원의 넓이

1 원주와 지름의 관계 알아보기

- 원주: 원의 둘레
- 원의 지름이 길어지면 원주도 길어집니다.

1-1 원의 지름과 원주를 나타내시오.

1-2 설명이 맞으면 ○표, 틀리면 ×표 하시오.

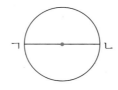

- 원의 중심을 지나는 선분 ㄱㄴ은 원의 지름 입니다. ( )
- 원주가 길어지면 원의 지름도 길어집니다. ( )
- 원주와 원의 지름은 길이가 같습니다. ( )

1-3 지름이 2 cm인 원의 원주와 가장 비슷한 길이의 기호를 쓰시오.

2 cm

⊙ |— 1 cm —|
ⓛ
ⓒ

( )

2 원주율 알아보기

- 원주율: 원의 지름에 대한 원주의 비율

$$(원주율) = (원주) \div (지름)$$

원주율을 소수로 나타내면 3.1415926535897932 ……와 같이 끝없이 이어집니다. 따라서 필요에 따라 3, 3.1, 3.14 등으로 어림하여 사용하기도 합니다.

2-1 원주와 지름을 나타낸 표입니다. 빈칸에 알맞은 수를 써넣으시오.

원주(cm)	지름(cm)	(원주)÷(지름)
21.98	7	
34.54	11	

서술형
2-2 위 **2-1**의 표에서 (원주)÷(지름)을 통하여 알 수 있는 사실을 쓰시오.

_____

_____

창의+융합
2-3 틀린 댓글을 단 사람을 찾아 이름을 쓰시오.

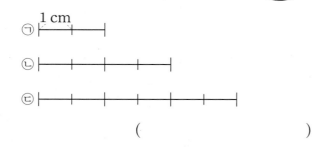

( )

③ 원주와 지름 구하기

- (원주)＝(지름)×(원주율)
- (지름)＝(원주)÷(원주율)

서술형

3-1 어떤 원반의 지름은 17 cm입니다. 이 원반의 원주는 몇 cm인지 식을 쓰고 답을 구하시오.

(원주율: 3.14)

식 _____

답 _____

3-2 원주가 43.96 cm인 원이 있습니다. 이 원의 지름은 몇 cm입니까? (원주율: 3.14)

(   )

3-3 오른쪽 원의 원주가 37.68 cm 일 때 반지름은 몇 cm입니까?

(원주율: 3.14)

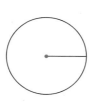

(   )

3-4 두 원의 원주의 차는 몇 cm입니까? (원주율: 3.1)

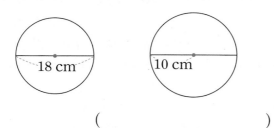

(   )

창의＋융합

3-5 줄기에서 물이 어떻게 이동하는지 실험하기 위해 봉숭아 줄기를 잘랐습니다. 봉숭아 줄기의 단면의 원주는 몇 mm입니까? (원주율: 3)

봉숭아 줄기를 가로와 세로로 자르기
＊유의점: 칼에 손을 베지 않게 주의

가로 단면
1 mm
3 mm
물관

(   )

3-6 반지름이 짧은 원부터 차례로 기호를 쓰시오.

(원주율: 3.1)

㉠ 원주가 58.9 cm인 원
㉡ 원주가 24.8 cm인 원
㉢ 지름이 10 cm인 원

(   )

3-7 지름이 21 cm인 원 모양의 접시를 3바퀴를 굴렸습니다. 접시가 굴러간 거리는 몇 cm입니까?

(원주율: 3.14)

(   )

- (원주율)＝3.1415926535897932……
- (원주율)＝(원주)÷(지름) ⇨ (지름)＝(원주)÷(원주율)
  (반지름)＝(원주)÷(원주율)÷2

4 원의 넓이 어림하기

• 원의 넓이를 어림하는 방법
  (방법 1) 원 안과 밖에 접하는 다각형으로 원의 넓이 어림하기
  서로 다른 모양의 도형의 넓이를 비교하여 원의 넓이를 어림할 수 있습니다.
  (방법 2) 모눈종이를 이용하여 원의 넓이 어림하기
  원의 넓이가 얼마와 얼마 사이일지 추측하여 원의 넓이를 어림할 수 있습니다.

4-1 오른쪽 그림을 보고 원의 넓이의 범위를 구하시오.

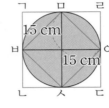

(1) 정사각형 ㅁㅂㅅㅇ의 넓이는 몇 cm^2입니까?

(   )

(2) 정사각형 ㄱㄴㄷㄹ의 넓이는 몇 cm^2입니까?

(   )

(3) (1)과 (2)를 이용하여 ☐ 안에 알맞은 수를 써넣으시오.

$$\boxed{} cm^2 < (원의 넓이)$$

$$(원의 넓이) < \boxed{} cm^2$$

4-2 원 안의 색칠된 노란색 모눈의 넓이와 원 밖의 빨간색 선 안쪽 모눈의 넓이로 원의 넓이의 범위를 구하시오.

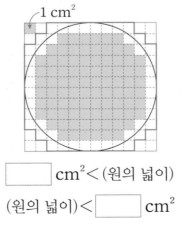

$$\boxed{} cm^2 < (원의 넓이)$$

$$(원의 넓이) < \boxed{} cm^2$$

서술형

4-3 정육각형의 넓이를 이용하여 원의 넓이를 어림하려고 합니다. 삼각형 ㄱㅇㄷ의 넓이가 75 cm^2, 삼각형 ㄹㅇㅂ의 넓이가 100 cm^2라면 원의 넓이는 얼마라고 어림할 수 있습니까? 그렇게 생각한 이유는 무엇인지 쓰시오.

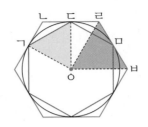

넓이 _____

이유 _____

_____

_____

_____

5 원의 넓이 구하는 방법 알아보기

• (원의 넓이)=(반지름)×(반지름)×(원주율)

5-1 지름이 10 cm인 원을 한없이 잘라 이어 붙여서 직사각형에 가까워지는 도형을 만들었습니다. ☐ 안에 알맞은 수를 써넣고 원의 넓이를 구하시오.

(원주율: 3.14)

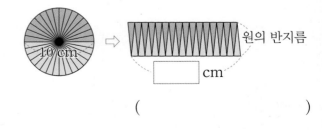

(   )

[5-2~5-3] 원의 넓이를 구하시오. (원주율: 3.1)

5-2

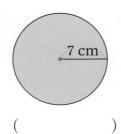
7 cm

(   )

5-3

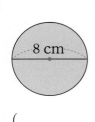
8 cm

(   )

5-4 두 목재 단면의 넓이의 합은 몇 cm²입니까?
(원주율: 3.14)

10 cm

22 cm

(   )

5-5 두 원의 넓이의 차는 몇 cm²입니까? (원주율: 3.1)

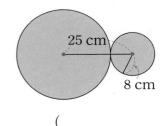
25 cm
8 cm

(   )

5-6 넓이가 넓은 것부터 차례로 기호를 쓰시오.
(원주율: 3.14)

㉠ 지름이 24 cm인 원
㉡ 넓이가 379.94 cm²인 원
㉢ 반지름이 16 cm인 반원

(   )

6 여러 가지 원의 넓이 구하기

① 반지름이 다른 원의 넓이 이용하기

예
(색칠한 부분의 넓이)
=(큰 원의 넓이)−(작은 원의 넓이)

② 다각형과 원의 넓이 이용하기

예
(색칠한 부분의 넓이)
=(정사각형의 넓이)
　−(반원의 넓이)×2
　　　↳ 원의 넓이

6-1 색칠한 부분의 넓이는 몇 cm²인지 구하시오.
(원주율: 3.14)

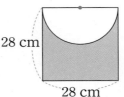
28 cm
28 cm

(   )

6-2 색칠한 부분의 넓이는 몇 cm²인지 구하시오. (원주율: 3)

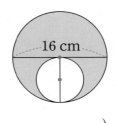
16 cm

(   )

6-3 색칠한 부분의 넓이는 몇 cm²인지 구하시오. (원주율: 3.1)

3 cm

(   )

 해결의 창

• (원의 넓이)=(반지름)×(반지름)×(원주율)
• 위의 **6-3**번 문제에서 작은 반원을 옮겨 합치면 반지름이 3 cm인 원의 넓이와 같습니다.

5
원의 넓이

응용 1 여러 개의 원으로 이루어진 도형의 둘레 구하기

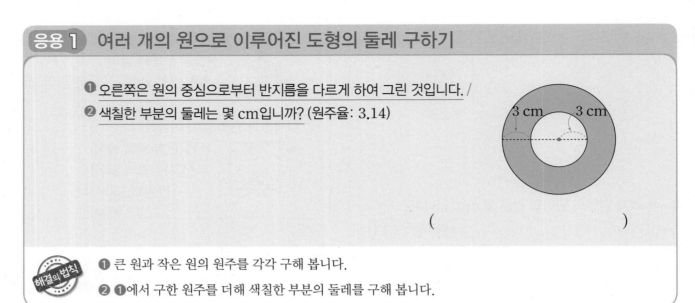

❶ 오른쪽은 원의 중심으로부터 반지름을 다르게 하여 그린 것입니다. /
❷ 색칠한 부분의 둘레는 몇 cm입니까? (원주율: 3.14)

3 cm   3 cm

(   )

해결의 법칙

❶ 큰 원과 작은 원의 원주를 각각 구해 봅니다.

❷ ❶에서 구한 원주를 더해 색칠한 부분의 둘레를 구해 봅니다.

예제 1 - 1   오른쪽은 큰 반원과 큰 반원의 반지름을 지름으로 하는 작은 반원을 이용하여 그린 것입니다. 색칠한 부분의 둘레는 몇 cm입니까? (원주율: 3)

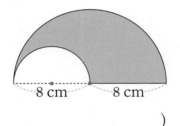

8 cm   8 cm

(   )

예제 1 - 2   소고에 그려져 있는 태극 문양입니다. 이 문양과 같게 철사를 이용하여 만들려면 철사는 적어도 몇 cm 필요합니까? (원주율: 3.1)

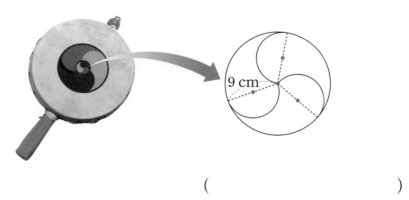

9 cm

(   )

응용 2 사용한 끈의 길이 구하기

❶ 밑면의 반지름이 8 cm인 원 모양의 통 2개를 그림과 같이 끈으로 한 번 묶었을 때 / ❷ 사용한 끈은 몇 cm입니까? (단, 매듭의 길이는 생각하지 않습니다.) (원주율: 3.1)

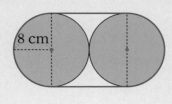

8 cm

(   )

해결의 법칙 ❶ 그림에서 직선 부분의 길이와 곡선 부분의 길이를 각각 구해 봅니다.

❷ ❶에서 구한 길이를 더해 사용한 끈의 길이를 구해 봅니다.

예제 **2 - 1** 크기가 같은 음료수 캔 3개를 그림과 같이 겹치는 부분 없이 테이프로 묶어 판매하고 있습니다. 한 묶음을 만드는 데 사용한 테이프는 몇 cm입니까?

(원주율: 3.14)

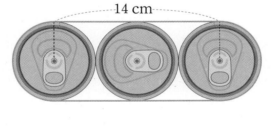

14 cm

(   )

예제 **2 - 2**

 끈의 길이는 곡선 부분, 직선 부분, 매듭의 길이의 합이야.

곡선 부분은 합하면 원의 원주와 같아.

오른쪽과 같이 지름이 8 cm인 원 모양의 통 3개를 매듭이 10 cm가 되도록 끈으로 묶었습니다. 통을 묶는 데 사용한 끈은 몇 cm입니까? (원주율: 3.1)

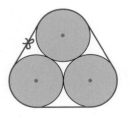

(   )

5 원의 넓이

응용 3 원주를 이용하여 반지름 구하기

❶ 철사를 겹치지 않게 사용하여 지름이 48 cm인 원을 만들었습니다. / ❷ 이 철사를 남지 않게 잘라 크기가 같은 작은 원을 4개 만들려고 합니다. / ❸ 작은 원의 반지름은 몇 cm입니까?

(원주율: 3.14)

( )

 해결의 법칙

❶ 지름이 48 cm인 원의 원주를 구해 봅니다.

❷ 작은 원 1개의 원주를 구해 봅니다.

❸ 작은 원의 반지름을 구해 봅니다.

예제 **3**-1 철사를 겹치지 않게 사용하여 지름이 19 cm인 원 5개를 만들었습니다. 이 철사를 모두 펴서 겹치지 않게 이어 붙여 큰 원 1개를 만들려고 합니다. 큰 원의 반지름은 몇 cm입니까? (원주율: 3.1)

( )

예제 **3**-2 원반던지기와 포환던지기는 <u>원 모양의 구역</u> 안에서 각각 원반과 포환을 던져 그 ┌서클 거리를 겨루는 경기입니다. 원반던지기 서클의 원주를 2배 하면 15 m, 포환던지기 서클의 원주를 5배 하면 32.025 m라고 합니다. 두 서클의 반지름의 차는 몇 m입니까? (원주율: 3)

( )

• 정답은 41쪽

 응용 4 원의 넓이의 활용

❶원 모양의 피자를 똑같이 8조각으로 나눈 것 중에서 5조각의 넓이는 282.6 cm²입니다.
❷이 피자의 지름은 몇 cm입니까? (원주율: 3.14)

(   )

해결의 법칙!

❶ 전체 피자의 넓이를 구해 봅니다.

❷ ❶을 이용하여 피자의 반지름을 구한 뒤 지름을 구해 봅니다.

예제 4-1 원을 똑같이 5조각으로 나눈 것 중의 4부분을 그림과 같이 겹치지 않게 이어 붙여 도형을 만들었습니다. 만든 도형의 넓이가 153.6 cm²일 때 원의 반지름은 몇 cm입니까? (원주율: 3)

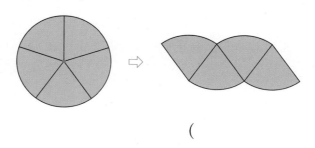

(   )

예제 4-2 원 모양 물레방아에서 그림과 같이 표시한 부분의 넓이가 1570 cm²일 때 물레방아의 반지름은 몇 cm입니까? (원주율: 3.14)

 그림은 원 전체의 몇 분의 몇인지 알아봐야 해!

 그림은 전체 원의 $\frac{72}{360}$ 만큼이야.

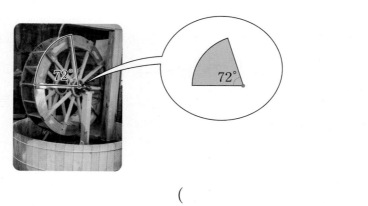

(   )

응용 5 색칠한 부분의 넓이 구하기

❶ 오른쪽은 지름이 16 cm인 반원 여러 개를 직사각형의 둘레에 붙여 만든 도형입니다. / ❸ 색칠한 부분의 넓이는 몇 cm²입니까? (원주율: 3.14)

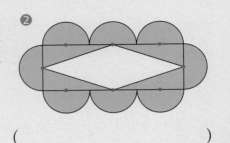

(   )

해결의 법칙

❶ 색칠한 부분 중 반원의 넓이의 합을 구해 봅니다.

❷ 색칠한 부분 중 삼각형의 넓이의 합을 구해 봅니다.

❸ ❶과 ❷의 넓이의 합을 이용하여 색칠한 부분의 넓이를 구해 봅니다.

예제 5-1 오른쪽은 똑같은 크기의 원 4개를 이용하여 만든 도형입니다. 색칠한 부분의 넓이는 몇 cm²입니까?
(원주율: 3.1)

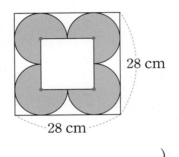

28 cm
28 cm

(   )

예제 5-2 직사각형 모양의 흰 도화지에 원의 $\frac{1}{4}$ 모양과 원의 $\frac{1}{2}$ 모양의 색종이를 붙여서 오른쪽 그림과 같은 모양을 만들었습니다. 색종이를 붙인 부분의 넓이는 몇 cm²입니까? (원주율: 3)

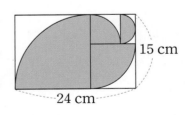

15 cm
24 cm

(   )

• 정답은 41쪽

응용 6 원주와 원의 넓이의 활용

5. 원의 넓이

❶ 오른쪽 그림에서 작은 원의 지름은 4 cm이고 큰 원의 넓이는 작은 원의 넓이의 9배입니다. / ❸ 큰 원의 원주는 몇 cm입니까?

(원주율: 3.1)

(   )

❶ 작은 원과 큰 원의 넓이를 각각 구해 봅니다.

❷ 큰 원의 지름을 구해 봅니다.

❸ 큰 원의 원주를 구해 봅니다.

예제 6-1 오른쪽 그림에서 큰 원의 넓이는 작은 원의 넓이의 4배입니다. 작은 원의 원주는 몇 cm입니까? (원주율: 3.14)

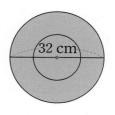

32 cm

(   )

예제 6-2 오른쪽 그림은 반지름이 같은 간격으로 짧아지도록 그린 원들입니다. 가장 큰 원의 원주가 13.02 cm일 때 초록색 부분의 넓이는 몇 cm²입니까? (원주율: 3.1)

(   )

5

원의 넓이

[01~02] 반지름이 각각 25 cm, 19 cm인 원이 있습니다. 물음에 답하시오. (원주율: 3.14)

원주 구하기

01 두 원의 원주의 차는 몇 cm입니까?

유사

(   )

원의 넓이 구하기

02 두 원의 넓이의 합은 몇 cm^2입니까?

유사

(   )

서술형 | 원의 넓이 구하기

03 원주가 130.2 cm인 원이 있습니다. 이 원의 넓이는 몇 cm^2

유사 인지 풀이 과정을 쓰고 답을 구하시오. (원주율: 3.1)

(   )

풀이

원의 넓이 어림하기

04 정팔각형의 넓이를 이용하여 색칠한 원

유사 의 넓이를 어림하려고 합니다. 삼각형 ㄱㅇㄴ의 넓이는 129.44 cm^2, 삼각형 ㄱㅇㄷ의 넓이는 220.49 cm^2일 때 색칠한 원의 넓이를 어림하면 몇 cm^2입니까?

(   )

· 정답은 43쪽

유사 표시된 문제의 유사 문제가 제공됩니다.
동영상 표시된 문제의 동영상 특강을 볼 수 있어요.
QR 코드를 찍어 보세요.

여러 가지 원의 넓이 구하기

05 오른쪽 그림은 정사각형 안에 원의
유사 일부분을 그린 것입니다. 색칠한 부
분의 넓이는 몇 cm²입니까?

(원주율: 3)

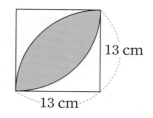

13 cm

13 cm

(   )

여러 가지 원의 넓이 구하기

06 색칠한 부분의 넓이가 직사각형의 넓이의 $\frac{1}{4}$일 때 직사각형
유사 의 가로는 몇 cm입니까? (원주율: 3.1)

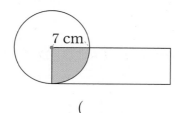

7 cm

(   )

서술형 원의 지름 구하기

07 줄자로 재기 먼 거리는 원 모양 바
유사 퀴 자를 사용하면 조금 더 편리하게
동영상 잴 수 있습니다. 원 모양 바퀴 자가
160바퀴 굴러간 거리가 100.48 m
라면 바퀴 자의 지름은 몇 cm인지
풀이 과정을 쓰고 답을 구하시오.

(원주율: 3.14)

창의+융합

▲ 바퀴 자

(   )

풀이

여러 가지 원의 넓이 구하기

08 색칠한 부분의 넓이는 몇 cm²입니까? (원주율: 3.14)

유사
동영상

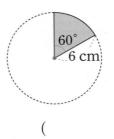

60°
6 cm

(   )

서술형 원주 구하기

09 정사각형 2개와 정사각형의 꼭짓점을 중심으로 하는 원의

유사
동영상

일부분을 그린 것입니다. 색칠한 부분의 둘레는 몇 cm인 지 풀이 과정을 쓰고 답을 구하시오. (원주율: 3.14)

풀이

5 cm   5 cm

5 cm   5 cm

(   )

원주 구하기

10 그림과 같이 양쪽 부분이 반원 모양인 호수가 있습니다.

유사
동영상

이 호숫가에 2.6 m 간격으로 의자를 놓으려 합니다. 의자 는 모두 몇 개 필요합니까? (단, 의자의 길이는 생각하지 않습니다.) (원주율: 3.14)

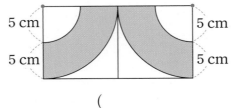

67.5 m

10 m

(   )

• 정답은 43쪽

유사 〉 표시된 문제의 유사 문제가 제공됩니다.
동영상 〉 표시된 문제의 동영상 특강을 볼 수 있어요.
QR 코드를 찍어 보세요.

원의 넓이 구하기

창의+융합

11 컬링은 '하우스' 안에 '컬링스톤'을 미끄러뜨려 넣어 득점
유사 〉 하는 경기입니다. 하우스에서 파란색 부분의 넓이와 티의
넓이의 차는 몇 cm^2입니까? (원주율: 3)

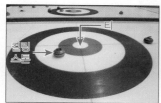

컬링

▲ 하우스

하우스는 가장 바깥쪽 원부터 반
지름이 각각 1.83 m, 1.22 m,
0.61 m, 0.15 m인 4개의 원으로
이루어져 있으며 가장 안쪽의 원
을 '티'라고 부른다.

(   )

원주 구하기

12 반지름이 36 cm인 원 모양의 종이를 반지름을 따라 잘라
유사 〉 모양과 크기가 같은 조각 5개로 만들었습니다. 자른 한 조
동영상 〉 각의 둘레는 몇 cm입니까? (원주율: 3.1)

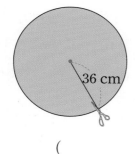

36 cm

(   )

원주 구하기

13 지름이 40 cm인 굴렁쇠를 6바퀴 굴리고 이어 지름이
유사 〉 60 cm인 굴렁쇠를 굴렸더니 두 굴렁쇠가 굴러간 총 거리
동영상 〉 가 28.26 m였습니다. 지름이 60 cm인 굴렁쇠를 몇 바퀴
굴린 것입니까? (원주율: 3.14)

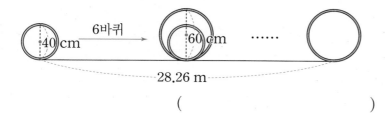

40 cm   6바퀴 ⟶   60 cm   ⋯⋯

28.26 m

(   )

5

원의 넓이

창의사고력

14 북쪽 하늘에 보이는 별자리를 관찰한 것입니다. 반원을 이용하여 그린 색칠한 부분의 둘레는 몇 cm입니까? (단, 별의 크기는 생각하지 않습니다.) (원주율: 3.1)

(   )

창의사고력

15 직선과 반원 모양으로 이루어진 어느 육상 경기 트랙에서 200 m 달리기 경기를 하려고 합니다. 도착 지점이 같다면 1레인과 2레인의 차이를 몇 m 두고 출발해야 공정한 경기가 될 수 있습니까? (단, 달리는 거리는 각 레인의 가장 안쪽 거리로 계산합니다.)

(원주율: 3.1)

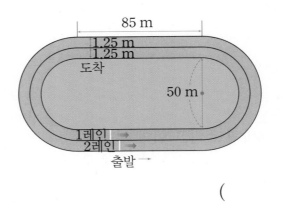

(   )

· 정답은 46쪽

01 알맞은 말에 ○표 하시오.

> 원주가 길어지면 원의 지름은
> (짧아집니다 , 길어집니다).

02 원을 한없이 잘라 이어 붙여서 직사각형 모양으로 만들어 넓이를 구하려고 합니다. □ 안에 알맞은 수를 써넣으시오.

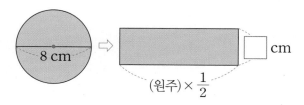

03 오른쪽 원의 원주는 몇 cm입니까?
(원주율: 3.14)

15 cm

(   )

04 오른쪽 원의 넓이는 몇 cm²입니까? (원주율: 3.14)

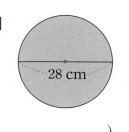

28 cm

(   )

05 빈칸에 알맞은 수를 써넣으시오. (원주율: 3.14)

원주(cm)	지름(cm)	반지름(cm)
	10	
81.64		

06 대화를 읽고 □ 안에 알맞은 수를 써넣으시오.

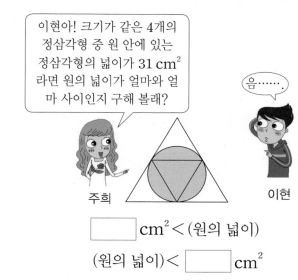

> 이현아! 크기가 같은 4개의 정삼각형 중 원 안에 있는 정삼각형의 넓이가 31 cm² 라면 원의 넓이가 얼마와 얼마 사이인지 구해 볼래?

음......

주희   이현

□ cm² < (원의 넓이)

(원의 넓이) < □ cm²

07 두 원의 넓이의 합은 몇 cm²입니까? (원주율: 3)

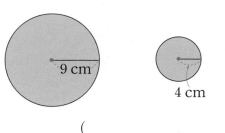

9 cm   4 cm

(   )

5
원의 넓이

08 넓이가 200.96 cm²인 원의 반지름은 몇 cm입니까? (원주율: 3.14)

( )

<창의+융합>

[09~10] 도자기와 도자기를 위에서 본 모양입니다. 그림을 보고 물음에 답하시오. (원주율: 3.1)

09 도자기를 위에서 본 모양에서 색칠한 부분의 둘레는 몇 cm입니까?

( )

<서술형>

10 도자기를 위에서 본 모양에서 색칠한 부분의 넓이는 몇 cm²인지 풀이 과정을 쓰고 답을 구하시오.

풀이 _____

_____

_____

답 _____

11 굴렁쇠를 두 바퀴 굴렸더니 251.2 cm를 갔습니다. 이 굴렁쇠의 반지름은 몇 cm입니까? (원주율: 3.14)

( )

12 크기가 같은 반원 모양이 양끝 부분에 있는 도형이 있습니다. 이 도형의 둘레는 몇 m입니까?

(원주율: 3)

60 m

17 m

( )

<서술형>

13 현수는 바퀴의 반지름이 0.35 m인 외발자전거를 타고 10.5 m를 갔습니다. 바퀴는 몇 바퀴 굴러간 것인지 풀이 과정을 쓰고 답을 구하시오. (원주율: 3)

풀이 _____

_____

_____

답 _____

14 원 안에 들어갈 수 있는 가장 큰 정사각형을 그렸습니다. 색칠한 부분의 넓이는 몇 cm²입니까? (원주율: 3)

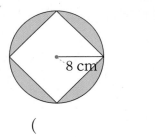

8 cm

( )

15 원주가 86.8 cm인 원이 있습니다. 이 원의 넓이는 몇 cm²인지 풀이 과정을 쓰고 답을 구하시오.

(원주율: 3.1)

풀이 _____

_____

_____

답 _____

16 대화를 읽고 큰 원을 그린 사람부터 차례로 이름을 쓰시오. (원주율: 3.14)

( )

17 색칠한 부분의 넓이는 몇 cm²입니까? (원주율: 3.1)

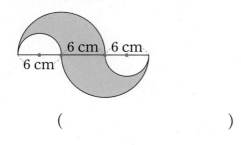

( )

18 정사각형 안에 원의 일부분을 그린 것입니다. 색칠한 부분의 넓이는 몇 cm²입니까? (원주율: 3)

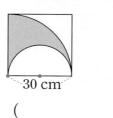

( )

19 원을 똑같이 6으로 나눈 것입니다. 색칠한 부분의 둘레는 몇 cm입니까? (원주율: 3.1)

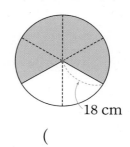

( )

20 지름이 14 cm인 3000원짜리 원 모양 햄버거와 한 변의 길이가 14 cm인 3500원짜리 정사각형 모양 햄버거가 있습니다. 두 햄버거의 두께가 같을 때 어떤 모양의 햄버거를 사는 것이 더 실속 있겠습니까?

(원주율: 3.14)

( )

6 원기둥, 원뿔, 구

세계의 이색 건축물

세계 여러 나라를 여행하다 보면 재미있는 건축물들을 많이 만날 수 있습니다. 건축물을 감상하면서 상상력도 키워 볼까요?

스웨덴에 있는 190 m 높이의 **터닝 토르소**는 바닥에서 꼭대기까지 올라가는 동안 90° 회전합니다. 이름에서 알 수 있듯이 이 건축물은 사람이 상반신을 틀고 있는 모습을 닮았답니다.

미국에 있는 **월트 디즈니 콘서트 홀**은 2억 7200달러라는 어마어마한 공사비를 들여서 16년만에 지어졌습니다. 콘서트 홀 안에 있는 파이프 오르간은 자연 그대로의 완벽한 음향을 들을 수 있습니다.

월트 디즈니 콘서트 홀

인도에 있는 **바하이 사원**은 하얀 대리석으로 27개의 연꽃 잎을 표현했는데, 9개의 연못이 사원을 둘러싸고 있습니다.

터닝 토르소

바하이 사원

이미 배운 내용	이번에 배울 내용	앞으로 배울 내용
[6-1 각기둥과 각뿔] • 각기둥과 각뿔 알아보기 • 각기둥의 전개도 **[6-2 원의 넓이]** • 원주 구하기 • 원의 넓이 구하기	• 원기둥 알아보기 • 원기둥의 전개도 알아보기 • 원뿔 알아보기 • 구 알아보기 • 여러 가지 모양 만들기	**[중학교]** • 입체도형의 성질

이번에는 뿔 모양이나 공 모양의 건축물을 감상해 볼까요?
한 쪽으로 쓰러질 것 같기도 하고 굴러갈 것 같기도 하지요?
이번 단원에서는 이와 같이 뿔 모양과 공 모양의 입체도형에 대해 배워 볼 거예요.

니테로이 현대미술관[브라질]
밤에 불빛을 비추면 공중에
떠 있는 듯 해요.

트라이볼[한국]
우리나라 송도에 있는 건축물로
내부에 기둥이 없어요

바이오스피어[캐나다]
돔 형태의 자연생태박물관이에요.

원기둥 알아보기

❶  등과 같은 입체도형을
(각기둥 , 원기둥)이라고 합니다.

❷ 원기둥에서 서로 평행하고 합동인 두 면을 밑면이라
하고, 두 밑면과 만나는 면을 옆면이라고 합니다.
(○ , ×)

❸ 원기둥에는 꼭짓점이 있습니다. (○ , ×)

❹ 원기둥에는 굽은 면이 있습니다. (○ , ×)

❺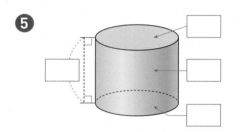

정답

원기둥

○

×

○

(왼쪽부터)
높이, 밑면,
옆면, 밑면

생각의 방향

원기둥과 각기둥의 비교
〈공통점〉
기둥 모양이고 두 밑면이 서로 평
행하고 합동입니다.
〈차이점〉
① 밑면의 모양이 원기둥은 원이
고 각기둥은 다각형입니다.
② 옆면이 원기둥은 굽은 면이고
각기둥은 평평한 면입니다.
③ 꼭짓점이 원기둥에는 없고 각
기둥에는 있습니다.

원기둥에서 옆을 둘러싼 면은 굽
은 면입니다.

밑면
높이
옆면
밑면

원기둥의 전개도 알아보기

❶ 원기둥을 잘라서 펼쳐 놓은 그림을 원기둥의
(전개도 , 겨냥도)라고 합니다.

❷ 원기둥의 전개도에서 밑면은 직사각형 모양, 옆면은
원 모양입니다. (○ , ×)

❸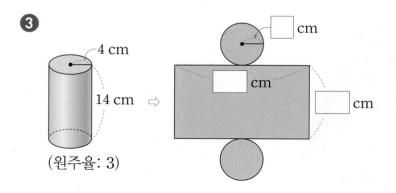

4 cm

14 cm ⇒

☐ cm

☐ cm

☐ cm

(원주율: 3)

정답

전개도

×

(위부터)
4, 24, 14

생각의 방향

원기둥의 전개도의 성질
① 두 밑면의 모양: 원
② 옆면의 모양: 직사각형
③ (옆면의 가로의 길이)
  =(밑면의 둘레)
④ (옆면의 세로의 길이)
  =(원기둥의 높이)

원뿔 알아보기

❶ ,  등과 같은 입체도형을
(원기둥 , 원뿔)이라고 합니다.

❷ 원뿔에서 평평한 면을 옆면, 옆을 둘러싼 굽은 면을
밑면이라고 합니다. (○ , ×)

❸ 원뿔에서 꼭짓점과 밑면인 원의 둘레의 한 점을 이
은 선분을 모선이라고 합니다. (○ , ×)

❹

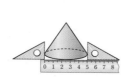

높이: ☐ cm   모선의 길이:
☐ cm   밑면의 지름:
☐ cm

구 알아보기

❶ 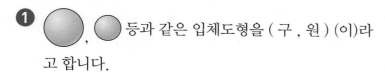 등과 같은 입체도형을 (구 , 원) (이)라
고 합니다.

❷ 구에서 가장 안쪽에 있는 점
을 구의 ☐ (이)라 하고,
구의 중심에서 구의 겉면의
한 점을 이은 선분을 구의
☐ (이)라고 합니다.

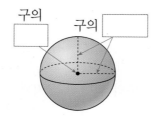
구의 ☐   구의 ☐

여러 가지 모양 만들어 보기

❶

사용한 입체도형
⇨ ☐ , ☐ , ☐

정답

원뿔

×

○

6, 10, 5

구

중심, 반지름/
(왼쪽부터)
중심, 반지름

구, 원뿔, 원기둥

생각의 방향 ↑

원뿔에서 평평한 면을 밑면, 옆을
둘러싼 굽은 면을 옆면이라고 합
니다.

구의 중심에서 구의 겉면에 있는
어느 점까지 이르는 거리는 모두
같습니다.

6

원기둥, 원뿔, 구

비법 1 원기둥의 특징 알아보기

• 원기둥을 둘러싼 면들의 특징

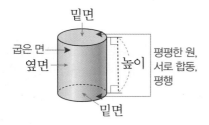

① 두 면은 평평한 원입니다.
② 두 면은 서로 합동이고 평행합니다.
③ 옆을 둘러싼 면은 굽은 면입니다.
④ 굴리면 잘 굴러갑니다.

비법 2 평면도형을 돌려 입체도형 만들기

① 원기둥

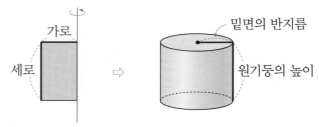

⇨ 돌리기 전 직사각형의 가로의 길이는 원기둥의 밑면의 반지름과 같고, 직사각형의 세로의 길이는 원기둥의 높이와 같습니다.

② 원뿔

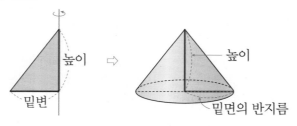

⇨ 돌리기 전 직각삼각형의 밑변의 길이는 원뿔의 밑면의 반지름과 같고, 직각삼각형의 높이는 원뿔의 높이와 같습니다.

③ 구

⇨ 돌리기 전 반원의 중심은 구의 중심과 같고 반원의 반지름은 구의 반지름과 같습니다.

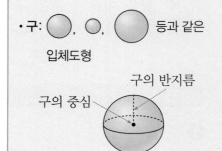

• 전개도에서 각 부분의 길이 알아보기

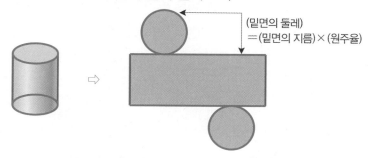

(밑면의 둘레)
=(밑면의 지름)×(원주율)

⇨ (원기둥의 밑면의 둘레)=(전개도의 옆면의 가로의 길이)

(원기둥의 높이)=(전개도의 옆면의 세로의 길이)

> (원기둥의 전개도의 둘레)
> =(밑면의 둘레)×4+(원기둥의 높이)×2

입체도형	밑면의 모양	밑면의 수	옆면	꼭짓점
원기둥	원	2개	굽은 면	없음
원뿔	원	1개	굽은 면	있음

입체도형	원기둥	원뿔	구
위에서 본 모양	⊙	⊙	⊙
앞에서 본 모양	■×2 □	★ △	⊙
옆에서 본 모양	■×2 □	★ △	⊙

—어느 방향에서 보아도 모양이 같습니다.

교과서 개념

• 원기둥의 전개도: 원기둥을 잘라서 펼쳐 놓은 그림

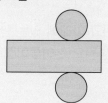

• 원기둥과 원뿔의 비교
〈공통점〉
밑면의 모양이 원이고 옆면이 굽은 면으로 되어 있습니다.
〈차이점〉
① 원기둥은 기둥 모양인데 원뿔은 뿔 모양입니다.
② 밑면이 원기둥은 2개이고 원뿔은 1개입니다.
③ 뾰족한 부분이 원기둥은 없지만 원뿔은 있습니다.

• 원기둥, 원뿔, 구 모두 위에서 본 모양은 원입니다.
• 구는 어느 방향에서 보아도 모양이 같습니다.

6

원기둥, 원뿔, 구

1 원기둥 알아보기

- 원기둥: 위와 아래에 있는 면이 서로 평행하고 합동인 원으로 이루어진 입체도형

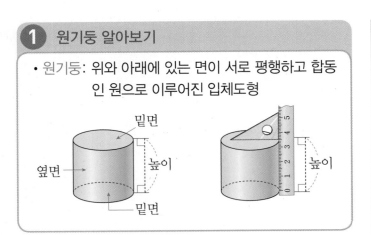

1-1 원기둥을 모두 찾아 기호를 쓰시오.

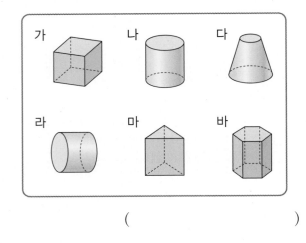

( )

1-2 오른쪽 원기둥의 밑면에 모두 색칠하시오.

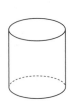

1-3 오른쪽 원기둥에서 높이는 몇 cm입니까?

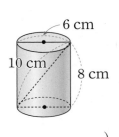

( )

창의+융합

1-4 희지가 집에 있는 물건 중 원기둥 모양이라고 생각한 것을 가져온 것입니다. 희지가 가져온 물건 중 원기둥 모양이 <u>아닌</u> 것의 기호를 쓰시오.

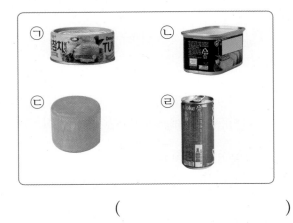

( )

1-5 오른쪽 도형에 대한 설명으로 <u>잘못된</u> 것은 어느 것입니까?······ ( )

① 밑면의 모양이 원입니다.
② 꼭짓점이 없습니다.
③ 옆면이 굽은 면입니다.
④ 밑면이 1개입니다.
⑤ 두 밑면이 서로 평행하고 합동입니다.

서술형

1-6 오른쪽 도형이 원기둥이 <u>아닌</u> 이유를 쓰시오.

이유 _____

_____

_____

• 정답은 48쪽

2 원기둥의 전개도 알아보기

• 원기둥의 전개도: 원기둥을 잘라서 펼쳐 놓은 그림

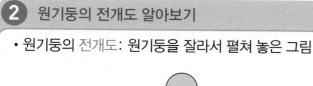

옆면: 직사각형 → 　 ← 밑면: 원

2-1 원기둥의 전개도는 어느 것입니까?……(　　　)

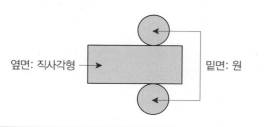

2-2 오른쪽 원기둥의 전개도를 접어서 만들 수 있는 원기둥을 찾아 기호를 쓰시오.

6 cm
8 cm

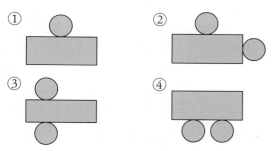

가 8 cm / 8 cm　나 6 cm / 6 cm　다 6 cm / 8 cm

(　　　　　　)

2-3 원기둥의 전개도에 대해 잘못 설명한 사람의 이름을 쓰시오.

현수: 원기둥의 전개도에서 옆면의 모양은 직사각형이야.

혜림: 옆면의 가로의 길이는 밑면의 둘레와 같고, 세로의 길이는 원기둥의 높이와 같아.

훈정: 원 1개와 직사각형 1개로 이루어져 있어.

(　　　　　　)

2-4 원기둥과 원기둥의 전개도를 보고 □ 안에 알맞은 수를 써넣으시오. (원주율: 3.1)

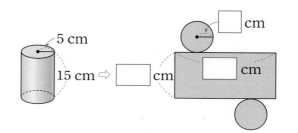

5 cm
15 cm ⇨ □ cm
□ cm / □ cm

2-5 오른쪽 그림이 원기둥의 전개도가 아닌 이유를 쓰시오.

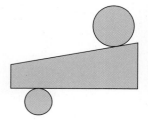

이유 _____

_____

_____

• 원기둥의 구성 요소

밑면: 서로 평행하고 합동인 두 면　　옆면: 두 밑면과 만나는 면　　높이: 두 밑면에 수직인 선분의 길이

3 원뿔 알아보기

- 원뿔: 평평한 면이 원이고 옆을 둘러싼 면이 굽은 면인 뿔 모양의 입체도형

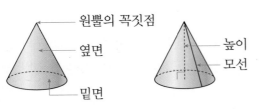

원뿔의 꼭짓점
옆면
밑면
높이
모선

3-1 원뿔을 모두 찾아 기호를 쓰시오.

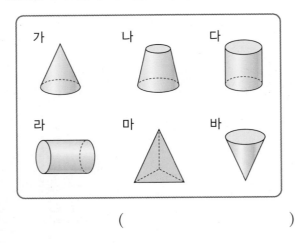

가 나 다
라 마 바

( )

창의+융합

3-2 선사시대 주거 형태인 움집을 보고 그린 모양입니다. 그린 모양은 어떤 도형이라고 할 수 있는지 기호를 쓰시오.

㉠ 각기둥   ㉡ 각뿔   ㉢ 원기둥   ㉣ 원뿔

( )

3-3 오른쪽 원뿔에서 선분 ㄱㄷ의 길이는 몇 cm입니까?

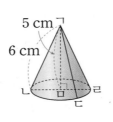

5 cm
6 cm
ㄱ
ㄴ ㅁ ㄷ ㄹ

( )

3-4 ㉠과 ㉡은 각각 원뿔의 무엇의 길이를 재는 것인지 쓰시오.

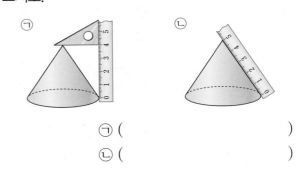

㉠   ㉡

㉠ ( )
㉡ ( )

3-5 원뿔에 대한 설명으로 바른 것은 어느 것입니까?
···( )

① 높이를 잴 수 없습니다.
② 원뿔의 꼭짓점은 1개입니다.
③ 모선은 1개입니다.
④ 밑면의 모양은 원이고 2개입니다.
⑤ 모선의 길이는 어느 곳을 재느냐에 따라 다릅니다.

서술형

3-6 오른쪽 도형이 원뿔이 <u>아닌</u> 이유를 쓰시오.

이유

4 구 알아보기

• 구: 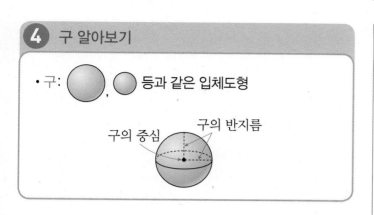 등과 같은 입체도형

구의 중심　구의 반지름

4-1 구에서 각 부분의 이름을 □ 안에 써넣으시오.

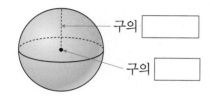

구의 [　　]

구의 [　　]

4-2 오른쪽 구를 보고 물음에 답 하시오.

9 cm　6 cm

7 cm

(1) 구는 반지름이 몇 cm인 반원을 돌려서 만든 것입니까?

(　　　　　　　)

(2) 구의 지름은 몇 cm입니까?

(　　　　　　　)

4-3 오른쪽 반원 모양의 종이를 지름을 기준으로 돌려서 만든 구의 반지름은 몇 cm입니까?

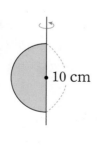

10 cm

(　　　　　　　)

4-4 원기둥, 원뿔, 구를 보기 와 같이 위, 앞, 옆에서 본 모양을 각각 그려 보시오.

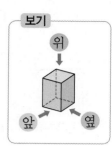

보기

위

앞　옆

입체도형	위에서 본 모양	앞에서 본 모양	옆에서 본 모양
(원기둥)			
(원뿔)			
(구)			

5 여러 가지 모양 만들기

원기둥, 원뿔, 구를 이용하여 여러 가지 모양을 만들 수 있습니다.

5-1 원기둥, 원뿔, 구를 이용하여 만들 수 있는 물건의 모양을 1가지 그려 보시오.

6

원기둥, 원뿔, 구

왼쪽 **3-4**번 문제에서 원뿔의 꼭짓점과 밑면인 원의 둘레의 한 점을 이은 선분을 모선, 원뿔의 꼭짓점에서 밑면에 수직인 선분의 길이를 높이라고 합니다.

STEP 2 응용 유형 익히기

응용 1 원기둥의 전개도의 둘레 구하기

❶오른쪽 원기둥의 전개도에서 밑면의 둘레는 15.7 cm입니다. /

❷전개도의 둘레는 몇 cm입니까?

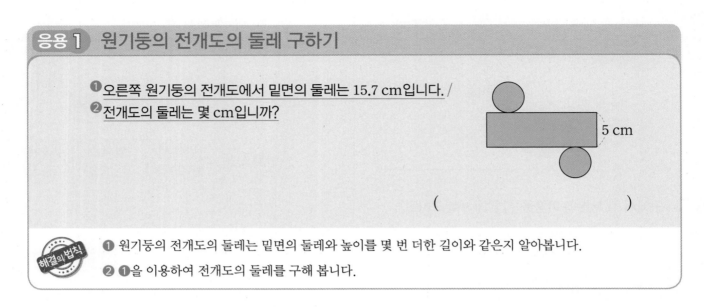

5 cm

( )

해결의 법칙
❶ 원기둥의 전개도의 둘레는 밑면의 둘레와 높이를 몇 번 더한 길이와 같은지 알아봅니다.

❷ ❶을 이용하여 전개도의 둘레를 구해 봅니다.

예제 **1 - 1** 원기둥의 전개도의 둘레는 몇 cm입니까? (원주율: 3.1)

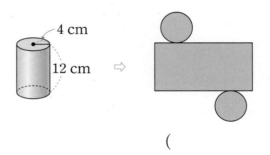

( )

예제 **1 - 2** 오른쪽 원기둥의 전개도의 둘레는 몇 cm입니까?

(원주율: 3.14)

6 cm

8 cm

( )

응용 2 원기둥의 밑면의 반지름 구하기

❶오른쪽 원기둥의 전개도에서 옆면의 가로의 길이가 54 cm, 세로의 길이가 21 cm일 때 / ❷밑면의 반지름은 몇 cm 입니까? (원주율: 3)

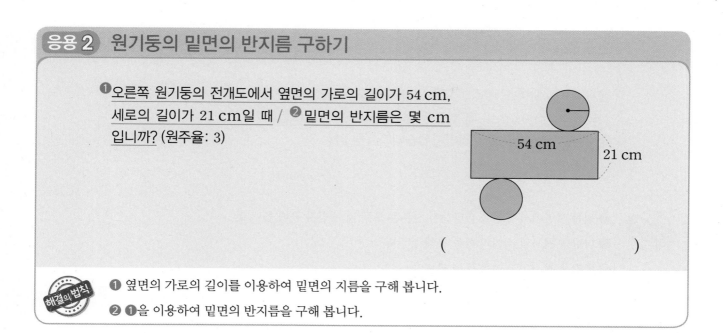

(   )

🔖해결의 법칙

❶ 옆면의 가로의 길이를 이용하여 밑면의 지름을 구해 봅니다.

❷ ❶을 이용하여 밑면의 반지름을 구해 봅니다.

예제 2-1

 원기둥의 전개도에서 길이가 같은 부분을 찾 아 봐.

 옆면의 가로의 길이는 밑면의 둘레와 같아.

오른쪽 원기둥의 전개도에서 옆면의 가로의 길이가 36 cm, 세로의 길이가 13 cm일 때 밑면의 반지름은 몇 cm입니까? (원주율: 3)

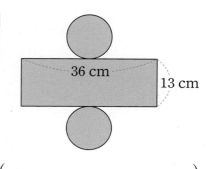

(   )

예제 2-2

오른쪽 원기둥의 전개도에서 옆면의 세로의 길이가 15 cm이고, 옆면의 둘레가 78 cm일 때 밑면의 반지름은 몇 cm입니까? (원주율: 3)

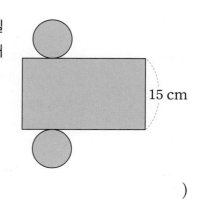

(   )

6

원기둥, 원뿔, 구

응용 ③ 원뿔의 각 부분의 길이 알아보기

❶철사를 사용하여 오른쪽과 같은 원뿔 모양을 만들었습니다. / ❸ 사용한 철사의 길이가 90 cm일 때 빨간색 철사의 길이는 몇 cm입니까? (단, 철사를 이은 부분의 길이는 생각하지 않습니다.) (원주율: 3)

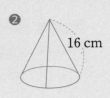

16 cm

(   )

❶ 원뿔 모양에서 모선을 나타내는 선분은 모두 몇 개인지 구해 봅니다.

❷ 파란색 철사의 길이의 합을 구해 봅니다.

❸ 빨간색 철사의 길이를 구해 봅니다.

예제 3 - 1

철사를 사용하여 그림과 같이 원뿔 모양 2개를 만들었습니다. 두 원뿔 모양을 만드는 데 사용한 철사의 길이가 각각 128 cm로 같았습니다. 빨간색 철사와 파란색 철사의 길이의 차는 몇 cm입니까? (단, 철사를 이은 부분의 길이는 생각하지 않습니다.) (원주율: 3.1)

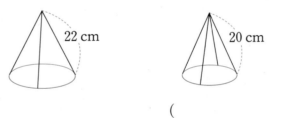

22 cm   20 cm

(   )

예제 3 - 2

철사를 사용하여 오른쪽과 같은 원뿔 모양을 만들었습니다. 사용한 파란색 철사의 길이가 222 cm일 때 빨간색 철사의 길이는 몇 cm입니까? (단, 철사를 이은 부분의 길이는 생각하지 않습니다.) (원주율: 3.14)

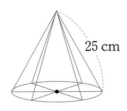

25 cm

(   )

응용 4 페인트가 칠해진 부분의 넓이 구하기

❶오른쪽과 같은 원기둥 모양 롤러에 페인트를 묻혀 /❷벽에 4바퀴 굴렸습니다. 벽에 색칠된 부분의 넓이는 몇 cm²입니까? (원주율: 3)

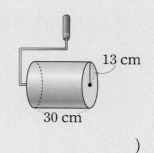

13 cm

30 cm

(   )

❶ 원기둥 모양 롤러의 옆면의 넓이를 구해 봅니다.

❷ ❶을 이용하여 벽에 4바퀴 굴렸을 때 색칠된 부분의 넓이를 구해 봅니다.

예제 4-1 밑면의 반지름이 10 cm이고 높이가 20 cm인 원기둥 모양 나무토막의 옆면에 페인트를 묻힌 후 바닥에 8바퀴 굴렸습니다. 바닥에 색칠된 부분의 넓이는 몇 cm²입니까? (원주율: 3.1)

(   )

예제 4-2 오른쪽과 같은 원기둥 모양 롤러에 페인트를 묻혀 몇 바퀴 굴렸더니 페인트가 칠해진 부분의 넓이가 1320 cm²였습니다. 롤러를 적어도 몇 바퀴 굴렸습니까? (원주율: 3)

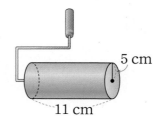

5 cm

11 cm

(   )

6

원기둥, 원뿔, 구

응용 **5**　입체도형을 앞, 옆에서 본 모양 알아보기

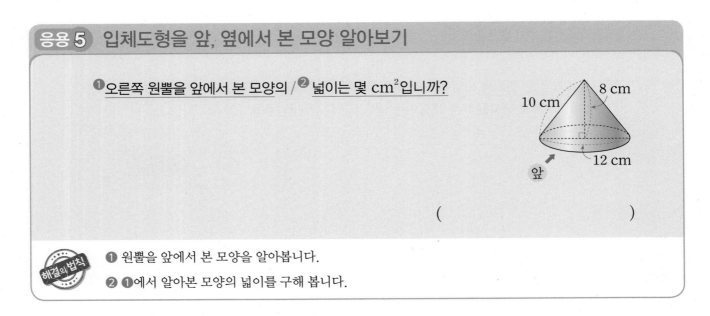

❶오른쪽 원뿔을 앞에서 본 모양의 / ❷넓이는 몇 cm^2입니까?

(　　　　　　　　　　　)

해결의 법칙

❶ 원뿔을 앞에서 본 모양을 알아봅니다.

❷ ❶에서 알아본 모양의 넓이를 구해 봅니다.

예제 **5 - 1**

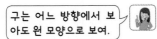

구를 앞에서 보면 어떤 모양이야?

구는 어느 방향에서 보아도 원 모양으로 보여.

오른쪽 구를 앞에서 본 모양의 넓이는 몇 cm^2입니까?

(원주율: 3.14)

(　　　　　　　　　　　)

예제 **5 - 2**

오른쪽 원기둥을 옆에서 본 모양의 넓이와 둘레를 각각 구하시오.

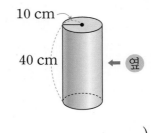

넓이 (　　　　　　　　　)

둘레 (　　　　　　　　　)

응용 6 만들 수 있는 원기둥의 가장 긴 높이 구하기

②혜정이는 가로 24 cm, 세로 36 cm인 두꺼운 종이에 원기둥의 전개도를 그리고 오려 붙여 원기둥 모양의 상자를 만들려고 합니다. / ❶ 밑면의 반지름을 4 cm로 하여 / ❸ 높이가 가장 긴 상자를 만든다면 상자의 높이는 몇 cm입니까? (원주율: 3)

(   )

❶ 원기둥의 전개도에서 옆면의 가로의 길이를 구해 봅니다.

❷ 원기둥의 전개도를 종이에 직접 그려 각 부분의 길이를 나타내어 봅니다.

❸ 가장 긴 옆면의 세로의 길이(=높이)를 구해 봅니다.

예제 6 - 1   성재는 가로 30 cm, 세로 40 cm인 두꺼운 종이에 원기둥의 전개도를 그리고 오려 붙여 원기둥 모양의 상자를 만들려고 합니다. 밑면의 반지름을 5 cm로 하여 높이가 가장 긴 상자를 만든다면 상자의 높이는 몇 cm입니까? (원주율: 3)

(   )

예제 6 - 2   오른쪽 그림은 한 변의 길이가 31 cm인 정사각형 모양의 종이에 원기둥의 전개도를 그린 것입니다. 이 원기둥의 높이는 몇 cm입니까? (원주율: 3.1)

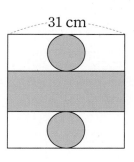

31 cm

(   )

6

원기둥, 원뿔, 구

원기둥 알아보기, 원뿔 알아보기

01 개수가 많은 것부터 차례로 기호를 쓰시오.
〔유사〕

> ㉠ 원기둥의 꼭짓점의 개수 ㉡ 원뿔의 모선의 개수
> ㉢ 원뿔의 꼭짓점의 개수 ㉣ 원기둥의 밑면의 개수

(   )

구 알아보기

02 오른쪽 구를 위, 앞, 옆에서 본 모양의
〔유사〕 넓이의 합을 구하시오. (원주율: 3.1)

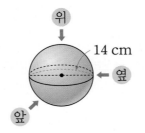

(   )

〔서술형〕 원기둥의 전개도 알아보기

03 원기둥의 전개도에서 옆면의 가로의 길이와 세로의 길이
〔유사〕 의 차는 몇 cm인지 풀이 과정을 쓰고 답을 구하시오.

(원주율: 3.14)

풀이

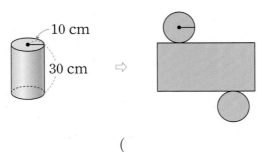

(   )

유사 표시된 문제의 유사 문제가 제공됩니다.
동영상 표시된 문제의 동영상 특강을 볼 수 있어요.
QR 코드를 찍어 보세요.

구 알아보기

04
유사

반원 모양의 종이를 지름을 기준으로 돌려서 만든 입체도형입니다. 돌리기 전의 반원의 둘레는 몇 cm입니까? (원주율: 3)

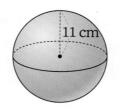

(   )

원뿔 알아보기

05
유사
동영상

어떤 평면도형을 한 변을 기준으로 돌려서 만든 원뿔입니다. 돌리기 전의 평면도형의 넓이가 가장 작은 경우 평면도형의 넓이는 몇 cm²입니까?

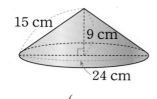

15 cm   9 cm   24 cm

(   )

서술형 원기둥 알아보기

06
유사
동영상

오른쪽 원기둥 모양 롤러의 옆면에 페인트를 묻힌 후 한 바퀴 굴렸더니 색칠된 부분의 넓이가 360 cm²였습니다. 롤러의 밑면의 지름은 몇 cm인지 풀이 과정을 쓰고 답을 구하시오. (원주율: 3)

20 cm

풀이

(   )

6

원기둥, 원뿔, 구

원뿔 알아보기

07 밑면의 둘레가 15.7 cm인 원뿔을 잘라서 펼친 그림입니
(유사) 다. 잘라 펼친 도형의 둘레가 51.4 cm일 때 자르기 전의
원뿔의 모선의 길이는 몇 cm입니까? (원주율: 3.14)

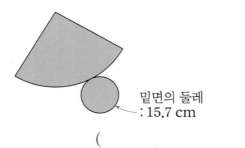

밑면의 둘레
: 15.7 cm

( )

(서술형) 원기둥 알아보기

08 위와 앞에서 본 모양이 다음과 같은 원기둥이 있습니다. 이
(유사) 원기둥의 전개도에서 옆면의 둘레는 몇 cm인지 풀이 과정
(동영상) 을 쓰고 답을 구하시오. (원주율: 3.1)

풀이

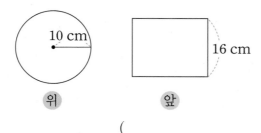

위　　　　앞

( )

원뿔 알아보기

09 오른쪽 직각삼각형의 변 ㄴㄷ을 기
(유사) 준으로 하여 돌려서 만든 입체도형
(동영상) 과 변 ㄱㄷ을 기준으로 하여 돌려서
만든 입체도형의 밑면의 넓이의 차
는 몇 cm²입니까? (원주율: 3.14)

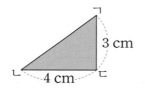

( )

• 정답은 52쪽

원기둥 알아보기, 원뿔 알아보기, 구 알아보기

10 유사 다음 입체도형을 위에서 본 모양 중 넓이가 가장 큰 것과 가장 작은 것의 넓이의 차는 몇 cm^2입니까? (원주율: 3.14)

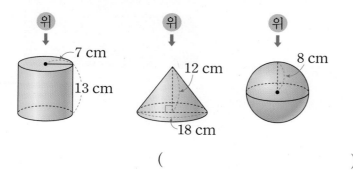

(   )

원기둥의 전개도 알아보기

11 유사 동영상 높이가 10 cm인 원기둥의 전개도를 그렸더니 둘레가 226.08 cm였습니다. 이 원기둥의 전개도에서 옆면의 넓이는 몇 cm^2입니까? (원주율: 3.1)

(   )

원기둥의 전개도 알아보기

12 유사 동영상 원기둥의 전개도에서 밑면의 반지름은 30 cm이고 옆면이 정사각형일 때 원기둥의 전개도의 둘레는 몇 cm입니까? (원주율: 3.1)

(   )

6

원기둥, 원뿔, 구

창의사고력

13
유사

민수가 전자석을 만들려고 원기둥 모양 쇠막대 1개의 옆면에 에나멜선을 빈틈없이 감았더니 15바퀴가 감겼습니다. 쇠막대의 밑면의 반지름이 1.2 cm일 때 같은 크기의 쇠막대 20개를 감기 위해 필요한 에나멜선의 길이는 모두 몇 cm입니까? (단, 에나멜선의 굵기는 생각하지 않습니다.) (원주율: 3)

(   )

창의사고력

14
유사

정미는 다음과 같은 방법으로 원기둥 모양의 팔토시를 만들려고 합니다. 팔토시 한 쌍을 만드는 데 필요한 천의 넓이는 적어도 몇 cm²인지 구하시오. (원주율: 3.1)

< 팔토시 만드는 방법 >
1. 직사각형 모양 천의 양쪽 끝을 맞대고 끝에서 1.5 cm 들어간 부분에 바느질을 합니다.
2. 천을 뒤집어 박음질 한 부분이 안쪽으로 들어가도록 합니다.

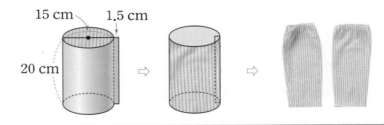

(   )

01 원기둥을 모두 찾아 기호를 쓰시오.

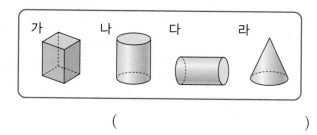

가　나　다　라

(　　　　　　　　)

02 원뿔의 밑면에 색칠하시오.

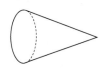

03 오른쪽 원기둥의 높이를 나타내는 선분을 모두 고르시오. ········
········(　　　　)

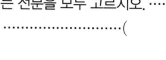

① 선분 ㄱㄴ　　② 선분 ㄴㄷ
③ 선분 ㄱㄷ　　④ 선분 ㄷㄹ
⑤ 선분 ㄴㄹ

04 반원 모양의 종이를 지름을 기준으로 돌려서 만든 구입니다. 구의 반지름은 몇 cm입니까?

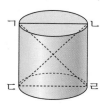

10 cm

(　　　　　　　　)

[05~06] 원기둥과 원기둥의 전개도를 보고 물음에 답하시오. (원주율: 3)

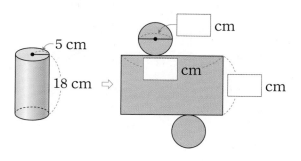

5 cm
18 cm

cm
cm
cm

05 □ 안에 알맞은 수를 써넣으시오.

06 전개도에서 옆면의 세로의 길이는 원기둥의 무엇과 같습니까?

(　　　　　　　　)

07 오른쪽 원뿔에서 모선의 길이와 높이의 차는 몇 cm입니까?

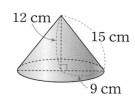

12 cm
15 cm
9 cm

(　　　　　　　　)

서술형
08 원기둥과 각기둥의 공통점과 차이점을 1개씩 쓰시오.

공통점 _____

차이점 _____

원기둥, 원뿔, 구
6

09 잘못된 설명은 어느 것입니까? ···········(   )

① 원뿔의 꼭짓점은 1개입니다.

② 원기둥의 밑면의 모양은 원입니다.

③ 원뿔의 밑면은 1개입니다.

④ 원기둥의 밑면은 1개입니다.

⑤ 원뿔의 모선은 셀 수 없이 많습니다.

10 직각삼각형 모양의 종이를 한 변을 기준으로 돌려서 만든 입체도형의 밑면의 지름과 높이를 각각 구하시오.

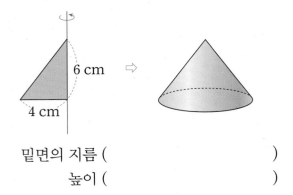

밑면의 지름 (   )

높이 (   )

11 빈칸에 알맞게 써넣으시오.

	원기둥	원뿔
밑면의 모양		
밑면의 개수(개)		

12 다음 원기둥의 전개도를 그렸을 때 옆면의 넓이가 372 cm²입니다. 이 원기둥의 높이는 몇 cm입니까? (원주율: 3.1)

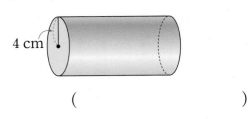

(   )

서술형
13 원뿔과 구의 공통점과 차이점을 각각 1개씩 쓰시오.

공통점 _____

_____

차이점 _____

_____

14 원기둥 모양 통의 옆면에 색 도화지를 빈틈없이 붙이려고 합니다. 겹치지 않게 한 바퀴를 붙일 때 필요한 색 도화지의 넓이는 몇 cm²입니까? (원주율: 3.1)

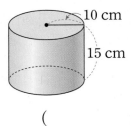

(   )

창의+융합

15 친구들과 눈사람 만들기를 하던 윤지는 눈사람이 구 모양 2개를 붙인 것과 같다는 것을 알았습니다. 한 바퀴 돌려서 눈사람과 같은 모양을 만들 수 있는 것의 기호를 쓰시오.

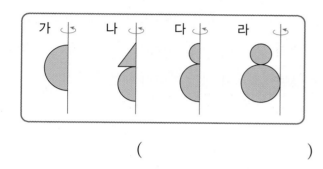

(   )

16 우리 주변에서 구 모양의 물건을 찾아 3가지 쓰시오.

(   )

17 정훈이가 만든 로켓 모양입니다. 어떤 입체도형을 사용했는지 모두 쓰시오.

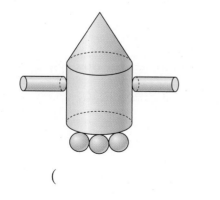

(   )

18 오른쪽 원뿔을 앞에서 본 모양의 넓이는 몇 cm²입니까?

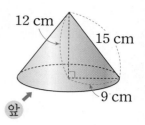

(   )

19 원기둥의 전개도의 둘레가 132 cm일 때, □ 안에 알맞은 수를 써넣으시오. (원주율: 3)

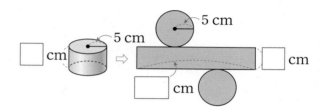

서술형

20 철사를 사용하여 오른쪽과 같은 원기둥 모양을 만들었습니다. 빨간색 철사의 길이가 31.4 cm일 때, 사용한 철사의 길이는 모두 몇 cm인지 풀이 과정을 쓰고 답을 구하시오. (단, 철사를 이은 부분의 길이는 생각하지 않습니다.)

(원주율: 3.14)

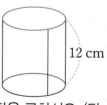

풀이 _____

_____

_____

_____

답 _____

건빵 구멍 2개의 비밀?

빵을 부풀릴 때 베이킹파우더나 *효모를 사용해요. 베이킹파우더와 효모는 밀가루가 발효될 때 이산화탄소 기체를 발생시키면서 반죽을 부풀게 하죠. 이 반죽을 높은 온도에서 구우면 이산화탄소가 팽창하면서 빵이 더 부풀어오르게 되지요. 효모를 사용하면 맛과 향이 깊어진다는 장점도 있어요.

그런데 건빵과 비스킷을 자세히 보면 건빵은 구멍이 2개, 비스킷은 여러 개가 있어요. 왜 그럴까요? 건빵의 구멍은 이산화탄소가 팽창할 때 부풀어 오른 건빵이 '빵' 터지지 않게 하기 위한 거예요. 구멍이 많으면 비스킷처럼 납작해지고, 하나만 있으면 너무 볼록해지거나 터져 버리기 때문에 딱 2개만 뚫은 거지요. 건빵 구멍도 아무 생각 없이 뚫어놓은 게 아니라는 사실이 재미있지요?

* 효모 빵, 맥주, 포도주 등을 만드는 데 사용되는 미생물.

「월간 우등생과학 2018년 12월호」에서 발췌

구멍을 2개 뚫으면 반죽의 습기가 날아가면서도 지나치게 건조하지 않은 적당한 식감을 줄 수 있어요.

구멍을 많이 뚫으면 두께가 얇아지고 바삭바삭하고 부드러운 조직감을 만들어 줘요.

수학의 해법이 풀리다!

해결의 법칙 시리즈

단계별 맞춤 학습

개념, 유형, 응용의 단계별 교재로
교과서 차시에 맞춘 쉬운 개념부터
응용·심화까지 수학 완전 정복

혼자서도 OK!

이미지로 구성된 핵심 개념과 셀프 체크,
모바일 코칭 시스템과 동영상 강의로
자기주도 학습 및 홈 스쿨링에 최적화

300여 명의 검증

수학의 메카 천재교육 집필진과
300여 명의 교사·학부모의
검증을 거쳐 탄생한 친절한 교재

흔들리지 않는 탄탄한 수학의 완성! (초등 1~6학년 / 학기별)

뭘 좋아할지 몰라 다 준비했어♥
전과목 교재

전과목 시리즈 교재

●무등생 해법시리즈
– 국어/수학   1~6학년, 학기용
– 사회/과학   3~6학년, 학기용
– 봄·여름/가을·겨울   1~2학년, 학기용
– SET(전과목/국수, 국사과)   1~6학년, 학기용

●똑똑한 하루 시리즈
– 똑똑한 하루 독해   예비초~6학년, 총 14권
– 똑똑한 하루 글쓰기   예비초~6학년, 총 14권
– 똑똑한 하루 어휘   예비초~6학년, 총 14권
– 똑똑한 하루 한자   예비초~6학년, 총 14권
– 똑똑한 하루 수학   1~6학년, 학기용
– 똑똑한 하루 계산   예비초~6학년, 총 14권
– 똑똑한 하루 도형   예비초~6학년, 총 8권
– 똑똑한 하루 사고력   1~6학년, 학기용
– 똑똑한 하루 사회/과학   3~6학년, 학기용
– 똑똑한 하루 봄/여름/가을/겨울   1~2학년, 총 8권
– 똑똑한 하루 안전   1~2학년, 총 2권
– 똑똑한 하루 Voca   3~6학년, 학기용
– 똑똑한 하루 Reading   초3~초6, 학기용
– 똑똑한 하루 Grammar   초3~초6, 학기용
– 똑똑한 하루 Phonics   예비초~초등, 총 8권

●독해가 힘이다 시리즈
– 초등 문해력 독해가 힘이다 비문학편   3~6학년
– 초등 수학도 독해가 힘이다   1~6학년, 학기용
– 초등 문해력 독해가 힘이다 문장제수학편   1~6학년, 총 12권

영어 교재

●초등영어 교과서 시리즈
파닉스(1~4단계)   3~6학년, 학년용
영단어(1~4단계)   3~6학년, 학년용
●LOOK BOOK 영단어   3~6학년, 단행본
●원서 읽는 LOOK BOOK 영단어   3~6학년, 단행본

국가수준 시험 대비 교재

●해법 기초학력 진단평가 문제집   2~6학년·중1 신입생, 총 6권

응용 해결의 법칙

꼼꼼
풀이집

수학

6·2

꼼꼼 풀이집

6-2

5~6학년군 수학④

1 분수의 나눗셈

STEP 1 기본 유형 익히기

14 ~ 17쪽

1-1 (1) 5 (2) 5

1-2 3

1-3 4개

1-4 $\frac{8}{9} \div \frac{4}{9} = 2$; 2

2-1 ✕ (선 연결)

2-2 =

2-3 $2\frac{1}{3}$ 배

3-1 (1) 2 (2) $\frac{8}{9}$

3-2 $\frac{9}{14}$

3-3 ✕ (선 연결)

3-4 $\frac{55}{56}$

3-5 $\frac{6}{7} \div \frac{1}{15} = 12\frac{6}{7}$; $12\frac{6}{7}$ cm

4-1 (1) 21 (2) 18

4-2 15, 90

4-3 ⓒ, ⓒ, ⊙

4-4 $3 \div \frac{3}{5} = 5$; 5 kg

5-1 (1) $\frac{2}{9} \div \frac{7}{8} = \frac{2}{9} \times \frac{8}{7} = \frac{16}{63}$

(2) $\frac{4}{7} \div \frac{3}{13} = \frac{4}{7} \times \frac{13}{3} = \frac{52}{21} = 2\frac{10}{21}$

5-2 $\frac{11}{18}$ m

5-3 $1\frac{1}{5}$ 배

6-1 (1) $1\frac{29}{36}$ (2) $4\frac{1}{5}$

6-2 $5\frac{13}{15}$

6-3 방법 1 예 $2\frac{3}{5} \div \frac{4}{9} = \frac{13}{5} \div \frac{4}{9} = \frac{117}{45} \div \frac{20}{45}$

$= 117 \div 20 = \frac{117}{20} = 5\frac{17}{20}$

방법 2 예 $2\frac{3}{5} \div \frac{4}{9} = \frac{13}{5} \div \frac{4}{9} = \frac{13}{5} \times \frac{9}{4}$

$= \frac{117}{20} = 5\frac{17}{20}$

6-4 $4\frac{5}{7}$ m

6-5 8400원

1-1 생각 열기 분모가 같은 분수의 나눗셈은 분자끼리 나눕니다.

(1) $\frac{5}{8} \div \frac{1}{8} = 5 \div 1 = 5$　　(2) $\frac{10}{11} \div \frac{2}{11} = 10 \div 2 = 5$

1-2 $\frac{6}{7} \div \frac{2}{7} = 6 \div 2 = 3$

1-3 (만들 수 있는 화석 수)
= (전체 찰흙 양) ÷ (화석 한 개를 만드는 데 필요한 찰흙 양)
$= \frac{12}{13} \div \frac{3}{13} = 12 \div 3 = 4$(개)

1-4 생각 열기 그림에서 한 칸은 $\frac{1}{9}$ 을 나타냅니다.

서술형 가이드 그림에 알맞은 진분수끼리의 나눗셈식을 만들고 답을 구해야 합니다.

채점 기준	
상	식 $\frac{8}{9} \div \frac{4}{9} = 2$ 를 쓰고 답을 바르게 구함.
중	식 $\frac{8}{9} \div \frac{4}{9}$ 만 씀.
하	식을 쓰지 못함.

2-1 생각 열기 $\dfrac{\blacktriangle}{\blacksquare} \div \dfrac{\bullet}{\blacksquare} = \blacktriangle \div \bullet = \dfrac{\blacktriangle}{\bullet}$

$\frac{6}{7} \div \frac{5}{7} = 6 \div 5 = \frac{6}{5} = 1\frac{1}{5}$

$\frac{9}{10} \div \frac{7}{10} = 9 \div 7 = \frac{9}{7} = 1\frac{2}{7}$

$\frac{11}{15} \div \frac{2}{15} = 11 \div 2 = \frac{11}{2} = 5\frac{1}{2}$

2-2 $\frac{8}{11} \div \frac{3}{11} = 8 \div 3 = \frac{8}{3} = 2\frac{2}{3}$

$\frac{8}{17} \div \frac{3}{17} = 8 \div 3 = \frac{8}{3} = 2\frac{2}{3}$

참고

$\frac{8}{11} \div \frac{3}{11}$ 과 $\frac{8}{17} \div \frac{3}{17}$ 은 모두 분모가 각각 같으므로 분자끼리 나누면 8÷3으로 결과가 같습니다.

2-3 (상민이가 마신 주스 양) ÷ (다은이가 마신 주스 양)

$= \frac{7}{8} \div \frac{3}{8} = 7 \div 3 = \frac{7}{3} = 2\frac{1}{3}$(배)

3-1 생각 열기 분모가 다른 분수의 나눗셈은 분모를 같게 통분하여 분자끼리 나눕니다.

(1) $\frac{3}{5} \div \frac{3}{10} = \frac{6}{10} \div \frac{3}{10} = 6 \div 3 = 2$

(2) $\frac{2}{9} \div \frac{1}{4} = \frac{8}{36} \div \frac{9}{36} = 8 \div 9 = \frac{8}{9}$

참고

분모를 같게 통분할 때에는 분모의 곱이나 분모의 최소공배수를 공통분모로 하여 통분합니다.

3-2 $\frac{4}{7} \div \frac{8}{9} = \frac{36}{63} \div \frac{56}{63} = 36 \div 56 = \frac{\overset{9}{\cancel{36}}}{\underset{14}{\cancel{56}}} = \frac{9}{14}$

3-3 $\frac{5}{8} \div \frac{7}{12} = \frac{15}{24} \div \frac{14}{24} = 15 \div 14 = \frac{15}{14} = 1\frac{1}{14}$

$\frac{5}{6} \div \frac{7}{8} = \frac{20}{24} \div \frac{21}{24} = 20 \div 21 = \frac{20}{21}$

3-4 생각 열기 곱셈과 나눗셈의 관계를 이용합니다.

$$\square \times \frac{4}{5} = \frac{11}{14}$$

$$\Rightarrow \square = \frac{11}{14} \div \frac{4}{5} = \frac{55}{70} \div \frac{56}{70} = 55 \div 56 = \frac{55}{56}$$

3-5 (1분 동안 갈 수 있는 거리)

= (간 거리) ÷ (걸린 시간)

$$= \frac{6}{7} \div \frac{1}{15} = \frac{90}{105} \div \frac{7}{105} = 90 \div 7 = \frac{90}{7} = 12\frac{6}{7} \text{ (cm)}$$

서술형 가이드 문제에 알맞은 나눗셈식을 쓰고 답을 구해야 합니다.

채점 기준	
상	식 $\frac{6}{7} \div \frac{1}{15} = 12\frac{6}{7}$을 쓰고 답을 바르게 구함.
중	식 $\frac{6}{7} \div \frac{1}{15}$만 씀.
하	식을 쓰지 못함.

4-1 생각 열기 (자연수)÷(분수)는 자연수를 분자로 나눈 값에 분모를 곱합니다.

(1) $6 \div \frac{2}{7} = (6 \div 2) \times 7 = 21$

(2) $10 \div \frac{5}{9} = (10 \div 5) \times 9 = 18$

4-2 $12 \div \frac{4}{5} = (12 \div 4) \times 5 = 15$

$12 \div \frac{2}{15} = (12 \div 2) \times 15 = 90$

4-3 ㉠ $7 \div \frac{7}{9} = (7 \div 7) \times 9 = 9$

㉡ $8 \div \frac{4}{11} = (8 \div 4) \times 11 = 22$

㉢ $9 \div \frac{3}{4} = (9 \div 3) \times 4 = 12$

$\Rightarrow$ ㉡ > ㉢ > ㉠

4-4 (쇠막대 1 m의 무게)

= (쇠막대의 무게) ÷ (쇠막대의 길이)

$$= 3 \div \frac{3}{5} = (3 \div 3) \times 5 = 5 \text{ (kg)}$$

서술형 가이드 문제에 알맞은 나눗셈식을 쓰고 답을 구해야 합니다.

채점 기준	
상	식 $3 \div \frac{3}{5} = 5$를 쓰고 답을 바르게 구함.
중	식 $3 \div \frac{3}{5}$만 씀.
하	식을 쓰지 못함.

5-1 생각 열기 (분수)÷(분수)를 (분수)×(분수)로 나타낼 때에는 나눗셈을 곱셈으로 바꾸고 나누는 분수의 분모와 분자를 바꿉니다.

5-2 (가로) = (직사각형의 넓이) ÷ (세로)

$$= \frac{11}{21} \div \frac{6}{7} = \frac{11}{21} \times \frac{\overset{1}{7}}{6} = \frac{11}{18} \text{ (m)}$$

참고

(직사각형의 넓이) = (가로) × (세로)

$\Rightarrow$ (가로) = (직사각형의 넓이) ÷ (세로)

(세로) = (직사각형의 넓이) ÷ (가로)

5-3 (앵무새의 무게) ÷ (참새의 무게)

$$= \frac{9}{10} \div \frac{3}{4} = \frac{\overset{3}{9}}{\underset{5}{10}} \times \frac{\overset{2}{4}}{\underset{1}{3}} = \frac{6}{5} = 1\frac{1}{5} \text{(배)}$$

6-1 생각 열기 (분수)÷(분수)는 분수를 통분하여 계산하거나 분수의 곱셈으로 바꾸어 계산합니다.

(1) $\frac{13}{9} \div \frac{4}{5} = \frac{13}{9} \times \frac{5}{4} = \frac{65}{36} = 1\frac{29}{36}$

(2) $1\frac{4}{5} \div \frac{3}{7} = \frac{9}{5} \div \frac{3}{7} = \frac{\overset{3}{9}}{5} \times \frac{7}{\underset{1}{3}} = \frac{21}{5} = 4\frac{1}{5}$

주의

(대분수)÷(분수)는 대분수를 먼저 가분수로 바꾸어 계산합니다.

6-2 $\frac{11}{3} \div \frac{5}{8} = \frac{11}{3} \times \frac{8}{5} = \frac{88}{15} = 5\frac{13}{15}$

6-3 방법 1 분수를 통분하여 계산합니다.

방법 2 분수의 곱셈으로 바꾸어 계산합니다.

서술형 가이드 $2\frac{3}{5} \div \frac{4}{9}$를 두 가지 방법으로 계산하는 과정이 들어 있어야 합니다.

채점 기준	
상	$2\frac{3}{5} \div \frac{4}{9}$를 두 가지 방법으로 바르게 계산함.
중	$2\frac{3}{5} \div \frac{4}{9}$를 한 가지 방법으로만 바르게 계산함.
하	$2\frac{3}{5} \div \frac{4}{9}$를 계산하지 못함.

6-4 (1초 동안 이동한 거리)

＝(간 거리)÷(걸린 시간)

$$=2\frac{3}{4}\div\frac{7}{12}=\frac{11}{4}\div\frac{7}{12}$$

$$=\frac{11}{\underset{1}{4}}\times\frac{\overset{3}{12}}{7}=\frac{33}{7}=4\frac{5}{7}\,(\text{m})$$

6-5 (아이스크림 1 kg의 가격)

＝(가격)÷(무게)

$$=7000\div\frac{5}{6}=\overset{1400}{7000}\times\frac{6}{\underset{1}{5}}=\textbf{8400}(\text{원})$$

STEP 2 응용 유형 익히기　　18 ～ 25쪽

응용 1 빨간색 끈, 13도막

예제 1-1 감자, 2봉지　　**예제 1-2** 6도막

응용 2 8번

예제 2-1 14번　　**예제 2-2** 10번

예제 2-3 6번

응용 3 $37\frac{1}{2}$ m²

예제 3-1 $59\frac{1}{2}$ m²　　**예제 3-2** 6 m²

예제 3-3 $9\frac{1}{3}$ m²

응용 4 $\frac{1}{10}$ m

예제 4-1 $\frac{13}{72}$ m　　**예제 4-2** $2\frac{11}{35}$ 배

응용 5 6 km

예제 5-1 16 km　　**예제 5-2** $7\frac{5}{6}$ km

응용 6 8

예제 6-1 $4\frac{2}{3}$　　**예제 6-2** $\frac{5}{6}$

예제 6-3 $8\frac{4}{7}$

응용 7 7

예제 7-1 $3\frac{1}{2}$　　**예제 7-2** $4\frac{41}{72}$

응용 8 $18\frac{1}{2}$ 분

예제 8-1 $16\frac{1}{2}$ 분　　**예제 8-2** $7\frac{1}{2}$ 시간

응용 1
(1) 빨간색 끈: $5\div\frac{1}{8}=5\times8=40$(도막)

(2) 파란색 끈: $3\div\frac{1}{9}=3\times9=27$(도막)

(3) **빨간색** 끈이 $40-27=\textbf{13}$(도막) 더 많습니다.

예제 1-1 해법 순서

① 감자의 봉지 수를 구합니다.
② 고구마의 봉지 수를 구합니다.
③ 감자와 고구마 중 어느 것이 몇 봉지 더 많은지 구합니다.

감자: $19\div\frac{1}{2}=19\times2=38$(봉지)

고구마: $12\div\frac{1}{3}=12\times3=36$(봉지)

⇨ 감자가 $38-36=\textbf{2}$(봉지) 더 많습니다.

예제 1-2 해법 순서

① 가 막대의 도막 수를 구합니다.
② 나 막대의 도막 수를 구합니다.
③ 다 막대의 도막 수를 구합니다.
④ 자른 도막 수가 가장 많은 막대와 가장 적은 막대의 도막 수의 차를 구합니다.

가 막대: $4\div\frac{1}{6}=4\times6=24$(도막)

나 막대: $6\div\frac{1}{5}=6\times5=30$(도막)

다 막대: $7\div\frac{1}{4}=7\times4=28$(도막)

⇨ $\underset{\text{나 막대}}{\underline{30도막}}>\underset{\text{다 막대}}{\underline{28도막}}>\underset{\text{가 막대}}{\underline{24도막}}$

따라서 자른 도막 수가 가장 많은 막대는 가장 적은 막대보다 $30-24=\textbf{6}$(도막) 더 많습니다.

응용 2
(1) (더 부어야 하는 물의 양)

$$=14-6\frac{4}{5}=13\frac{5}{5}-6\frac{4}{5}=7\frac{1}{5}\,(\text{L})$$

(2) ($\frac{9}{10}$ L들이 그릇으로 부어야 하는 횟수)

$$=7\frac{1}{5}\div\frac{9}{10}=\frac{36}{5}\div\frac{9}{10}=\frac{\overset{4}{36}}{\underset{1}{5}}\times\frac{\overset{2}{10}}{\underset{1}{9}}=\textbf{8}(\text{번})$$

예제 2-1 (더 부어야 하는 물의 양)

$$=20-9\frac{8}{9}=19\frac{9}{9}-9\frac{8}{9}=10\frac{1}{9}\,(\text{L})$$

⇨ ($\frac{13}{18}$ L들이 그릇으로 부어야 하는 횟수)

$$=10\frac{1}{9}\div\frac{13}{18}=\frac{91}{9}\div\frac{13}{18}=\frac{\overset{7}{91}}{\underset{1}{9}}\times\frac{\overset{2}{18}}{\underset{1}{13}}=\textbf{14}(\text{번})$$

예제 2-2 (더 부어야 하는 물의 양)

$$=5\frac{5}{6}\div2=\frac{35}{6}\div2=\frac{35}{6}\times\frac{1}{2}=\frac{35}{12}\ (L)$$

$\Rightarrow(\frac{7}{24}\ L들이\ 컵으로\ 부어야\ 하는\ 횟수)$

$$=\frac{35}{12}\div\frac{7}{24}=\frac{35}{\underset{1}{12}}\times\frac{\overset{2}{24}}{\underset{1}{7}}=\mathbf{10}(번)$$

예제 2-3 해법 순서

① 아기 욕조의 들이를 구합니다.
② 덜어 내야 하는 물의 양을 구합니다.
③ $2\frac{3}{5}$ L들이 바가지로 덜어 내야 하는 횟수를 구합니다.

(아기 욕조의 들이)$=10\frac{2}{5}\times2=\frac{52}{5}\times2=\frac{104}{5}\ (L)$

(덜어 내야 하는 물의 양)$=\frac{\overset{26}{104}}{5}\times\frac{3}{\underset{1}{4}}=\frac{78}{5}\ (L)$

$\Rightarrow(2\frac{3}{5}\ L들이\ 바가지로\ 덜어\ 내야\ 하는\ 횟수)$

$$=\frac{78}{5}\div2\frac{3}{5}=\frac{78}{5}\div\frac{13}{5}=78\div13=\mathbf{6}(번)$$

응용 3 (1) (1 L의 페인트로 칠할 수 있는 벽의 넓이)

$$=11\frac{1}{4}\div2\frac{1}{10}=\frac{45}{4}\div\frac{21}{10}=\frac{\overset{15}{45}}{\underset{2}{4}}\times\frac{\overset{5}{10}}{\underset{7}{21}}$$

$$=\frac{75}{14}\ (m^2)$$

(2) (7 L의 페인트로 칠할 수 있는 벽의 넓이)

$$=\frac{75}{\underset{2}{14}}\times\overset{1}{7}=\frac{75}{2}=37\frac{1}{2}\ (m^2)$$

참고
• (1 L의 페인트로 칠할 수 있는 벽의 넓이)
　=(벽의 넓이)÷(필요한 페인트의 양)
• (1 m²의 벽을 칠하는 데 필요한 페인트의 양)
　=(필요한 페인트의 양)÷(벽의 넓이)

예제 3-1 (1 L의 페인트로 칠할 수 있는 벽의 넓이)

$$=14\frac{1}{6}\div3\frac{4}{7}=\frac{85}{6}\div\frac{25}{7}=\frac{\overset{17}{85}}{6}\times\frac{7}{\underset{5}{25}}$$

$$=\frac{119}{30}\ (m^2)$$

$\Rightarrow$ (15 L의 페인트로 칠할 수 있는 벽의 넓이)

$$=\frac{119}{\underset{2}{30}}\times\overset{1}{15}=\frac{119}{2}=59\frac{1}{2}\ (m^2)$$

예제 3-2 해법 순서

① 정사각형 모양의 벽의 넓이를 구합니다.
② 1 L의 페인트로 칠한 벽의 넓이를 구합니다.

(벽의 넓이)$=8\times8=64\ (m^2)$

$\Rightarrow$ (1 L의 페인트로 칠한 벽의 넓이)

$$=64\div10\frac{2}{3}=64\div\frac{32}{3}=\overset{2}{64}\times\frac{3}{\underset{1}{32}}=\mathbf{6}\ (m^2)$$

예제 3-3 해법 순서

① 직사각형 모양의 벽의 넓이를 구합니다.
② 1 L의 페인트로 칠한 벽의 넓이를 구합니다.

(벽의 넓이)$=12\times4\frac{4}{9}=\overset{4}{12}\times\frac{40}{\underset{3}{9}}=\frac{160}{3}\ (m^2)$

$\Rightarrow$ (1 L의 페인트로 칠한 벽의 넓이)

$$=\frac{160}{3}\div5\frac{5}{7}=\frac{160}{3}\div\frac{40}{7}=\frac{\overset{4}{160}}{3}\times\frac{7}{\underset{1}{40}}$$

$$=\frac{28}{3}=\mathbf{9\frac{1}{3}}\ (m^2)$$

응용 4 (1) (직사각형 가의 세로)

$$=\frac{18}{25}\div1\frac{1}{35}=\frac{18}{25}\div\frac{36}{35}$$

$$=\frac{18}{\underset{5}{25}}\times\frac{\overset{7}{35}}{\underset{2}{36}}=\frac{7}{10}\ (m)$$

(2) (직사각형 나의 세로)

$$=\frac{18}{25}\div\frac{9}{10}=\frac{\overset{2}{18}}{\underset{5}{25}}\times\frac{\overset{2}{10}}{\underset{1}{9}}=\frac{4}{5}\ (m)$$

(3) $\frac{4}{5}-\frac{7}{10}=\frac{8}{10}-\frac{7}{10}=\mathbf{\frac{1}{10}}\ (m)$

예제 4-1 (평행사변형 가의 높이)

$$=\frac{5}{12}\div\frac{2}{3}=\frac{5}{\underset{4}{12}}\times\frac{\overset{1}{3}}{2}=\frac{5}{8}\ (m)$$

(평행사변형 나의 높이)

$$=\frac{5}{12}\div\frac{15}{16}=\frac{\overset{1}{5}}{\underset{3}{12}}\times\frac{\overset{4}{16}}{\underset{3}{15}}=\frac{4}{9}\ (m)$$

$\Rightarrow\frac{5}{8}-\frac{4}{9}=\frac{45}{72}-\frac{32}{72}=\mathbf{\frac{13}{72}}\ (m)$

참고
(평행사변형의 넓이)=(밑변의 길이)×(높이)
$\Rightarrow$ (밑변의 길이)=(평행사변형의 넓이)÷(높이)
　(높이)=(평행사변형의 넓이)÷(밑변의 길이)

예제 4-2 (직각삼각형 가의 넓이)

$$=\overset{1}{\underset{2}{\cancel{6}}}\times\overset{7}{\underset{5}{\cancel{25}}}\div2=\frac{7}{10}\div2=\frac{7}{10}\times\frac{1}{2}=\frac{7}{20}\,(\text{m}^2)$$

(직사각형 나의 세로)

$$=\frac{7}{20}\div\frac{9}{10}=\frac{7}{\underset{2}{\cancel{20}}}\times\frac{\overset{1}{\cancel{10}}}{9}=\frac{7}{18}\,(\text{m})$$

$$\Rightarrow\frac{9}{10}\div\frac{7}{18}=\frac{9}{\underset{5}{\cancel{10}}}\times\frac{\overset{9}{\cancel{18}}}{7}=\frac{81}{35}=2\frac{11}{35}(\text{배})$$

응용 5 생각 열기 60분=1시간이므로 ■분=$\frac{■}{60}$시간입니다.

⑴ 45분=$\frac{\overset{3}{\cancel{45}}}{\underset{4}{\cancel{60}}}$시간=$\frac{3}{4}$시간

⑵ (한 시간 동안 갈 수 있는 거리)

$$=3\div\frac{3}{4}=\overset{1}{\cancel{3}}\times\frac{4}{\underset{1}{\cancel{3}}}=4\,(\text{km})$$

⑶ ($1\frac{1}{2}$시간 동안 갈 수 있는 거리)

$$=4\times1\frac{1}{2}=\overset{2}{\cancel{4}}\times\frac{3}{\underset{1}{\cancel{2}}}=6\,(\text{km})$$

예제 5-1 50분=$\frac{\overset{5}{\cancel{50}}}{\underset{6}{\cancel{60}}}$시간=$\frac{5}{6}$시간

(한 시간 동안 갈 수 있는 거리)

$$=8\div\frac{5}{6}=8\times\frac{6}{5}=\frac{48}{5}\,(\text{km})$$

$\Rightarrow$ ($1\frac{2}{3}$시간 동안 갈 수 있는 거리)

$$=\frac{48}{5}\times1\frac{2}{3}=\frac{48}{\underset{1}{\cancel{5}}}\times\frac{\overset{16}{\cancel{5}}}{\underset{1}{\cancel{3}}}=16\,(\text{km})$$

예제 5-2 36분=$\frac{\overset{3}{\cancel{36}}}{\underset{5}{\cancel{60}}}$시간=$\frac{3}{5}$시간

(혜영이가 한 시간 동안 갈 수 있는 거리)

$$=2\div\frac{3}{5}=2\times\frac{5}{3}=\frac{10}{3}\,(\text{km})$$

40분=$\frac{\overset{2}{\cancel{40}}}{\underset{3}{\cancel{60}}}$시간=$\frac{2}{3}$시간

(유성이가 한 시간 동안 갈 수 있는 거리)

$$=3\div\frac{2}{3}=3\times\frac{3}{2}=\frac{9}{2}\,(\text{km})$$

$\Rightarrow$ (두 사람 사이의 거리)

$$=\frac{10}{3}+\frac{9}{2}=\frac{20}{6}+\frac{27}{6}=\frac{47}{6}=7\frac{5}{6}\,(\text{km})$$

응용 6 ⑴ 어떤 수를 □라 하면 □$\times\frac{5}{6}=4\frac{4}{9}$입니다.

⑵ □$\times\frac{5}{6}=4\frac{4}{9}$

$$\Rightarrow□=4\frac{4}{9}\div\frac{5}{6}=\frac{40}{9}\div\frac{5}{6}=\frac{\overset{8}{\cancel{40}}}{\underset{3}{\cancel{9}}}\times\frac{\overset{2}{\cancel{6}}}{\underset{1}{\cancel{5}}}=\frac{16}{3}$$

⑶ $\frac{16}{3}\div\frac{2}{3}=16\div2=8$

예제 6-1 생각 열기 어떤 수를 □라 하여 식을 세웁니다.

□$\times2\frac{4}{5}=1\frac{3}{5}$,

$$□=1\frac{3}{5}\div2\frac{4}{5}=\frac{8}{5}\div\frac{14}{5}=8\div14=\frac{\overset{4}{\cancel{8}}}{\underset{7}{\cancel{14}}}=\frac{4}{7}$$

$$\Rightarrow2\frac{2}{3}\div\frac{4}{7}=\frac{8}{3}\div\frac{4}{7}=\frac{\overset{2}{\cancel{8}}}{3}\times\frac{7}{\underset{1}{\cancel{4}}}=\frac{14}{3}=4\frac{2}{3}$$

예제 6-2 생각 열기 어떤 수는 $1\frac{2}{3}$를 $\frac{4}{5}$로 나눈 다음 $\frac{5}{6}$를 뺍니다.

$\frac{4}{5}$를 곱하기 전: $1\frac{2}{3}\div\frac{4}{5}=\frac{5}{3}\div\frac{4}{5}=\frac{5}{3}\times\frac{5}{4}=\frac{25}{12}$

(어떤 수)$=\frac{25}{12}-\frac{5}{6}=\frac{25}{12}-\frac{10}{12}=\frac{\overset{5}{\cancel{15}}}{\underset{4}{\cancel{12}}}=\frac{5}{4}$

$$\Rightarrow\frac{5}{4}\div1\frac{1}{2}=\frac{5}{4}\div\frac{3}{2}=\frac{5}{\underset{2}{\cancel{4}}}\times\frac{\overset{1}{\cancel{2}}}{3}=\frac{5}{6}$$

예제 6-3 해법 순서

① 어떤 수를 □라 하여 잘못 계산한 식을 세웁니다.
② □를 구합니다.
③ 바르게 계산한 값을 구합니다.

$6\times□=4\frac{1}{5}$,

$$□=4\frac{1}{5}\div6=\frac{21}{5}\div6=\frac{\overset{7}{\cancel{21}}}{5}\times\frac{1}{\underset{2}{\cancel{6}}}=\frac{7}{10}$$

$$\Rightarrow6\div\frac{7}{10}=6\times\frac{10}{7}=\frac{60}{7}=8\frac{4}{7}$$

응용 7 생각 열기 진분수는 분자가 분모보다 작은 분수입니다.

⑴ 만들 수 있는 진분수는 $\frac{1}{3}$, $\frac{1}{7}$, $\frac{3}{7}$, $\frac{1}{9}$, $\frac{3}{9}$, $\frac{7}{9}$이고

이 중 가장 큰 진분수는 $\frac{7}{9}$입니다.

⑵ 만들 수 있는 가장 작은 진분수는 $\frac{1}{9}$입니다.

⑶ $\frac{7}{9}\div\frac{1}{9}=7\div1=7$

예제 **7-1** 만들 수 있는 진분수는 $\dfrac{2}{4}$, $\dfrac{2}{7}$, $\dfrac{4}{7}$, $\dfrac{2}{8}$, $\dfrac{4}{8}$, $\dfrac{7}{8}$이고

이 중 가장 큰 진분수는 $\dfrac{7}{8}$, 가장 작은 진분수는 $\dfrac{2}{8}$

입니다.

$$\Rightarrow \dfrac{7}{8} \div \dfrac{2}{8} = 7 \div 2 = \dfrac{7}{2} = 3\dfrac{1}{2}$$

예제 **7-2** 생각 열기 대분수는 자연수 부분이 클수록 큰 분수입니다.

만들 수 있는 가장 큰 대분수는 $7\dfrac{5}{6}$, 가장 작은 대분수는 $1\dfrac{5}{7}$입니다.

$$\Rightarrow 7\dfrac{5}{6} \div 1\dfrac{5}{7} = \dfrac{47}{6} \div \dfrac{12}{7} = \dfrac{47}{6} \times \dfrac{7}{12}$$
$$= \dfrac{329}{72} = 4\dfrac{41}{72}$$

> 주의
>
> $7\dfrac{6}{5}$, $1\dfrac{7}{5}$은 대분수가 아닙니다.

응용 **8** (1) (4분 동안 탄 양초의 길이)
$$= 15 - 12\dfrac{1}{3} = 14\dfrac{3}{3} - 12\dfrac{1}{3} = 2\dfrac{2}{3} \text{ (cm)}$$

(2) (1분 동안 탄 양초의 길이)
$$= 2\dfrac{2}{3} \div 4 = \dfrac{8}{3} \div 4 = \dfrac{8}{3} \times \dfrac{1}{4} = \dfrac{2}{3} \text{ (cm)}$$

(3) (남은 양초가 다 타는 데 더 걸리는 시간)
$$= 12\dfrac{1}{3} \div \dfrac{2}{3} = \dfrac{37}{3} \div \dfrac{2}{3} = 37 \div 2 = \dfrac{37}{2}$$
$$= 18\dfrac{1}{2} \text{ (분)}$$

예제 **8-1** 해법 순서

① 6분 동안 탄 양초의 길이를 구합니다.
② 1분 동안 탄 양초의 길이를 구합니다.
③ 남은 양초가 다 타는 데 더 걸리는 시간을 구합니다.

(6분 동안 탄 양초의 길이)
$$= 18 - 13\dfrac{1}{5} = 17\dfrac{5}{5} - 13\dfrac{1}{5} = 4\dfrac{4}{5} \text{ (cm)}$$

(1분 동안 탄 양초의 길이)
$$= 4\dfrac{4}{5} \div 6 = \dfrac{24}{5} \div 6 = \dfrac{24}{5} \times \dfrac{1}{6} = \dfrac{4}{5} \text{ (cm)}$$

$\Rightarrow$ (남은 양초가 다 타는 데 더 걸리는 시간)
$$= 13\dfrac{1}{5} \div \dfrac{4}{5} = \dfrac{66}{5} \div \dfrac{4}{5} = 66 \div 4$$
$$= \dfrac{66}{4} = \dfrac{33}{2} = 16\dfrac{1}{2} \text{(분)}$$

예제 **8-2** 해법 순서

① 1시간 45분 동안 탄 양초의 길이를 구합니다.
② 1시간 동안 탄 양초의 길이를 구합니다.
③ 처음부터 이 양초가 다 타는 데까지 걸리는 시간을 구합니다.

$$1\text{시간 } 45\text{분} = 1\dfrac{45}{60}\text{시간} = 1\dfrac{3}{4}\text{시간}$$

$(1\dfrac{3}{4}$시간 동안 탄 양초의 길이)
$$= 21 - 16\dfrac{1}{10} = 20\dfrac{10}{10} - 16\dfrac{1}{10} = 4\dfrac{9}{10} \text{ (cm)}$$

(1시간 동안 탄 양초의 길이)
$$= 4\dfrac{9}{10} \div 1\dfrac{3}{4} = \dfrac{49}{10} \div \dfrac{7}{4} = \dfrac{49}{10} \times \dfrac{4}{7} = \dfrac{14}{5} \text{ (cm)}$$

$\Rightarrow$ (처음부터 이 양초가 다 타는 데까지 걸리는 시간)
$$= 21 \div \dfrac{14}{5} = 21 \times \dfrac{5}{14} = \dfrac{15}{2} = 7\dfrac{1}{2}\text{(시간)}$$

STEP 3 응용 유형 뛰어넘기

01 6배

02 $\dfrac{8}{9} \div \dfrac{7}{9}$, $\dfrac{8}{10} \div \dfrac{7}{10}$

03 예 $15 \div \dfrac{3}{\square} = 15 \times \dfrac{\square}{3} = 5 \times \square$이므로 $5 \times \square < 20$

입니다. 따라서 $\square$ 안에 들어갈 수 있는 1보다 큰 자연수는 2, 3으로 모두 2개입니다. ; 2개

04 한 발로 뛰기

05 $2\dfrac{5}{8}$ cm

06 $5\dfrac{1}{4}$

07 $\dfrac{14}{45}$

08 $6\dfrac{2}{3}$ m

09 예 (세로) $= 21\dfrac{3}{8} \div 3\dfrac{3}{4} = \dfrac{171}{8} \div \dfrac{15}{4}$
$$= \dfrac{171}{8} \times \dfrac{4}{15} = \dfrac{57}{10} = 5\dfrac{7}{10} \text{ (cm)}$$

$\Rightarrow$ (둘레) $= (3\dfrac{3}{4} + 5\dfrac{7}{10}) \times 2 = 9\dfrac{9}{20} \times 2$
$$= \dfrac{189}{20} \times 2 = \dfrac{189}{10} = 18\dfrac{9}{10} \text{ (cm)}$$

; $18\dfrac{9}{10}$ cm

10 288명

11 예 (샌 물의 양)$=\dfrac{2}{9}\times 20=\dfrac{40}{9}$ (L)

샌 물의 양은 물통의 들이의 $1-\dfrac{3}{5}=\dfrac{2}{5}$이므로

(물통의 들이)$=\dfrac{40}{9}\div\dfrac{2}{5}=\dfrac{40}{9}\times\dfrac{\overset{20}{5}}{\underset{1}{2}}$

$\qquad\qquad=\dfrac{100}{9}=11\dfrac{1}{9}$ (L)입니다.

; $11\dfrac{1}{9}$ L

12 4일 **13** $2\dfrac{1}{6}$

14 $37\dfrac{1}{8}$ m²

---

01 생각 열기 ■는 ▲의 (■÷▲)배입니다.

60 ℃ 물에서 녹은 백반은 9숟가락, 20 ℃ 물에서 녹은 백반은 $1\dfrac{1}{2}$숟가락입니다.

⇨ $9\div 1\dfrac{1}{2}=9\div\dfrac{3}{2}=\overset{3}{9}\times\dfrac{2}{\underset{1}{3}}=$ **6**(배)

02 생각 열기 분모가 같은 분수의 나눗셈은 분자끼리 나눕니다.

$\dfrac{8}{\square}\div\dfrac{7}{\square}=8\div 7$이고 $\dfrac{8}{\square}$과 $\dfrac{7}{\square}$은 분모가 11보다 작은 진분수이어야 하므로 □가 될 수 있는 수는 9, 10입니다.

⇨ $\dfrac{8}{9}\div\dfrac{7}{9}, \dfrac{8}{10}\div\dfrac{7}{10}$

03 해법 순서

① $15\div\dfrac{3}{\square}$을 곱셈식으로 나타냅니다.

② □안에 들어갈 수 있는 자연수 중에서 1보다 큰 수는 모두 몇 개인지 구합니다.

서술형 가이드 $\blacksquare\div\dfrac{\bullet}{\blacktriangle}=\blacksquare\times\dfrac{\blacktriangle}{\bullet}$임을 이용하여 □안에 들어갈 수 있는 자연수를 구하는 풀이 과정이 들어 있어야 합니다.

채점 기준

상	(자연수)÷(분수)의 계산을 하여 □ 안에 들어갈 수 있는 수는 몇 개인지 바르게 구함.
중	(자연수)÷(분수)의 계산을 하였으나 □ 안에 들어갈 수 있는 수는 몇 개인지 구하는 과정에서 실수하여 답이 틀림.
하	(자연수)÷(분수)의 계산 방법을 몰라 문제를 풀지 못함.

04 해법 순서

① 앞발 이어걷기로 1초 동안 이동한 거리를 구합니다.

② 뒤로 걷기로 1초 동안 이동한 거리를 구합니다.

③ 한 발로 뛰기로 1초 동안 이동한 거리를 구합니다.

④ 1초 동안 가장 많이 이동한 종목을 구합니다.

앞발 이어걷기로 1초 동안 이동한 거리:

$8\dfrac{2}{3}\div 4\dfrac{1}{3}=\dfrac{26}{3}\div\dfrac{13}{3}=26\div 13=2$ (m)

뒤로 걷기로 1초 동안 이동한 거리:

$13\dfrac{1}{2}\div 5\dfrac{1}{4}=\dfrac{27}{2}\div\dfrac{21}{4}=\dfrac{\overset{9}{27}}{\underset{1}{2}}\times\dfrac{\overset{2}{4}}{\underset{7}{21}}=\dfrac{18}{7}=2\dfrac{4}{7}$ (m)

한 발로 뛰기로 1초 동안 이동한 거리:

$8\dfrac{4}{5}\div 3\dfrac{3}{10}=\dfrac{44}{5}\div\dfrac{33}{10}=\dfrac{\overset{4}{44}}{\underset{1}{5}}\times\dfrac{\overset{2}{10}}{\underset{3}{33}}=\dfrac{8}{3}=2\dfrac{2}{3}$ (m)

⇨ $2\dfrac{2}{3}>2\dfrac{4}{7}>2$이므로 1초 동안 가장 많이 이동한 종목은 **한 발로 뛰기**입니다.

05 생각 열기 (마름모의 넓이)

$=$(한 대각선의 길이)$\times$(다른 대각선의 길이)$\div 2$

마름모의 다른 대각선의 길이를 □ cm라 하면

$4\dfrac{2}{3}\times\square\div 2=6\dfrac{1}{8}$

⇨ $\square=6\dfrac{1}{8}\times 2\div 4\dfrac{2}{3}=\dfrac{49}{\underset{4}{8}}\times\overset{1}{2}\div\dfrac{14}{3}$

$\qquad=\dfrac{\overset{7}{49}}{4}\times\dfrac{3}{\underset{2}{14}}=\dfrac{21}{8}=\mathbf{2\dfrac{5}{8}}$입니다.

06 생각 열기 나눗셈에서는 나누어지는 수가 클수록, 나누는 수가 작을수록 몫이 커집니다.

몫이 가장 크려면 나누어지는 수가 가장 커야 하므로 $\dfrac{\square}{12}$의 □ 안에는 가장 큰 수인 7을 넣고, 나누는 수가 가장 작아야 하므로 $\dfrac{\square}{9}$의 □ 안에는 가장 작은 수인 1을 넣습니다. ⇨ $\dfrac{7}{12}\div\dfrac{1}{9}=\dfrac{7}{\underset{4}{12}}\times\overset{3}{9}=\dfrac{21}{4}=\mathbf{5\dfrac{1}{4}}$

07 해법 순서

① ■에 알맞은 수를 구합니다.

② ▲에 알맞은 수를 구합니다.

$\blacksquare\times\dfrac{9}{11}=\dfrac{2}{11}$ ⇨ $\blacksquare=\dfrac{2}{11}\div\dfrac{9}{11}=2\div 9=\dfrac{2}{9}$

$\blacktriangle\times\dfrac{5}{7}=\blacksquare$, $\blacktriangle\times\dfrac{5}{7}=\dfrac{2}{9}$

⇨ $\blacktriangle=\dfrac{2}{9}\div\dfrac{5}{7}=\dfrac{2}{9}\times\dfrac{7}{5}=\mathbf{\dfrac{14}{45}}$

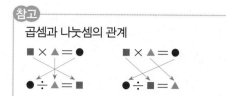

참고

곱셈과 나눗셈의 관계

08 처음 공을 떨어뜨린 높이를 □ m라 하면

$$\square \times \frac{3}{4} \times \frac{3}{4} = 3\frac{3}{4}$$

$$\Rightarrow \square = 3\frac{3}{4} \div \frac{3}{4} \div \frac{3}{4} = \frac{\overset{5}{\cancel{15}}}{\cancel{4}} \times \frac{\overset{1}{\cancel{4}}}{3} \times \frac{4}{3} = \frac{20}{3} = 6\frac{2}{3}$$

따라서 처음 공을 떨어뜨린 높이는 **$6\frac{2}{3}$ m**입니다.

09 **생각 열기** (직사각형의 넓이)=(가로)×(세로)

(직사각형의 둘레)=(가로+세로)×2

서술형 가이드 직사각형의 세로를 구한 다음 둘레를 구하는 풀이 과정이 들어 있어야 합니다.

채점 기준

상	직사각형의 세로를 구하고 둘레를 바르게 구함.
중	직사각형의 세로를 구했으나 둘레를 구하는 과정에서 실수하여 답이 틀림.
하	직사각형의 세로를 구하지 못하여 둘레도 구하지 못함.

10 **해법 순서**

① 은아네 학교 남학생 수를 구합니다.

② 은아네 학교 전체 학생 수를 구합니다.

은아네 학교 남학생 수를 □명이라 하면

$$\square \times \frac{1}{4} = 42 \Rightarrow \square = 42 \div \frac{1}{4} = 42 \times 4 = 168$$입니다.

은아네 학교 전체 학생 수를 △명이라 하면

$$\triangle \times \frac{7}{12} = 168 \Rightarrow \triangle = 168 \div \frac{7}{12} = \overset{24}{\cancel{168}} \times \frac{12}{\cancel{7}} = 288$$

따라서 은아네 학교 전체 학생 수는 **288명**입니다.

11 **해법 순서**

① 샌 물의 양을 구합니다.

② 샌 물의 양은 물통 들이의 얼마인지 구합니다.

③ 물통의 들이를 구합니다.

서술형 가이드 샌 물의 양을 구하여 물통의 들이를 구하는 풀이 과정이 들어 있어야 합니다.

채점 기준

상	샌 물의 양을 구하여 물통의 들이를 바르게 구함.
중	샌 물의 양을 구했으나 물통의 들이를 구하지 못함.
하	샌 물의 양을 구하지 못해 물통의 들이도 구하지 못함.

12 **해법 순서**

① 준하와 나래가 하루에 하는 일의 양은 각각 전체의 얼마인지 구합니다.

② 두 사람이 하루에 하는 일의 양은 전체의 얼마인지 구합니다.

③ 나머지 일을 끝내려면 며칠이 더 걸리는지 구합니다.

전체 일의 양을 1이라 하면 준하가 하루에 하는 일의 양은 전체의 $\frac{1}{9} \div 2 = \frac{1}{9} \times \frac{1}{2} = \frac{1}{18}$, 나래가 하루에 하는 일의 양은 전체의 $\frac{1}{3} \div 3 = \frac{1}{3} \times \frac{1}{3} = \frac{1}{9}$이므로 두 사람이 함께 하루에 할 수 있는 일의 양은 전체의 $\frac{1}{18} + \frac{1}{9} = \frac{1}{6}$입니다.

따라서 나래가 3일 먼저 일하면 남은 양은 전체의 $1 - \frac{1}{3} = \frac{2}{3}$이므로 두 사람이 함께 나머지 일을 끝내려면 $\frac{2}{3} \div \frac{1}{6} = \frac{2}{\cancel{3}} \times \cancel{6}^{2} = \mathbf{4}$(일)이 더 걸립니다.

13 라=다×$\frac{3}{4}$에서

$$\frac{9}{16} = 다 \times \frac{3}{4} \Rightarrow 다 = \frac{9}{16} \div \frac{3}{4} = \frac{\overset{3}{\cancel{9}}}{\underset{4}{\cancel{16}}} \times \frac{\overset{1}{\cancel{4}}}{\cancel{3}} = \frac{3}{4}$$

다=나×$\frac{9}{10}$에서

$$\frac{3}{4} = 나 \times \frac{9}{10} \Rightarrow 나 = \frac{3}{4} \div \frac{9}{10} = \frac{\overset{1}{\cancel{3}}}{\underset{2}{\cancel{4}}} \times \frac{\overset{5}{\cancel{10}}}{\underset{3}{\cancel{9}}} = \frac{5}{6}$$

나=가×$\frac{5}{8}$에서

$$\frac{5}{6} = 가 \times \frac{5}{8} \Rightarrow 가 = \frac{5}{6} \div \frac{5}{8} = \frac{\overset{1}{\cancel{5}}}{\underset{3}{\cancel{6}}} \times \frac{\overset{4}{\cancel{8}}}{\underset{1}{\cancel{5}}} = \frac{4}{3}$$

$$\Rightarrow 가 + 나 = \frac{4}{3} + \frac{5}{6} = \frac{8}{6} + \frac{5}{6} = \frac{13}{6} = \mathbf{2\frac{1}{6}}$$

14 (선분 ㄱㄴ)$= 82\frac{1}{2} \div 10 = \frac{165}{2} \div 10 = \frac{\overset{33}{\cancel{165}}}{2} \times \frac{1}{\cancel{10}}$

$$= \frac{33}{4} = 8\frac{1}{4} \text{ (m)}$$

(선분 ㄱㅁ)$= 82\frac{1}{2} \div (10 - 4\frac{1}{2}) = 82\frac{1}{2} \div 5\frac{1}{2}$

$$= \frac{165}{2} \div \frac{11}{2} = 165 \div 11 = 15 \text{ (m)}$$

(선분 ㄴㅁ)$= 15 - 8\frac{1}{4} = 14\frac{4}{4} - 8\frac{1}{4} = 6\frac{3}{4} \text{ (m)}$

$\Rightarrow$ (색칠한 부분의 넓이)

$$= (10 - 4\frac{1}{2}) \times 6\frac{3}{4} = 5\frac{1}{2} \times 6\frac{3}{4} = \frac{11}{2} \times \frac{27}{4}$$

$$= \frac{297}{8} = \mathbf{37\frac{1}{8}} \text{ (m}^2\text{)}$$

실력평가

31 ~ 33쪽

01 (1) 4 (2) 3

02 $13\frac{1}{3}$

03 (위부터) $1\frac{7}{33}$, $3\frac{3}{11}$

04 $2\frac{3}{4}$

05 12, 22

06 예) 대분수를 가분수로 고치지 않았습니다. ;

예) $1\frac{7}{18} \div \frac{4}{9} = \frac{25}{18} \div \frac{4}{9} = \frac{25}{18} \times \frac{9}{4} = \frac{25}{8} = 3\frac{1}{8}$

07 4개

08 방법 1 예) $\frac{6}{7} \div \frac{3}{10} = \frac{60}{70} \div \frac{21}{70} = 60 \div 21 = \frac{60}{21}$

$= \frac{20}{7} = 2\frac{6}{7}$

방법 2 예) $\frac{6}{7} \div \frac{3}{10} = \frac{6}{7} \times \frac{10}{3} = \frac{20}{7} = 2\frac{6}{7}$

09 약 4배

10 4, 5, 6

11 22개

12 ㉡

13 $1\frac{3}{5}$

14 $4\frac{2}{5}$ cm

15 40도막

16 62개

17 24 L

18 예) 어떤 수를 □라 하면 $\square \times \frac{3}{5} = \frac{9}{20}$

$\Rightarrow \square = \frac{9}{20} \div \frac{3}{5} = \frac{9}{20} \times \frac{5}{3} = \frac{3}{4}$입니다.

따라서 바르게 계산하면

$\frac{3}{4} \div \frac{3}{5} = \frac{3}{4} \times \frac{5}{3} = \frac{5}{4} = 1\frac{1}{4}$입니다. ; $1\frac{1}{4}$

19 22대

20 $2\frac{2}{5}$시간

---

01 (1) $\frac{4}{7} \div \frac{1}{7} = 4 \div 1 = 4$ (2) $\frac{15}{19} \div \frac{5}{19} = 15 \div 5 = 3$

02 $\frac{3}{8} < 5 \Rightarrow 5 \div \frac{3}{8} = 5 \times \frac{8}{3} = \frac{40}{3} = 13\frac{1}{3}$

03 $\frac{8}{11} \div \frac{3}{5} = \frac{8}{11} \times \frac{5}{3} = \frac{40}{33} = 1\frac{7}{33}$

$\frac{8}{11} \div \frac{2}{9} = \frac{8}{11} \times \frac{9}{2} = \frac{36}{11} = 3\frac{3}{11}$

04 $\frac{11}{19} > \frac{7}{19} > \frac{5}{19} > \frac{4}{19}$이므로 가장 큰 수는 $\frac{11}{19}$, 가장

작은 수는 $\frac{4}{19}$입니다.

$\Rightarrow \frac{11}{19} \div \frac{4}{19} = 11 \div 4 = \frac{11}{4} = 2\frac{3}{4}$

05 $3 \div \frac{1}{4} = 3 \times 4 = 12$, $12 \div \frac{6}{11} = 12 \times \frac{11}{6} = 22$

06 서술형 가이드 계산이 잘못된 이유를 쓰고 바르게 고쳐 계산해야 합니다.

채점 기준

상	계산이 잘못된 이유를 쓰고 바르게 고쳐 계산함.
중	계산이 잘못된 이유를 썼으나 바르게 고쳐 계산하지 못함.
하	계산이 잘못된 이유를 쓰지 못하고 바르게 계산하지도 못함.

07 (필요한 병의 수)

= (전체 참기름의 양) ÷ (한 병에 담는 참기름의 양)

$= \frac{8}{15} \div \frac{2}{15} = 8 \div 2 = 4$(개)

08 방법 1 분수를 통분하여 계산합니다.

방법 2 분수의 곱셈으로 바꾸어 계산합니다.

서술형 가이드 $\frac{6}{7} \div \frac{3}{10}$을 두 가지 방법으로 계산하는

과정이 들어 있어야 합니다.

채점 기준

상	$\frac{6}{7} \div \frac{3}{10}$을 두 가지 방법으로 바르게 계산함.
중	$\frac{6}{7} \div \frac{3}{10}$을 한 가지 방법으로만 바르게 계산함.
하	$\frac{6}{7} \div \frac{3}{10}$을 계산하지 못함.

09 (작은창자의 길이) ÷ (큰창자의 길이)

$= 6 \div 1\frac{1}{2} = 6 \div \frac{3}{2} = 6 \times \frac{2}{3} = 4$(배)

10 해법 순서

① $\frac{12}{17} \div \frac{4}{17}$, $\frac{19}{20} \div \frac{3}{20}$을 각각 계산합니다.

② □ 안에 들어갈 수 있는 자연수를 모두 구합니다.

$\frac{12}{17} \div \frac{4}{17} = 12 \div 4 = 3$,

$\frac{19}{20} \div \frac{3}{20} = 19 \div 3 = \frac{19}{3} = 6\frac{1}{3}$

$\Rightarrow 3 < \square < 6\frac{1}{3}$이므로 □ 안에 들어갈 수 있는 자연수는

4, 5, 6입니다.

11 (만들 수 있는 간이 정수 장치 수)

$= 2\frac{1}{5} \div \frac{1}{10} = \frac{11}{5} \div \frac{1}{10} = \frac{11}{5} \times 10 = 22$(개)

12 ㉠ $\dfrac{9}{4} \div \dfrac{7}{12} = \dfrac{9}{4} \times \overset{3}{\underset{1}{\dfrac{12}{}}} \! \! \big/ 7 = \dfrac{27}{7} = 3\dfrac{6}{7}$

㉡ $\dfrac{5}{9} \div \dfrac{2}{3} = \dfrac{5}{9} \times \overset{1}{\underset{3}{\dfrac{3}{}}} \! \big/ 2 = \dfrac{5}{6}$

㉢ $12 \div \dfrac{9}{11} = \overset{4}{12} \times \dfrac{11}{\underset{3}{9}} = \dfrac{44}{3} = 14\dfrac{2}{3}$

㉣ $7\dfrac{1}{2} \div \dfrac{5}{7} = \dfrac{15}{2} \div \dfrac{5}{7} = \dfrac{15}{2} \times \dfrac{7}{\underset{1}{5}}^{3} = \dfrac{21}{2} = 10\dfrac{1}{2}$

➡ ㉢>㉣>㉠>㉡

13 $1\dfrac{2}{9} \div \dfrac{5}{6} = \dfrac{11}{9} \div \dfrac{5}{6} = \dfrac{11}{\underset{3}{9}} \times \overset{2}{\dfrac{6}{5}} = \dfrac{22}{15}$

$\square \times \dfrac{11}{12} = \dfrac{22}{15}$

➡ $\square = \dfrac{22}{15} \div \dfrac{11}{12} = \dfrac{22}{\underset{5}{15}} \times \overset{4}{\dfrac{12}{\underset{1}{11}}} = \dfrac{8}{5} = 1\dfrac{3}{5}$

14 (밑변의 길이)=(삼각형의 넓이)×2÷(높이)

$= \dfrac{55}{7} \times 2 \div \dfrac{25}{7} = \dfrac{110}{7} \div \dfrac{25}{7}$

$= 110 \div 25 = \overset{22}{\underset{5}{\dfrac{110}{25}}} = \dfrac{22}{5} = 4\dfrac{2}{5} \,(\text{cm})$

> **참고**
> (삼각형의 넓이)=(밑변의 길이)×(높이)÷2
> ➡ (밑변의 길이)=(삼각형의 넓이)×2÷(높이)
> (높이)=(삼각형의 넓이)×2÷(밑변의 길이)

15 해법 순서
① 소희가 자른 도막 수를 구합니다.
② 지용이가 자른 도막 수를 구합니다.
③ 두 사람이 자른 끈은 모두 몇 도막인지 구합니다.

소희: $8 \div \dfrac{1}{2} = 8 \times 2 = 16(\text{도막})$

지용: $8 \div \dfrac{1}{3} = 8 \times 3 = 24(\text{도막})$

➡ $16 + 24 = 40(\text{도막})$

16 해법 순서
① 간격 수를 구합니다.
② 도로 한쪽에 필요한 가로등 수를 구합니다.
③ 도로 양쪽에 필요한 가로등 수를 구합니다.

(간격 수)$= \dfrac{15}{4} \div \dfrac{1}{8} = \dfrac{15}{\underset{1}{4}} \times \overset{2}{8} = 30(\text{군데})$

(도로 한쪽에 필요한 가로등 수)$= 30 + 1 = 31(\text{개})$
➡ (도로 양쪽에 필요한 가로등 수)$= 31 \times 2 = 62(\text{개})$

17 해법 순서
① 24분은 몇 시간인지 분수로 나타냅니다.
② 한 시간 동안 나오는 물의 양을 구합니다.
③ $1\dfrac{4}{5}$시간 동안 나오는 물의 양을 구합니다.

$24분 = \overset{2}{\underset{5}{\dfrac{24}{60}}}시간 = \dfrac{2}{5}시간$

(한 시간 동안 나오는 물의 양)

$= 5\dfrac{1}{3} \div \dfrac{2}{5} = \dfrac{16}{3} \div \dfrac{2}{5} = \overset{8}{\dfrac{16}{3}} \times \dfrac{5}{\underset{1}{2}} = \dfrac{40}{3} \,(\text{L})$

➡ ($1\dfrac{4}{5}$시간 동안 나오는 물의 양)

$= \dfrac{40}{3} \times 1\dfrac{4}{5} = \overset{8}{\dfrac{40}{\underset{1}{3}}} \times \overset{3}{\dfrac{9}{\underset{1}{5}}} = 24 \,(\text{L})$

18 서술형 가이드 어떤 수를 구한 다음 바르게 계산하는 풀이 과정이 들어 있어야 합니다.

채점 기준	
상	어떤 수를 구하여 바르게 계산함.
중	어떤 수를 구했으나 바르게 계산하는 과정에서 실수하여 답이 틀림.
하	어떤 수를 구하지 못해 바르게 계산하지 못함.

19 $1시간 45분 = 1\overset{3}{\underset{4}{\dfrac{45}{60}}}시간 = 1\dfrac{3}{4}시간$

(8시간씩 5일 동안 일한 시간)$= 8 \times 5 = 40(\text{시간})$

➡ $40 \div 1\dfrac{3}{4} = 40 \div \dfrac{7}{4} = 40 \times \dfrac{4}{7} = \dfrac{160}{7} = 22\dfrac{6}{7}$

이므로 **22대**까지 만들 수 있습니다.

20 해법 순서
① $1\dfrac{1}{3}$시간 동안 탄 양초의 길이를 구합니다.
② 1시간 동안 탄 양초의 길이를 구합니다.
③ 남은 양초가 다 타는 데 더 걸리는 시간을 구합니다.

($1\dfrac{1}{3}$시간 동안 탄 양초의 길이)

$= 21 - 13\dfrac{1}{2} = 20\dfrac{2}{2} - 13\dfrac{1}{2} = 7\dfrac{1}{2} \,(\text{cm})$

(1시간 동안 탄 양초의 길이)

$= 7\dfrac{1}{2} \div 1\dfrac{1}{3} = \dfrac{15}{2} \div \dfrac{4}{3} = \dfrac{15}{2} \times \dfrac{3}{4} = \dfrac{45}{8} \,(\text{cm})$

➡ (남은 양초가 다 타는 데 더 걸리는 시간)

$= 13\dfrac{1}{2} \div \dfrac{45}{8} = \dfrac{27}{2} \div \dfrac{45}{8} = \overset{3}{\dfrac{27}{\underset{1}{2}}} \times \overset{4}{\dfrac{8}{\underset{5}{45}}}$

$= \dfrac{12}{5} = 2\dfrac{2}{5} \,(\text{시간})$

2 소수의 나눗셈

40 ~ 43쪽

STEP 1 기본 유형 익히기

1-1 459, 9, 51 ; 51

1-2 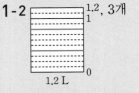 1.2, 3개

1-3 132 ; 예 나눗셈에서 나누는 수와 나누어지는 수에 같은 수를 곱하여도 몫은 변하지 않습니다.
3.96, 0.03에 각각 100을 곱하면 396, 3이므로
$3.96 \div 0.03 = 396 \div 3 = 132$입니다.

2-1 $9.6 \div 0.8 = \dfrac{96}{10} \div \dfrac{8}{10} = 96 \div 8 = 12$

2-2 19

2-3 (선 연결)

2-4 ㉡

2-5 9개

3-1 5.6

3-2 예
$$0.8{\overline{)4.5\,6}}$$
$$\begin{array}{r} 5.7 \\ \hline 4\,0 \\ \hline 5\,6 \\ 5\,6 \\ \hline 0 \end{array}$$
; 예 소수점을 옮겨 계산한 경우 몫의 소수점은 옮긴 위치에 찍어야 합니다.

3-3 >

3-4 3.3배

4-1 4

4-2 22, 220, 2200

4-3 7개

4-4 50

4-5 방법 1 예 $48 \div 3.2 = \dfrac{480}{10} \div \dfrac{32}{10} = 480 \div 32 = 15$

방법 2 예
$$3.2{\overline{)4\,8}}$$
$$\begin{array}{r} 1\,5 \\ \hline 3\,2 \\ \hline 1\,6\,0 \\ 1\,6\,0 \\ \hline 0 \end{array}$$
; 15개

5-1 2

5-2 2.2, 2.17

5-3 다연

5-4 2.9분 뒤

6-1 5, 1.3 ; 5, 1.3

6-2 방법 1 예 $17.2 - 5 - 5 - 5 = 2.2$

방법 2 예
$$5{\overline{)1\,7.2}}$$
$$\begin{array}{r} 3 \\ \hline 1\,5 \\ \hline 2.2 \end{array}$$
; 3명, 2.2 m

1-1 나누는 수와 나누어지는 수에 똑같이 10배를 하여도 몫은 같습니다.

1-2 1.2에서 0.4씩 3번 덜어 낼 수 있습니다.
따라서 컵은 **3개** 필요합니다.

1-3
$3.96 \div 0.03$
100배 ↓ ↓ 100배
$396 \div 3 = 132$
⇨ $3.96 \div 0.03 = \mathbf{132}$

서술형 가이드 자연수의 나눗셈을 이용하여 소수의 나 눗셈을 계산하는 방법을 써야 합니다.

채점 기준	
상	☐ 안에 알맞은 수를 써넣고 계산 방법을 바르게 씀.
중	☐ 안에 알맞은 수를 써넣었으나 계산 방법을 쓰지 못함.
하	☐ 안에 알맞은 수를 써넣지 못하고 계산 방법도 쓰지 못함.

2-1 소수 한 자리 수는 분모가 10인 분수로 고쳐서 계산할 수 있습니다.

2-2 생각 열기 두 수의 크기를 비교하면 $10.26 > 0.54$입니다.
$$0.54{\overline{)10.26}}$$
$$\begin{array}{r} 1\,9 \\ \hline 5\,4 \\ \hline 4\,8\,6 \\ 4\,8\,6 \\ \hline 0 \end{array}$$
나누는 수와 나누어지는 수의 소수점을 각각 오른쪽으로 두 자리씩 옮겨 계산합니다.

2-3 생각 열기 나누는 수와 나누어지는 수의 소수점을 각각 오른쪽으로 한 자리씩 옮겨 계산합니다.

$$0.8{\overline{)20.8}}\quad\begin{array}{r}2\,6\\\hline1\,6\\\hline4\,8\\4\,8\\\hline0\end{array}$$
$$6.2{\overline{)49.6}}\quad\begin{array}{r}8\\\hline4\,9\,6\\\hline0\end{array}$$
$$2.6{\overline{)62.4}}\quad\begin{array}{r}2\,4\\\hline5\,2\\\hline1\,0\,4\\1\,0\,4\\\hline0\end{array}$$

2-4 ㉠ $29.82 \div 2.13 = 14$, ㉡ $90.36 \div 7.53 = 12$
⇨ $14 > 12$이므로 ㉠ > ㉡입니다.

2-5 (필요한 통 수)
= (전체 식용유의 양) ÷ (통 한 개에 담는 식용유의 양)
= $38.7 \div 4.3 = \mathbf{9}$(개)

3-1 생각 열기 나누는 수와 나누어지는 수의 소수점을 각각 오른쪽으로 같은 자리만큼씩 옮겨 계산합니다.

$$4.6{\overline{)25.76}}$$
$$\begin{array}{r} 5.6 \\ \hline 2\,3\,0 \\ \hline 2\,7\,6 \\ 2\,7\,6 \\ \hline 0 \end{array}$$
몫을 쓸 때 옮긴 소수점의 위치에서 소 수점을 찍습니다.

다른 풀이

$$
\begin{array}{r}
5.6 \\
4.6\,0\,)\overline{2\,5.7\,6\,0} \\
\underline{2\,3\,0\,0} \\
2\,7\,6\,0 \\
\underline{2\,7\,6\,0} \\
0
\end{array}
$$

나누는 수와 나누어지는 수의 소수점을 각각 오른쪽으로 두 자리씩 옮겨 계산해도 됩니다.

3-2 **다른 풀이**

$$
\begin{array}{r}
5.7 \\
0.8\,0\,)\overline{4.5\,6\,0} \\
\underline{4\,0\,0} \\
5\,6\,0 \\
\underline{5\,6\,0} \\
0
\end{array}
$$

나누는 수와 나누어지는 수의 소수점을 각각 오른쪽으로 두 자리씩 옮겨 계산해도 됩니다.

서술형 가이드 몫의 소수점을 바른 위치에 찍고 계산하는 과정이 있어야 합니다.

채점 기준

상	잘못 계산한 곳을 찾아 바르게 계산하고 이유를 씀.
중	잘못 계산한 곳을 찾아 바르게 계산했으나 이유를 쓰지 못함.
하	잘못 계산한 곳을 찾아 바르게 계산하지도 못하고 이유도 쓰지 못함.

3-3 $7.02 \div 1.8 = 3.9,\ 60.55 \div 17.3 = 3.5$
$\Rightarrow 3.9 > 3.5$

3-4 **생각 열기** ■는 ▲의 (■÷▲)배입니다.
(은호네 집~이모 댁)÷(은호네 집~할머니 댁)
$= 4.62 \div 1.4 = 3.3$(배)

4-1 **생각 열기** 나누는 수와 나누어지는 수의 소수점을 각각 오른쪽으로 한 자리씩 옮겨 계산합니다.

$$
\begin{array}{r}
4 \\
1.5\,)\overline{6.0} \\
\underline{6\,0} \\
0
\end{array}
$$

소수점을 옮길 자리에 수가 없으면 0을 쓰고 계산합니다.

참고
$6 = 6.0 = 6.00$은 모두 같은 수입니다.

4-2 나누는 수가 같을 때 나누어지는 수가 10배, 100배가 되면 몫도 10배, 100배가 됩니다.

4-3 $84 \div 10.5 = 8$
$\Rightarrow \square < 8$이므로 $\square$ 안에 들어갈 수 있는 자연수는 1, 2, 3, 4, 5, 6, 7로 모두 **7**개입니다.

4-4 **생각 열기** 곱셈과 나눗셈의 관계를 이용합니다.
$0.62 \times \square = 31 \Rightarrow \square = 31 \div 0.62 = \mathbf{50}$

참고
곱셈과 나눗셈의 관계

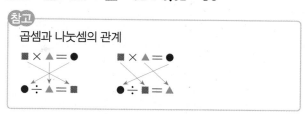

4-5 **다른 풀이**
나누는 수와 나누어지는 수를 각각 10배씩 하여 계산해도 됩니다.

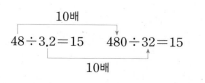

서술형 가이드 $48 \div 3.2$를 두 가지 방법으로 계산하는 과정이 들어 있어야 합니다.

채점 기준

상	$48 \div 3.2$를 두 가지 방법으로 계산하고 답을 바르게 구함.
중	$48 \div 3.2$를 한 가지 방법으로만 계산하고 답을 구함.
하	$48 \div 3.2$를 계산하지 못해 답을 구하지 못함.

5-1 **생각 열기** 몫을 반올림하여 자연수로 나타내려면 몫을 소수 첫째 자리까지 구한 후 소수 첫째 자리에서 반올림합니다.
$12.3 \div 7 = 1.7\cdots\cdots$
몫의 소수 첫째 자리 숫자가 7이므로 올립니다.
따라서 $12.3 \div 7$의 몫을 반올림하여 자연수로 나타내면 **2**입니다.

5-2 $13 \div 6 = 2.166\cdots\cdots$
몫을 반올림하여 소수 첫째 자리까지 나타내면
$2.16 \Rightarrow \mathbf{2.2}$
몫을 반올림하여 소수 둘째 자리까지 나타내면
$2.166 \Rightarrow \mathbf{2.17}$

5-3 다연: $7.8 \div 9 = 0.86\cdots\cdots \Rightarrow 0.9$
재찬: $7.8 \div 9 = 0.86\cdots\cdots$
따라서 계산 결과가 더 큰 사람은 **다연**입니다.

5-4 $60 \div 21 = 2.85\cdots\cdots$
몫의 소수 둘째 자리 숫자가 5이므로 올립니다.
따라서 $60 \div 21$의 몫을 반올림하여 소수 첫째 자리까지 나타내면 **2.9**입니다.

6-1 생각 열기 나누어 담을 수 있는 통 수는 자연수이므로 몫을 자연수까지 구합니다.

$$\begin{array}{r} 5 \\ 3)\overline{16.3} \\ \underline{15} \\ 1.3 \end{array}$$

나누어 담을 수 있는 통은 **5**통이고 남는 식혜는 **1.3** L입니다.

6-2 생각 열기 나누어 줄 수 있는 사람 수는 자연수이므로 몫을 자연수까지 구합니다.

서술형 가이드 17.2÷5를 두 가지 방법으로 계산하는 과정이 들어 있어야 합니다.

채점 기준	
상	17.2÷5를 두 가지 방법으로 계산하고 답을 바르게 구함.
중	17.2÷5를 한 가지 방법으로만 계산하고 답을 구함.
하	17.2÷5를 계산하지 못해 답을 구하지 못함.

STEP 2 응용 유형 익히기

44 ~ 51쪽

- 응용 **1** 17번
- 예제 **1-1** 26번
- 예제 **1-2** 15번
- 응용 **2** 5
- 예제 **2-1** 7
- 예제 **2-2** 12
- 예제 **2-3** 1
- 응용 **3** 1.8 cm
- 예제 **3-1** 11 cm
- 예제 **3-2** 14.4 cm
- 응용 **4** 0.5 kg
- 예제 **4-1** 0.7 kg
- 예제 **4-2** 0.26 kg
- 응용 **5** 7
- 예제 **5-1** 5
- 예제 **5-2** 25
- 예제 **5-3** 14
- 응용 **6** 34020원
- 예제 **6-1** 25228원
- 예제 **6-2** 408960원
- 응용 **7** 7 . 5 ÷ 1 . 3 ; 5.8
- 예제 **7-1** 9 . 8 ÷ 2 . 6 ; 3.8
- 예제 **7-2** 8 . 5 4 ÷ 0 . 3 ; 28.5
- 예제 **7-3** 1 . 2 5 ÷ 9 . 7 6 ; 0.13
- 응용 **8** 승기, 0.4 km
- 예제 **8-1** 기차, 22.2 km
- 예제 **8-2** 0.5 km

응용 **1**
(1) (자른 도막의 수)
= (전체 통나무의 길이)÷(한 도막의 길이)
= 16.92÷0.94 = **18**(도막)
(2) (자르는 횟수) = (자른 도막의 수) − 1
= 18 − 1 = **17**(번)

참고
통나무를 ■번 자르면 (■+1)도막이 됩니다.
⇨ ┌ (자른 도막의 수) = (자르는 횟수) + 1
　 └ (자르는 횟수) = (자른 도막의 수) − 1

예제 **1-1** 해법 순서
① 자른 도막의 수를 구합니다.
② 자르는 횟수를 구합니다.
(자른 도막의 수) = 32.4÷1.2 = 27(도막)
⇨ (자르는 횟수) = 27 − 1 = **26**(번)

예제 **1-2** 해법 순서
① 전체 색 테이프의 길이를 구합니다.
② 자른 도막의 수를 구합니다.
③ 자르는 횟수를 구합니다.
(전체 색 테이프의 길이) = 20.6 + 19.4 = 40(cm)
(자른 도막의 수) = 40÷2.5 = 16(도막)
⇨ (자르는 횟수) = 16 − 1 = **15**(번)

응용 **2**
(1) 0.5÷1.1 = 0.4545……로 소수점 아래 자릿수가 홀수이면 4, 짝수이면 5인 규칙이 있습니다.
(2) 10은 짝수이므로 몫의 소수 10째 자리 숫자는 **5**입니다.

예제 **2-1** 해법 순서
① 1.6÷2.2를 계산하여 몫의 소수점 아래 숫자가 반복되는 규칙을 찾습니다.
② 몫의 소수 35째 자리 숫자를 구합니다.
1.6÷2.2 = 0.7272……로 소수점 아래 자릿수가 홀수이면 7, 짝수이면 2인 규칙이 있습니다.
따라서 35는 홀수이므로 몫의 소수 35째 자리 숫자는 **7**입니다.

예제 **2-2** 해법 순서
① 1.9÷0.6을 계산하여 몫의 소수점 아래 숫자가 반복되는 규칙을 찾습니다.
② 몫의 소수 28째 자리 숫자와 93째 자리 숫자를 각각 구합니다.
③ ②에서 구한 두 수를 더합니다.
1.9÷0.6 = 3.1666……으로 소수 첫째 자리 숫자는 1이고 소수 둘째 자리부터 6이 반복되는 규칙이 있습니다. 따라서 몫의 소수 28째 자리 숫자와 93째 자리 숫자는 모두 6이므로 합은 6 + 6 = **12**입니다.

예제 2-3 해법 순서

① 4.5÷3.7을 계산하여 몫의 소수점 아래 숫자가 반복되는 규칙을 찾습니다.

② 몫의 소수 200째 자리 숫자를 구합니다.

4.5÷3.7=1.216216216······으로 소수점 아래 숫자가 2, 1, 6이 반복되는 규칙이 있습니다.

따라서 200÷3=66···2이므로 몫의 소수 200째 자리 숫자는 소수 둘째 자리 숫자와 같은 **1**입니다.

응용 3

(1) (직사각형 가의 넓이)=4.2×2.7=11.34 (cm²)

(2) 직사각형 나의 넓이도 11.34 cm²이므로
(직사각형 나의 세로)=11.34÷6.3=**1.8 (cm)**
입니다.

참고

(직사각형의 넓이)=(가로)×(세로)
⇨ (세로)=(직사각형의 넓이)÷(가로)

예제 3-1 해법 순서

① 평행사변형 가의 넓이를 구합니다.

② 평행사변형 나의 밑변의 길이를 구합니다.

(평행사변형 가의 넓이)=8.64×5.5=47.52 (cm²)

평행사변형 나의 넓이도 47.52 cm²이므로

(평행사변형 나의 밑변의 길이)
=47.52÷4.32=**11 (cm)**입니다.

참고

(평행사변형의 넓이)=(밑변의 길이)×(높이)
⇨ (밑변의 길이)=(평행사변형의 넓이)÷(높이)

예제 3-2 해법 순서

① 간석기의 넓이를 구합니다.

② 간석기와 뗀석기의 넓이가 같음을 이용하여 뗀석기의 높이를 구합니다.

(간석기의 넓이)=5.4×19.2=103.68 (cm²)

뗀석기의 높이를 □ cm라 하면

14.4×□÷2=103.68 ⇨ 14.4×□=207.36,
□=207.36÷14.4=14.4입니다.

따라서 뗀석기의 높이는 **14.4 cm**입니다.

참고

(삼각형의 넓이)=(밑변의 길이)×(높이)÷2
⇨ (높이)=(삼각형의 넓이)×2÷(밑변의 길이)
(밑변의 길이)=(삼각형의 넓이)×2÷(높이)

응용 4

(1) (감자 19개의 무게)=27.78−19.14=8.64(kg)

(2) 8.64÷19=0.45······이므로 몫을 반올림하여 소수 첫째 자리까지 나타내면 0.5입니다.
따라서 감자 한 개의 무게는 **0.5 kg**입니다.

예제 4-1 해법 순서

① 고구마 27개의 무게를 구합니다.

② 고구마 한 개의 무게는 몇 kg인지 반올림하여 소수 첫째 자리까지 나타냅니다.

(고구마 27개의 무게)=51.8−33.18=18.62(kg)

18.62÷27=0.68······이므로 몫을 반올림하여 소수 첫째 자리까지 나타내면 0.7입니다.

따라서 고구마 한 개의 무게는 **0.7 kg**입니다.

예제 4-2 해법 순서

① 치약 한 상자의 무게를 구합니다.

② 치약 14개의 무게를 구합니다.

③ 치약 한 개의 무게는 몇 kg인지 반올림하여 소수 둘째 자리까지 나타냅니다.

(치약 한 상자의 무게)=19.25÷5=3.85(kg)

(치약 14개의 무게)=3.85−0.25=3.6(kg)

3.6÷14=0.257······이므로 몫을 반올림하여 소수 둘째 자리까지 나타내면 0.26입니다.

따라서 치약 한 개의 무게는 **0.26 kg**입니다.

응용 5

(1) 어떤 수를 □라 하면 잘못 계산한 식은
□×2.4=40.32입니다.

(2) □×2.4=40.32 ⇨ □=40.32÷2.4=16.8

(3) 16.8÷2.4=**7**

예제 5-1 어떤 수를 □라 하면
□×3.8=72.2 ⇨ □=72.2÷3.8=19입니다.
따라서 바르게 계산하면 19÷3.8=**5**입니다.

예제 5-2 어떤 수를 □라 하면
□÷9.2=2.5 ⇨ □=2.5×9.2=23입니다.
따라서 바르게 계산하면 23÷0.92=**25**입니다.

다른 풀이

나누는 수가 0.92에서 9.2로 10배가 되었으므로 몫은 2.5의 10배인 25가 됩니다.
따라서 바르게 계산하면 25입니다.

예제 5-3 어떤 수를 □라 하면

$$5.1\overline{)\square}$$
$\overline{}$
0.6

⇨ □=5.1×4+0.6=21

따라서 바르게 계산하면 21÷1.5=**14**입니다.

응용 6

(1) (휘발유 1 L로 갈 수 있는 거리)
=15.12÷1.4=10.8(km)

(2) (272.16 km를 가는 데 드는 휘발유의 양)
=272.16÷10.8=25.2(L)

(3) (272.16 km를 가는 데 드는 휘발유의 가격)
=1350×25.2=**34020**(원)

예제 6-1 해법 순서

① 경유 1 L로 갈 수 있는 거리를 구합니다.

② 승합차가 262.88 km를 가는 데 드는 경유의 양을 구합니다.

③ 승합차가 262.88 km를 가는 데 드는 경유의 가격을 구합니다.

(경유 1 L로 갈 수 있는 거리)

$= 28.52 \div 2.3 = 12.4 \,(\text{km})$

(262.88 km를 가는 데 드는 경유의 양)

$= 262.88 \div 12.4 = 21.2 \,(\text{L})$

⇨ (262.88 km를 가는 데 드는 경유의 가격)

$= 1190 \times 21.2 = \mathbf{25228}(\text{원})$

예제 6-2 해법 순서

① 휘발유 1 L로 갈 수 있는 거리를 구합니다.

② 지난달과 이번 달에 달린 거리의 합을 구합니다.

③ 자동차가 ②에서 구한 거리만큼 가는 데 드는 휘발유의 양을 구합니다.

④ 자동차가 ②에서 구한 거리만큼 가는 데 드는 휘발유의 가격을 구합니다.

(휘발유 1 L로 갈 수 있는 거리)

$= 43.2 \div 3.6 = 12 \,(\text{km})$

(지난달과 이번 달에 달린 거리의 합)

$= 2250 + 1206 = 3456 \,(\text{km})$

(3456 km를 가는 데 드는 휘발유의 양)

$= 3456 \div 12 = 288 \,(\text{L})$

⇨ (3456 km를 가는 데 드는 휘발유의 가격)

$= 1420 \times 288 = \mathbf{408960}(\text{원})$

응용 7

(1) 나누어지는 수가 클수록, 나누는 수가 작을수록 몫이 크므로 나누어지는 수는 7.5, 나누는 수는 1.3입니다.

(2) $7.5 \div 1.3 = 5.76\cdots$ 이므로 몫을 반올림하여 소수 첫째 자리까지 나타내면 **5.8**입니다.

참고

- 몫이 가장 큰 나눗셈식 ⇨ (가장 큰 수)÷(가장 작은 수)
- 몫이 가장 작은 나눗셈식 ⇨ (가장 작은 수)÷(가장 큰 수)

예제 7-1 해법 순서

① 몫이 가장 크게 될 때의 나누어지는 수와 나누는 수를 각각 구합니다.

② 몫이 가장 크게 되는 나눗셈식을 만들고 몫을 반올림하여 소수 첫째 자리까지 나타냅니다.

나누어지는 수가 클수록, 나누는 수가 작을수록 몫이 크므로 나누어지는 수는 9.8, 나누는 수는 2.6입니다.

⇨ $9.8 \div 2.6 = 3.76\cdots$ 이므로 몫을 반올림하여 소수 첫째 자리까지 나타내면 **3.8**입니다.

예제 7-2

나누어지는 수가 클수록, 나누는 수가 작을수록 몫이 크므로 나누어지는 수는 8.54, 나누는 수는 0.3입니다.

⇨ $8.54 \div 0.3 = 28.46\cdots$ 이므로 몫을 반올림하여 소수 첫째 자리까지 나타내면 **28.5**입니다.

예제 7-3 해법 순서

① 몫이 가장 작게 될 때의 나누어지는 수와 나누는 수를 각각 구합니다.

② 몫이 가장 작게 되는 나눗셈식을 만들고 몫을 반올림하여 소수 둘째 자리까지 나타냅니다.

나누어지는 수가 작을수록, 나누는 수가 클수록 몫이 작으므로 나누어지는 수는 1.25, 나누는 수는 9.76입니다.

⇨ $1.25 \div 9.76 = 0.128\cdots$ 이므로 몫을 반올림하여 소수 둘째 자리까지 나타내면 **0.13**입니다.

응용 8 생각 열기 60분은 1시간임을 알고 1시간 30분은 몇 시간인지 소수로 나타냅니다.

(1) (민아가 한 시간 동안 갈 수 있는 거리)

$= 1.3 \times 2 = 2.6 \,(\text{km})$

(2) 1시간 30분 $= 1\dfrac{\overset{5}{\cancel{30}}}{\underset{10}{\cancel{60}}}$시간 $= 1\dfrac{5}{10}$시간 $= 1.5$시간

(승기가 한 시간 동안 갈 수 있는 거리)

$= 4.5 \div 1.5 = 3 \,(\text{km})$

(3) $2.6 < 3$이므로 한 시간 동안 갈 수 있는 거리는 승기가 $3 - 2.6 = \mathbf{0.4\,(km)}$ 더 멉니다.

예제 8-1 해법 순서

① 기차가 한 시간 동안 갈 수 있는 거리를 구합니다.

② 자동차가 한 시간 동안 갈 수 있는 거리를 구합니다.

③ ①과 ②를 비교하여 한 시간 동안 갈 수 있는 거리는 어느 것이 몇 km 더 먼지 구합니다.

(기차가 한 시간 동안 갈 수 있는 거리)

$= 48.75 \times 2 = 97.5 \,(\text{km})$

1시간 12분 $= 1\dfrac{\overset{2}{\cancel{12}}}{\underset{10}{\cancel{60}}}$시간 $= 1\dfrac{2}{10}$시간 $= 1.2$시간

(자동차가 한 시간 동안 갈 수 있는 거리)

$= 90.36 \div 1.2 = 75.3 \,(\text{km})$

따라서 $97.5 > 75.3$이므로 한 시간 동안 갈 수 있는 거리는 기차가 $97.5 - 75.3 = \mathbf{22.2\,(km)}$ 더 멉니다.

예제 8-2 해법 순서

① 상호가 한 시간 동안 갈 수 있는 거리를 구합니다.

② 나래가 한 시간 동안 갈 수 있는 거리를 구합니다.

③ 한 시간 동안 갈 수 있는 거리가 가장 먼 사람은 가장 가까운 사람보다 몇 km 더 가는지 구합니다.

$45분=\dfrac{\overset{3}{\cancel{45}}}{\underset{4}{\cancel{60}}}$시간$=\dfrac{3}{4}$시간$=\dfrac{75}{100}$시간$=0.75$시간

(상호가 한 시간 동안 갈 수 있는 거리)
$=3\div0.75=4(km)$

$1시간\ 36분=1\dfrac{\overset{6}{\cancel{36}}}{\underset{10}{\cancel{60}}}$시간$=1\dfrac{6}{10}$시간$=1.6$시간

(나래가 한 시간 동안 갈 수 있는 거리)
$=6.72\div1.6=4.2(km)$

⇨ $4.5>4.2>4$이므로 한 시간 동안 갈 수 있는 거리가 가장 먼 사람은 가장 가까운 사람보다
$4.5-4=\mathbf{0.5(km)}$ 더 갑니다.

STEP 3 응용 유형 뛰어넘기   52 ～ 56쪽

01 11
02 $84.6\div0.2=423$;
　예 846과 2를 각각 $\dfrac{1}{10}$배 하면 84.6과 0.2가 됩니다.

03 8개
04

```
        2 3
2. 4 ) 5 5 . 2
      4 8
      ───
        7 2
        7 2
      ───
          0
```

05 7.8 cm　　　　　**06** 0.03
07 4배
08 예 2.1 km=2100 m이므로
　　(가로수 사이의 간격 수)=$2100\div10.5=200$(군데)입니다.
　　⇨ (필요한 가로수의 수)=$200+1=201$(그루)
　　; 201그루
09 행복 가게
10 예 $2.4\heartsuit0.48=2.4\div0.48+0.48\div2.4$
　　　　　　　　$=5+0.2=5.2$
　　⇨ $2.6\heartsuit5.2=2.6\div5.2+5.2\div2.6$
　　　　　　　　$=0.5+2=2.5$; 2.5
11 $5.6\ cm^2$　　　**12** 1, 2, 3, 4
13 1.5배　　　　　**14** 9시간

---

01 생각 열기 소수는 자연수 부분이 클수록 큰 소수입니다.
$16.94>13.09>2.26>1.54$이므로 가장 큰 수는 16.94, 가장 작은 수는 1.54입니다.

⇨
```
          1 1
1. 5 4 ) 1 6 . 9 4
        1 5 4
        ─────
          1 5 4
          1 5 4
        ─────
              0
```

02

$84.6\div0.2=423$　　　$846\div2=423$
（10배 / 10배）

서술형 가이드 조건을 만족하는 나눗셈식을 쓰고 그 이유를 바르게 써야 합니다.

채점 기준

상	조건을 만족하는 나눗셈식을 쓰고 그 이유를 바르게 씀.
중	조건을 만족하는 나눗셈식을 썼으나 그 이유를 쓰지 못함.
하	조건을 만족하는 나눗셈식을 쓰지 못하고 그 이유도 쓰지 못함.

03 (바늘땀의 수)
　=(소매 단의 둘레)÷(바늘땀 길이와 간격의 길이의 합)
　=$28\div(3.2+0.3)=28\div3.5=8$(개)

04

```
          ㉡ 3
2. ㉠ ) 5 ㉢ . 2
      ㉣
      ───
        7 2
        ㉤
      ───
          0
```

• ㉤=**72**이므로 $2㉠\times3=72$, ㉠=**4**입니다.
• $5㉢-㉣=7$에서 ㉣은 $5㉢$보다 작으면서 가장 가까운 수이어야 하므로 $24\times2=48$에서 ㉡=**2**가 되고 ㉣=**48**입니다.
• $5㉢-48=7$ ⇨ ㉢=**5**

05 생각 열기 (사다리꼴의 넓이)
　=(윗변의 길이+아랫변의 길이)×(높이)÷2
사다리꼴의 아랫변의 길이를 □ cm라 하면
$(5.6+□)\times6.6\div2=44.22$
⇨ $(5.6+□)\times6.6=44.22\times2=88.44$,
　$5.6+□=88.44\div6.6=13.4$,
　□$=13.4-5.6=7.8$입니다.
따라서 사다리꼴의 아랫변의 길이는 **7.8 cm**입니다.

06 해법 순서

① 16.7÷1.4를 계산합니다.

② 몫을 반올림하여 소수 첫째 자리까지 나타냅니다.

③ 몫을 반올림하여 소수 둘째 자리까지 나타냅니다.

④ ②와 ③의 차를 구합니다.

$16.7 \div 1.4 = 11.928 \cdots$

몫을 반올림하여 소수 첫째 자리까지 나타낸 수:

$11.92 \Rightarrow 11.9$

몫을 반올림하여 소수 둘째 자리까지 나타낸 수:

$11.928 \Rightarrow 11.93$

$\Rightarrow 11.93 - 11.9 = \mathbf{0.03}$

07 생각 열기 (늘어난 후 용수철의 길이)

=(처음 용수철의 길이)+(더 늘어난 용수철의 길이)

(늘어난 후 용수철의 길이)$=6.75+20.25=27$ (cm)

$\Rightarrow 27 \div 6.75 = \mathbf{4}$(배)

08 생각 열기 (길 한쪽에 심을 수 있는 가로수의 수)

=(가로수 사이의 간격 수)+1

서술형 가이드 km 단위를 m 단위로 고쳐 가로수 사이의 간격 수를 구한 후 필요한 가로수의 수를 구하는 풀이 과정이 들어 있어야 합니다.

채점 기준	
상	가로수 사이의 간격 수를 구해 답을 바르게 구함.
중	가로수 사이의 간격 수를 구했으나 답을 구하지 못함.
하	가로수 사이의 간격 수를 구하지 못해 답을 구하지 못함.

09 해법 순서

① 행복 가게의 사과음료 1 L의 가격을 구합니다.

② 소망 가게의 사과음료 1 L의 가격을 구합니다.

③ ①과 ②를 비교하여 같은 양의 사과음료를 살 때 어느 가게가 더 저렴한지 구합니다.

(행복 가게 사과음료 1 L의 가격)

$=1330 \div 1.4 = 950$(원)

(소망 가게 사과음료 1 L의 가격)

$=920 \div 0.8 = 1150$(원)

$\Rightarrow 950 < 1150$이므로 같은 양의 사과음료를 산다면 **행복 가게**가 더 저렴합니다.

다른 풀이

사과음료 5.6 L를 살 때의 가격을 비교합니다.

(행복 가게 사과음료 5.6 L의 가격)

$=1330 \times 4 = 5320$(원)

(소망 가게 사과음료 5.6 L의 가격)

$=920 \times 7 = 6440$(원)

$\Rightarrow 5320 < 6440$이므로 같은 양의 사과음료를 산다면 행복 가게가 더 저렴합니다.

10 생각 열기 ( )가 있는 식에서는 ( ) 안을 먼저 계산합니다.

서술형 가이드 2.4♥0.48을 먼저 계산한 후 2.6♥(2.4♥0.48)을 계산하는 과정이 들어 있어야 합니다.

채점 기준	
상	순서에 맞게 계산하여 답을 바르게 구함.
중	2.4♥0.48의 값만 구함.
하	2.4♥0.48의 값을 구하지 못해 답을 구하지 못함.

11 생각 열기 삼각형 가와 삼각형 나의 높이는 같습니다.

해법 순서

① 삼각형 가의 높이를 구합니다.

② 삼각형 나의 넓이를 구합니다.

삼각형 가의 높이를 □ cm라 하면

$4.3 \times \square \div 2 = 6.88 \Rightarrow 4.3 \times \square = 6.88 \times 2 = 13.76$,

$\square = 13.76 \div 4.3 = 3.2$입니다.

따라서 (삼각형 나의 넓이)$=3.5 \times 3.2 \div 2 = \mathbf{5.6}$ **(cm^2)**입니다.

12 해법 순서

① 반올림하여 소수 첫째 자리까지 구한 몫이 3.1이 되는 수의 범위를 알아봅니다.

② ①을 이용하여 나누어지는 수가 될 수 있는 수의 범위를 알아봅니다.

③ □ 안에 들어갈 수 있는 수를 구합니다.

반올림하여 소수 첫째 자리까지 구한 몫이 3.1이 되려면 몫은 3.05보다 크거나 같고 3.15보다 작아야 합니다.

몫이 3.05이면 나누어지는 수는 $2.3 \times 3.05 = 7.015$,

몫이 3.15이면 나누어지는 수는 $2.3 \times 3.15 = 7.245$이므로 7.015보다 크거나 같고 7.245보다 작은 7.2□는 7.21, 7.22, 7.23, 7.24입니다.

따라서 □ 안에 들어갈 수 있는 수는 **1, 2, 3, 4**입니다.

13 해법 순서

① 밭의 둘레를 이용하여 가로와 세로를 각각 구합니다.

② (밭의 가로)÷(밭의 세로)를 계산합니다.

밭의 세로를 □ m라 하면 밭의 가로는

(□+3.35) m이므로

$(\square + 3.35 + \square) \times 2 = 33.5$

$\Rightarrow \square + 3.35 + \square = 33.5 \div 2 = 16.75$,

$\square + \square = 16.75 - 3.35 = 13.4$, $\square = 6.7$입니다.

따라서 밭의 세로는 6.7 m이고 밭의 가로는

$6.7 + 3.35 = 10.05$ (m)이므로 밭의 가로는 세로의

$10.05 \div 6.7 = \mathbf{1.5}$(배)입니다.

14 1시간 48분$=1\frac{48}{60}$시간$=1\frac{8}{10}$시간$=1.8$시간

(강이 한 시간 동안 흐르는 거리)
$=7.74\div1.8=4.3\,(km)$
(연어가 강을 거슬러 한 시간 동안 갈 수 있는 거리)
$=4.88-4.3=0.58\,(km)$
⇨ (5.22 km를 거슬러 올라가는 데 걸리는 시간)
$=5.22\div0.58=\textbf{9}$(시간)

실력평가

57 ∼ 59쪽

01 (위부터) 100, 3, 172 ; 172

02 $64.4\div4.6=\dfrac{644}{10}\div\dfrac{46}{10}=644\div46=14$

03 (1) 36 (2) 1.6

04
```
          2 5
 0.9 2) 2 3
        1 8 4
          4 6 0
          4 6 0
              0
```

05 50, 40   **06** $2.14\div1.07=2$; 2배
07 14.8 cm   **08** <
09 예 $63.99\div8.1=7.9$, $28.6\div2.6=11$
⇨ $7.9<□<11$이므로 □ 안에 들어갈 수 있는 자연수는 8, 9, 10으로 모두 3개입니다. ; 3개

10 0.57   **11** 2.26배

12 6병, 0.2 L   **13** 6370
14 6   **15** ⓒ, ㄱ, ⓛ
16 6   **17** 은주, 2개
18 9 . 7 6 ÷ 1 . 3 ; 7.51
19 예 어떤 수를 □라 하면
□$\times2.75=121$ ⇨ □$=121\div2.75=44$입니다.
따라서 바르게 계산하면 $44\div2.75=16$입니다.
; 16
20 0.2 kg

01 나누는 수와 나누어지는 수에 똑같이 100배를 하여도 몫은 같습니다.

02 소수 한 자리 수는 분모가 10인 분수로 고쳐서 계산할 수 있습니다.

03 생각 열기 나누는 수와 나누어지는 수의 소수점을 각각 오른쪽으로 같은 자리만큼씩 옮겨 계산합니다.

(1)
```
            3 6
 0.71) 2 5.5 6
       2 1 3
         4 2 6
         4 2 6
             0
```
(2)
```
            1.6
 9.7) 1 5.5 2
      9 7
        5 8 2
        5 8 2
            0
```

04
```
           2 5
 0.9 2) 2 3.0 0
        1 8 4
          4 6 0
          4 6 0
              0
```
소수점을 옮겨 계산한 경우 몫의 소수점은 옮긴 위치에 찍어야 합니다.

05 생각 열기 화살표 방향을 따라 계산합니다.
```
           5 0
 0.6 2) 3 1.0 0
        3 1 0
            0
```
```
           4 0
 1.2 5) 5 0.0 0
        5 0 0
            0
```

06 (은선이의 기록)÷(태연이의 기록)
$=2.14\div1.07=2$(배)

서술형 가이드 알맞은 나눗셈식을 쓰고 답을 구해야 합니다.

채점 기준	
상	식 $2.14\div1.07=2$를 쓰고 답을 바르게 구함.
중	식 $2.14\div1.07$만 씀.
하	식을 쓰지 못함.

07 생각 열기 (직사각형의 넓이)=(가로)×(세로)
(가로)=(새 만 원권의 넓이)÷(세로)
$=100.64\div6.8=\textbf{14.8}\,(cm)$

08
```
           1 3
 0.8) 1 0.4
      8
      2 4
      2 4
          0
```
```
           1 8
 0.5) 9.0
      5
      4 0
      4 0
          0
```
⇨ 13 < 18

09 해법 순서
① 63.99÷8.1을 계산합니다.
② 28.6÷2.6을 계산합니다.
③ □안에 들어갈 수 있는 자연수를 모두 구합니다.

서술형 가이드 63.99÷8.1과 28.6÷2.6을 각각 계산하여 □ 안에 들어갈 수 있는 자연수의 수를 구하는 풀이 과정이 들어 있어야 합니다.

채점 기준

상	63.99÷8.1과 28.6÷2.6을 각각 계산하여 답을 바르게 구함.
중	63.99÷8.1과 28.6÷2.6을 각각 계산했으나 답을 구하지 못함.
하	63.99÷8.1과 28.6÷2.6을 계산하지 못해 답을 구하지 못함.

10 생각 열기 나머지의 소수점은 나누어지는 수의 소수점의 위치와 같게 찍습니다.

$$8)\overline{16.57} \quad 7)\overline{16.57} \quad 3)\overline{16.57}$$

몫: 2, 2, 5
나머지: 0.57, 2.57, 1.57

11 생각 열기 몫을 반올림하여 소수 둘째 자리까지 나타내려면 몫을 소수 셋째 자리까지 구한 후 소수 셋째 자리에서 반올림합니다.
128.7÷57=2.257……이므로 몫을 반올림하여 소수 둘째 자리까지 나타내면 2.26입니다.
따라서 강아지는 고양이의 **2.26배**만큼 먹습니다.

12 생각 열기 담을 수 있는 병의 수는 자연수이므로 몫을 자연수 부분까지 구합니다.

$$0.3)\overline{2.0}$$

2÷0.3의 몫을 자연수까지만 구하면 몫은 6이고 나머지는 0.2입니다.
따라서 **6병**에 담을 수 있고 남는 우유는 **0.2 L**입니다.

13 (금성의 반지름)=(지구의 반지름)×0.95
⇨ (지구의 반지름)=(금성의 반지름)÷0.95
=6051.5÷0.95
=**6370**(km)

14 생각 열기 몫의 소수점 아래 숫자가 반복되는 규칙을 찾아봅니다.
8.9÷2.7=3.296296……이므로 소수점 아래 숫자가 2, 9, 6이 반복되는 규칙이 있습니다.
따라서 몫의 소수 12째 자리 숫자는 소수 셋째 자리 숫자와 같은 **6**입니다.

15 ㉠×3.6=24.84 ⇨ ㉠=24.84÷3.6=6.9
7.95÷㉡=1.5 ⇨ ㉡=7.95÷1.5=5.3
6.8×㉢=62.56 ⇨ ㉢=62.56÷6.8=9.2
⇨ 9.2>6.9>5.3이므로 ㉢>㉠>㉡입니다.

16 해법 순서
① 밑변의 길이가 7.5 cm, 높이가 3.6 cm일 때 삼각형의 넓이를 구합니다.
② ①을 이용하여 밑변의 길이가 4.5 cm, 높이가 □ cm일 때 □의 값을 구합니다.
(삼각형의 넓이)=7.5×3.6÷2=13.5(cm²)
4.5×□÷2=13.5 ⇨ 4.5×□=13.5×2=27,
□=27÷4.5=**6**

17 해법 순서
① 현기와 은주가 자른 조각 수를 각각 구합니다.
② ①에서 구한 자른 조각 수의 차를 구합니다.
현기: 2.25÷0.75=3(개)
은주: 2.25÷0.45=5(개)
따라서 자른 조각은 은주가 5-3=**2(개)** 더 많습니다.

18 나누어지는 수가 클수록, 나누는 수가 작을수록 몫이 크므로 나누어지는 수는 9.76, 나누는 수는 1.3입니다.
⇨ **9.76÷1.3**=7.507……이므로 몫을 반올림하여 소수 둘째 자리까지 나타내면 **7.51**입니다.

19 해법 순서
① 어떤 수를 □라 하여 잘못 계산한 식을 세웁니다.
② □를 구합니다.
③ 바르게 계산한 값을 구합니다.

서술형 가이드 어떤 수를 구하여 바르게 계산하는 풀이 과정이 들어 있어야 합니다.

채점 기준

상	어떤 수를 구하여 바르게 계산함.
중	어떤 수를 구했으나 바르게 계산하는 과정에서 실수하여 답이 틀림.
하	어떤 수를 구하지 못해 바르게 계산하지 못함.

20 해법 순서
① 오렌지주스 1.8 L의 무게를 구합니다.
② 오렌지주스 1 L의 무게를 구합니다.
③ 오렌지주스 0.8 L의 무게를 구합니다.
④ 빈 병의 무게를 구합니다.
(오렌지주스 1.8 L의 무게)=3.58-1.24=2.34 (kg)
(오렌지주스 1 L의 무게)=2.34÷1.8=1.3 (kg)
(오렌지주스 0.8 L의 무게)=1.3×0.8=1.04 (kg)
⇨ (빈 병의 무게)=1.24-1.04=**0.2 (kg)**

③ 공간과 입체

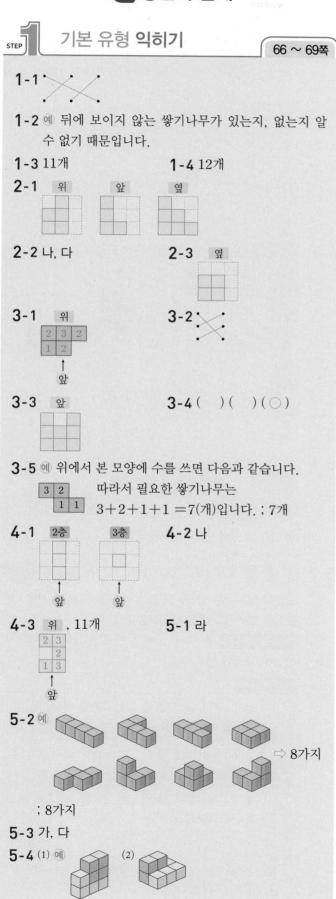

1-1

1-2 예 뒤에 보이지 않는 쌓기나무가 있는지, 없는지 알 수 없기 때문입니다.

1-3 11개   **1-4** 12개

2-1 위   앞   옆

2-2 나, 다   **2-3** 옆

3-1 위
2 3 2
1 2
↑
앞

3-2

3-3 앞

3-4 ( ) ( ) (○)

3-5 예 위에서 본 모양에 수를 쓰면 다음과 같습니다.
3 2
1 1
따라서 필요한 쌓기나무는
3+2+1+1 =7(개)입니다. ; 7개

4-1 2층   3층   **4-2** 나
↑   ↑
앞   앞

4-3 위 , 11개   **5-1** 라
2 3
2
1 3
↑
앞

5-2 예

⇨ 8가지

; 8가지

5-3 가, 다

5-4 (1) 예   (2)

1-1 1층이 위에서부터 3개, 2개, 1개가 연결된 모양입니다.

 1층이 위에서부터 1개, 3개, 3개가 연결된 모양입니다.

 1층이 위에서부터 2개, 3개, 1개가 연결된 모양입니다.

1-2 서술형 가이드 뒤에 보이지 않는 쌓기나무가 있는지, 없는지 알 수 없다는 내용이 들어 있어야 합니다.

채점 기준

상	쌓기나무의 개수를 정확하게 알 수 없는 이유를 바르게 씀.
중	쌓기나무의 개수를 정확하게 알 수 없는 이유를 썼지만 미흡함.
하	쌓기나무의 개수를 정확하게 알 수 없는 이유를 쓰지 못함.

1-3 생각 열기 뒤에 보이지 않는 쌓기나무가 없습니다.
1층: 7개, 2층: 3개, 3층: 1개
⇨ (필요한 쌓기나무의 개수)
=7+3+1=**11**(개)

1-4 생각 열기 뒤에 보이지 않는 쌓기나무가 없습니다.
1층: 5개, 2층: 5개, 3층: 1개, 4층: 1개
⇨ (사용한 쌓기나무의 개수)
=5+5+1+1=**12**(개)

2-1
위

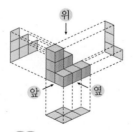

앞   옆

참고

• 쌓기나무로 쌓은 모양을 위, 앞, 옆에서 본 모양을 그리는 방법
① 위에서 본 모양은 1층의 모양과 똑같이 그립니다.
② 앞과 옆에서 본 모양은 각 방향에서 각 줄의 가장 높은 층만큼 그립니다.

앞

2-2 가를 앞에서 본 모양은 입니다.

2-3 앞에서 본 모양을 통해 ○ 부분은 쌓기나무가 2개, △ 부분은 쌓기나무가 1개 쌓여 있습니다. 위에서 본 모양을 통해 1층의 쌓기나무가 4개 이므로 2층에 쌓기나무가 3개 있어야 합니다.

따라서 ☆ 부분은 쌓기나무가 각각 2개씩 쌓여 있습니다.

3-1 위에서 본 모양의 각 자리에 쌓인 상자의 개수를 씁니다.

3-2 생각 열기 위에서 본 모양의 각 자리에 쌓인 쌓기나무의 개수를 이용합니다.

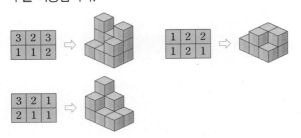

3-3 생각 열기 쌓기나무로 쌓은 모양을 앞에서 보면 각 줄에서 가장 높은 층만큼 보입니다.

앞에서 보면 왼쪽에서부터 3층, 2층, 3층으로 보입니다.

3-4 생각 열기 쌓기나무로 쌓은 모양을 옆에서 보면 각 줄에서 가장 높은 층만큼 보입니다.

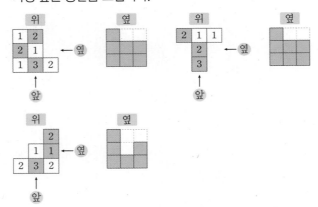

3-5 서술형 가이드 위에서 본 모양에 쌓기나무의 개수를 써넣어 필요한 쌓기나무의 개수를 구하는 풀이 과정이 들어 있어야 합니다.

채점 기준	
상	위에서 본 모양에 쌓기나무의 개수를 써넣어 답을 바르게 구함.
중	위에서 본 모양에 쌓기나무의 개수를 써넣었지만 답이 틀림.
하	위에서 본 모양에 쌓기나무의 개수를 써넣지 못해 답을 구하지 못함.

4-1 생각 열기 1층 모양을 보고 쌓기나무로 쌓은 모양의 뒤에 보이지 않는 쌓기나무가 없다는 것을 알 수 있습니다.

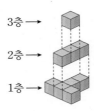 2층에는 1층의 쌓기나무 위에 쌓기나무 3개가 놓여 있고, 3층에는 2층의 쌓기나무 위에 쌓기나무 1개가 놓여 있습니다.

4-2 1층 모양과 같이 쌓기나무로 쌓은 모양은 나와 다입니다.

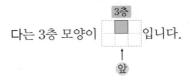 다는 3층 모양이 □ 입니다.

4-3 생각 열기 위에서 본 모양은 1층의 모양과 같습니다.

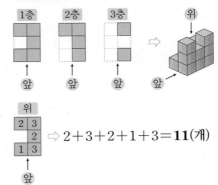

$\Rightarrow 2+3+2+1+3=$ **11**(개)

5-1 가   나   다

따라서 □□ 모양에 쌓기나무 1개를 더 붙여서 만들 수 있는 모양이 아닌 것은 **라**입니다.

5-2 생각 열기 쌓기나무 3개로 만들 수 있는 와 □□ 모양에 쌓기나무 1개를 더 붙여서 만들 수 있는 서로 다른 모양은 모두 몇 가지인지 알아봅니다.

서술형 가이드 쌓기나무 4개로 만들 수 있는 모양을 빠짐없이 그려야 합니다.

채점 기준	
상	쌓기나무 4개로 만들 수 있는 모양을 빠짐없이 그리고 답을 바르게 구함.
중	쌓기나무 4개로 만들 수 있는 모양을 일부만 그려 답이 틀림.
하	쌓기나무 4개로 만들 수 있는 모양을 그리지 못해 답을 구하지 못함.

주의 쌓기나무로 만든 모양을 돌리거나 뒤집어서 같은 것은 같은 모양으로 생각합니다.

5-3 (생각 열기) 새로운 모양을 가와 나, 나와 다, 가와 다 두 가지 모양으로 나누어 봅니다.

따라서 사용한 두 가지 모양은 **가**, **다**입니다.

참고
왼쪽 모양은 와 같이 가와 나 모양을 사용하여 만들 수 있지만 오른쪽 모양은 가와 나 모양을 사용하여 만들 수 없습니다.

5-4 (1) 도 답이 됩니다.

STEP 2 응용 유형 익히기

70 ~ 77쪽

응용 **1** 20개
예제 **1-1** 18개   예제 **1-2** 2개
응용 **2** 3개
예제 **2-1** 8개   예제 **2-2**

응용 **3** 9개
예제 **3-1** 9개   예제 **3-2** 13개
응용 **4**

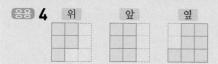

예제 **4-1**

예제 **4-2**

응용 **5** 17개
예제 **5-1** 11개   예제 **5-2** 36개
응용 **6** 16개
예제 **6-1** 20개   예제 **6-2** 16개
응용 **7** 11개, 10개
예제 **7-1** 13개, 11개   예제 **7-2** 2개
응용 **8** 34 cm²
예제 **8-1** 36 cm²   예제 **8-2** 54 cm²

응용 **1** (생각 열기) 위에서 본 모양은 1층의 모양과 같습니다.
(1) 1층: 6개, 2층: 2개, 3층: 1개
 ⇨ 6+2+1=9(개)
(2) 1층: 6개, 2층: 4개, 3층: 1개
 ⇨ 6+4+1=11(개)
(3) (가와 나 모양과 똑같이 쌓는 데 필요한 쌓기나무의 개수의 합)=9+11=**20**(개)

예제 **1-1** (해법 순서)
① 가 모양과 똑같이 쌓는 데 필요한 쌓기나무의 개수를 구합니다.
② 나 모양과 똑같이 쌓는 데 필요한 쌓기나무의 개수를 구합니다.
③ ①과 ②에서 구한 개수를 더합니다.
가: 1층 6개, 2층 2개, 3층 1개이므로
 6+2+1=9(개)입니다.
나: 1층 5개, 2층 3개, 3층 1개이므로
 5+3+1=9(개)입니다.
⇨ (가와 나 모양과 똑같이 쌓는 데 필요한 쌓기나무의 개수의 합)=9+9=**18**(개)

예제 **1-2** (해법 순서)
① 가, 나, 다 모양과 똑같이 쌓는 데 필요한 쌓기나무의 개수를 각각 구합니다.
② ①에서 구한 개수를 비교하여 필요한 쌓기나무의 개수가 가장 많은 것과 가장 적은 것의 차를 구합니다.
가: 1층 4개, 2층 3개, 3층 1개이므로
 4+3+1=8(개)입니다.
나: 1층 5개, 2층 3개, 3층 2개이므로
 5+3+2=10(개)입니다.
다: 1층 5개, 2층 3개, 3층 1개이므로
 5+3+1=9(개)입니다.
따라서 필요한 쌓기나무의 개수가 가장 많은 것은 나이고 10개, 가장 적은 것은 가이고 8개이므로 개수의 차는 10-8=**2**(개)입니다.

응용 **2** (생각 열기) 층별로 나타낸 모양을 보고 쌓기나무로 쌓아 봅니다.
(1)

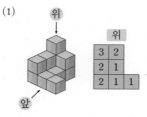

⇨ (주어진 모양을 만드는 데 사용한 쌓기나무의 개수)=3+2+2+1+2+1+1=12(개)
(2) (남는 쌓기나무의 개수)=15-12=**3**(개)

예제 **2-1** 해법 순서
① 주어진 모양을 만드는 데 사용한 쌓기나무의 개수를 구합니다.
② 모양을 만들고 남는 쌓기나무의 개수를 구합니다.

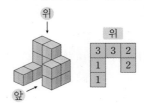

(주어진 모양을 만드는 데 사용한 쌓기나무의 개수)
＝3＋3＋2＋1＋2＋1＝12(개)
⇨ (남는 쌓기나무의 개수)＝20－12＝8(개)

예제 **2-2** 해법 순서
① 3층에 쌓인 쌓기나무의 개수를 구합니다.
② 3층의 모양을 그려 봅니다.
1층 11개, 2층 6개이므로 3층에 쌓인 쌓기나무는
23－11－6＝6(개)입니다.
3층은 2층에 쌓인 쌓기나무 위에 쌓을 수 있고 3층 쌓
기나무가 6개이므로 2층과 똑같은 모양으로 그립니다.

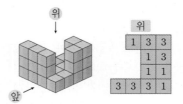

응용 **3** 생각 열기 2 이상의 수가 쓰인 칸을 찾아봅니다.

(1) 가 | 1 | 2 | 3 | 1 |
2 이상의 수가 쓰인 칸은 4개이므
로 2층에 쌓인 쌓기나무는 4개입니다.

(2) 나 2 이상의 수가 쓰인 칸은 5개이므로
2층에 쌓인 쌓기나무는 5개입니다.

(3) 4＋5＝**9**(개)

참고
■층에 쌓인 쌓기나무의 개수는 ■ 이상의 수가 쓰인 칸
의 개수와 같습니다.

예제 **3-1** 생각 열기 2 이상의 수가 쓰인 칸을 찾아봅니다.

가 2 이상의 수가 쓰인 칸은 5개이므로
2층에 쌓인 쌓기나무는 5개입니다.

나 2 이상의 수가 쓰인 칸은 4개이므로 2
층에 쌓인 쌓기나무는 4개입니다.

따라서 가와 나 모양의 2층에 쌓인 쌓기나무는 모두
5＋4＝**9**(개)입니다.

예제 **3-2** 생각 열기 3 이상의 수가 쓰인 칸을 찾아봅니다.

가 3 이상의 수가 쓰인 칸은 4개이므로 3층
에 쌓인 쌓기나무는 4개입니다.

나 3 이상의 수가 쓰인 칸은 4개이므로
3층에 쌓인 쌓기나무는 4개입니다.

다 3 이상의 수가 쓰인 칸은 5개이므로
3층에 쌓인 쌓기나무는 5개입니다.

따라서 가, 나, 다 모양의 3층에 쌓인 쌓기나무의 개
수의 합은 4＋4＋5＝**13**(개)입니다.

응용 **4** (1)
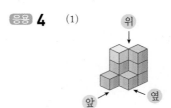

(2) 위에서 본 모양은 변하지 않고 앞과 옆에서 본 모
양만 각각 변합니다.

예제 **4-1** 해법 순서
① 주어진 모양의 ㉠ 자리에 쌓기나무 1개를 더 쌓은
모양을 알아봅니다.
② ①의 모양을 위, 앞, 옆에서 본 모양을 각각 그려
봅니다.

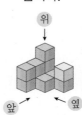

위와 옆에서 본 모양은 변하지 않고
앞에서 본 모양만 변합니다.

예제 **4-2** 해법 순서
① 주어진 모양에서 빨간색 쌓기나무 2개를 빼낸 후
의 모양을 알아봅니다.
② ①의 모양을 위, 앞, 옆에서 본 모양을 각각 그려
봅니다.

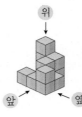

옆에서 본 모양은 변하지 않고 위와
앞에서 본 모양만 각각 변합니다.

응용 **5** (1) 1층: 6개, 2층: 3개, 3층: 1개
⇨ 6＋3＋1＝**10**(개)

(2) 3×3×3＝27(개)

(3) 27－10＝**17**(개)

예제 5-1 해법 순서

① 왼쪽 모양을 쌓는 데 사용한 쌓기나무의 개수를 구합니다.

② 큐브 모양을 쌓는 데 필요한 쌓기나무의 개수를 구합니다.

③ 더 쌓아야 하는 쌓기나무의 개수를 구합니다.

왼쪽 모양을 쌓는 데 사용한 쌓기나무는 1층 7개, 2층 5개, 3층 4개이므로 7+5+4=16(개)입니다.

큐브 모양을 쌓는 데 필요한 쌓기나무는 $3\times3\times3=27$(개)입니다.

⇨ (더 쌓아야 할 쌓기나무의 개수)=27-16=**11(개)**

예제 5-2 해법 순서

① 정육면체 모양을 쌓는 데 사용한 쌓기나무의 개수를 구합니다.

② 오른쪽 모양에 남은 쌓기나무의 개수를 구합니다.

③ 빼낸 쌓기나무의 개수를 구합니다.

정육면체 모양을 쌓는 데 사용한 쌓기나무는 $4\times4\times4=64$(개)입니다.

오른쪽 모양에 남은 쌓기나무는 1층 15개, 2층 8개, 3층 5개이므로 15+8+5=28(개)입니다.

⇨ (빼낸 쌓기나무의 개수)=64-28=**36(개)**

응용 6 (1)

⇨ 1층: 6개, 2층: 4개, 3층: 6개

(2) (두 면이 색칠된 쌓기나무의 개수)
=6+4+6=**16(개)**

예제 6-1

1층: 4개, 2층: 4개, 3층: 4개, 4층: 4개, 5층: 4개

⇨ (두 면이 색칠된 쌓기나무의 개수)
=$4\times5=$**20(개)**

예제 6-2 해법 순서

① 두 면이 색칠된 쌓기나무의 개수를 구합니다.

② 세 면이 색칠된 쌓기나무의 개수를 구합니다.

③ ①과 ②의 차를 구합니다.

(두 면이 색칠된 쌓기나무의 개수)
=8+4+4+8=24(개)

(세 면이 색칠된 쌓기나무의 개수)
=4+4=8(개)

⇨ 24-8=**16(개)**

응용 7 생각 열기

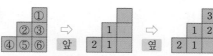

⑥번 자리에는 쌓기나무를 1개 또는 2개 쌓을 수 있습니다.

(1) (쌓기나무의 최대 개수)
=3+1+2+2+1+2=**11(개)**

(2) (쌓기나무의 최소 개수)
=3+1+2+2+1+1=**10(개)**

예제 7-1 색칠된 자리에는 쌓기나무를 1개 또는 2개 또는 3개 쌓을 수 있습니다.

• 최대 ⇨ 3+1+2+1+3+3=**13(개)**

• 최소 ⇨ 3+1+2+1+3+1=**11(개)**

예제 7-2 색칠된 자리에는 쌓기나무를 1개 또는 2개 또는 3개 쌓을 수 있습니다.

• 최대 ⇨ 3+1+1+1+1+3+1+1+3=15(개)

• 최소 ⇨ 3+1+1+1+1+1+1+1+3=13(개)

따라서 필요한 쌓기나무의 최대 개수와 최소 개수의 차는 15-13=**2(개)**입니다.

응용 8 생각 열기 쌓기나무 한 면의 넓이는 1 cm²입니다.

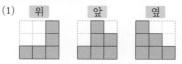
위 · 앞 · 옆

(위, 앞, 옆에서 본 모양의 쌓기나무 면의 수의 합)
=5+6+6=17(개)

(2) 쌓기나무 한 면의 넓이는 1 cm²이고 전체 쌓기나무 면의 수의 합은 $17\times2=34$(개)이므로 겉넓이는 **34 cm²**입니다.

예제 8-1

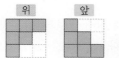
위 · 앞 · 옆

(위, 앞, 옆에서 본 모양의 쌓기나무 면의 수의 합)
=6+6+6=18(개)

쌓기나무 한 면의 넓이는 1 cm²이고 전체 쌓기나무 면의 수의 합은 $18\times2=36$(개)이므로 겉넓이는 **36 cm²**입니다.

예제 **8-2**

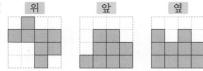

(위, 앞, 옆에서 본 모양의 쌓기나무 면의 수의 합)
=8+9+10=27(개)
쌓기나무 한 면의 넓이는 1 cm²이고 전체 쌓기나무 면의 수의 합은 27×2=54(개)이므로 겉넓이는 **54 cm²**입니다.

STEP 3 응용 유형 뛰어넘기

78 ~ 82쪽

01 ㉠, ㉡, ㉢

02 (㉡) (㉡) (㉠, ㉡) (㉠)

03 예 주어진 모양을 만드는 데 필요한 쌓기나무는 1층 8개, 2층 4개, 3층 1개이므로 8+4+1=13(개)입니다.
따라서 똑같은 모양을 만들고 남는 쌓기나무는 16-13=3(개)입니다. ; 3개

04 ㉢, ㉠, ㉡, ㉣

05 (1) 예 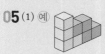 (2) 예

06 예 어느 방향에서도 보이지 않는 쌓기나무는 1층에 9개, 2층에 1개, 3층에 0개입니다. ⇨ 9+1=10(개)
; 10개

07 나, 다   **08** ㉢

09 나

10 예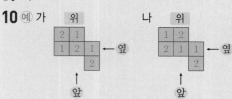

11 5가지

12 예 • 최대 개수:
| 3 | 3 | 3 |
| 3 | 3 | 3 | ⇨ 27개
| 3 | 3 | 3 |

• 최소 개수:
| 1 | 1 | 3 |
| 1 | 3 | 1 | ⇨ 15개
| 3 | 1 | 1 |

따라서 필요한 쌓기나무의 최대 개수와 최소 개수의 차는 27-15=12(개)입니다. ; 12개

13 2개   **14** 17개

01 ○표 한 자리에는 쌓기나무가 놓일 수 없습니다.

---

02 생각 열기 쌓기나무를 붙여서 만든 모양을 돌리거나 뒤집어 상자에 넣어 봅니다.
• 가, 나는 'ㄴ' 모양의 구멍이 필요하므로 상자 ㉡에 넣을 수 있습니다.
• 다는 상자 ㉠, ㉡에 모두 넣을 수 있습니다.
• 라는 쌓기나무 3개가 한 줄로 들어갈 수 있는 구멍이 필요하므로 상자 ㉠에 넣을 수 있습니다.

03 서술형 가이드 주어진 모양을 만드는 데 필요한 쌓기나무의 개수를 구하여 남는 쌓기나무의 개수를 구하는 풀이 과정이 들어 있어야 합니다.

채점 기준

상	주어진 모양을 만드는 데 필요한 쌓기나무의 개수를 구하여 답을 바르게 구함.
중	주어진 모양을 만드는 데 필요한 쌓기나무의 개수를 구했으나 답을 구하지 못함.
하	주어진 모양을 만드는 데 필요한 쌓기나무의 개수를 구하지 못해 답을 구하지 못함.

04 ㉠: 가장 앞에 2층으로 쌓인 쌓기나무가 보입니다.
㉡: 가장 앞에 3층과 2층으로 쌓인 쌓기나무의 중간 부분이 보입니다.
㉢: 가장 앞에 1층으로 쌓인 쌓기나무가 보입니다.
㉣: 가장 앞에 3층으로 쌓인 쌓기나무가 보입니다.

05 만든 모양을 쌓기나무 4개짜리 모양 2개로 나누어 봅니다.

06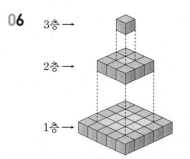

서술형 가이드 어느 방향에서도 보이지 않는 쌓기나무의 개수를 층별로 구한 다음 쌓기나무의 개수의 합을 구하는 풀이 과정이 들어 있어야 합니다.

채점 기준

상	층별로 보이지 않는 쌓기나무의 개수를 각각 구한 다음 답을 바르게 구함.
중	층별로 보이지 않는 쌓기나무의 개수를 구했지만 쌓기나무의 개수의 합을 구하는 과정에서 실수하여 답이 틀림.
하	층별로 보이지 않는 쌓기나무의 개수를 구하지 못해 답을 구하지 못함.

07 생각 열기 2층으로 가능한 모양을 먼저 찾아봅니다.

2층으로 가능한 모양은 나, 다, 라입니다.

2층에 나를 놓으면 3층에 다를 놓을 수 있습니다.

2층에 다를 놓으면 3층에 놓을 수 있는 모양이 없습니다.

2층에 라를 놓으면 3층에 놓을 수 있는 모양이 없습니다.

쌓기나무로 쌓은 모양은 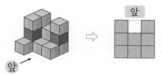 입니다.

참고

2층의 쌓기나무는 1층의 쌓기나무 위에 쌓을 수 있고 3층의 쌓기나무는 2층의 쌓기나무 위에 쌓을 수 있습니다.

08 해법 순서

① 빨간색 쌓기나무 위에 쌓기나무를 각각 1개씩 더 쌓은 모양을 알아봅니다.

② ①의 모양을 앞에서 손전등을 비추었을 때 생기는 그림자 모양을 찾습니다.

빨간색 쌓기나무 위에 쌓기나무를 각각 1개씩 더 쌓은 모양은 왼쪽과 같고 이 모양을 앞에서 손전등으로 비추어 보면 오른쪽과 같은 모양입니다.

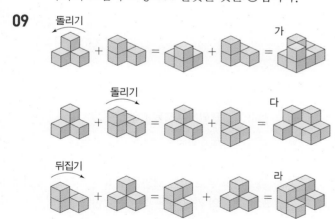

따라서 그림자 모양으로 알맞은 것은 ㉢입니다.

09

따라서 만들 수 없는 모양은 **나**입니다.

10 쌓기나무 9개를 사용해야 하는 조건과 위에서 본 모양에 의해 2층 이상에 쌓인 쌓기나무는 3개입니다.

1층에 6개의 쌓기나무를 위에서 본 모양과 같이 놓고 나머지 3개의 위치를 이동하면서 위, 앞, 옆에서 본 모양이 서로 같은 두 모양을 만들어 봅니다.

만든 가와 나 모양을 앞과 옆에서 본 모양은 모두

입니다.

11 앞과 옆에서 본 모양을 이용하여 위에서 본 모양의 각 자리에 쌓인 쌓기나무의 개수를 알아보면 다음과 같습니다.

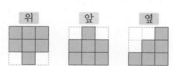 ㉠ 부분에는 쌓기나무를 1개 또는 2개 쌓을 수 있습니다.

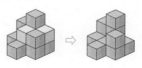

따라서 모두 **5가지**로 쌓을 수 있습니다.

12 해법 순서

① 필요한 쌓기나무의 최대 개수를 구합니다.

② 필요한 쌓기나무의 최소 개수를 구합니다.

③ ①과 ②의 차를 구합니다.

서술형 가이드 필요한 쌓기나무의 최대 개수와 최소 개수를 각각 구한 다음 두 수의 차를 구하는 풀이 과정이 들어 있어야 합니다.

채점 기준

상	필요한 쌓기나무의 최대 개수와 최소 개수를 각각 구한 다음 답을 바르게 구함.
중	필요한 쌓기나무의 최대 개수와 최소 개수를 각각 구했지만 두 수의 차를 구하는 과정에서 실수하여 답이 틀림.
하	필요한 쌓기나무의 최대 개수와 최소 개수를 각각 구하지 못해 답을 구하지 못함.

13 주어진 모양을 위, 앞, 옆에서 본 모양은 다음과 같습니다.

주어진 모양에서 위, 앞, 옆에서 본 모양은 변하지 않게 동시에 빼낼 수 있는 쌓기나무는 색칠한 쌓기나무 **2개**입니다.

14 한 줄에 쌓기나무는 최대 3개까지만 쌓았으므로 가장 작은 정육면체를 만들기 위해서는 쌓기나무를 가로, 세로, 높이에 각각 3개씩, 즉 $3 \times 3 \times 3 = 27$(개) 쌓아야 합니다.

앞과 옆에서 본 모양을 이용하여 위에서 본 모양의 각 자리에 쌓인 쌓기나무의 개수를 알아보면 오른쪽과 같습니다.

㉠ 부분에는 쌓기나무를 1개 또는 2개 쌓을 수 있으므로 주어진 모양을 만들기 위해서 필요한 쌓기나무는 최소 $1 + 3 + 2 + 1 + 1 + 2 = 10$(개)입니다.

따라서 더 필요한 쌓기나무는 최대 $27 - 10 = 17$(개)입니다.

실력평가

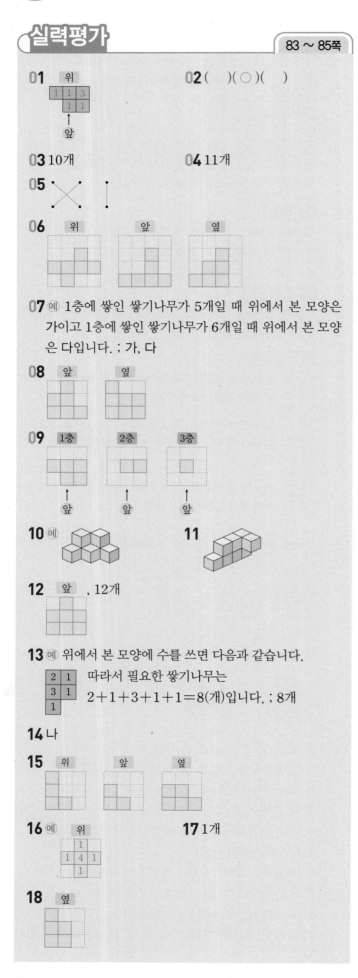

01 위
| 1 | 1 | 3 |
| 1 | 1 | |
↑
앞

02 ( )(○)( )

03 10개

04 11개

05 ✕ 모양

06 위 / 앞 / 옆

07 ⑩ 1층에 쌓인 쌓기나무가 5개일 때 위에서 본 모양은 가이고 1층에 쌓인 쌓기나무가 6개일 때 위에서 본 모양은 다입니다. ; 가, 다

08 앞 / 옆

09 1층 / 2층 / 3층
↑   ↑   ↑
앞   앞   앞

10 ⑩

11

12 앞 , 12개

13 ⑩ 위에서 본 모양에 수를 쓰면 다음과 같습니다.
2	1
3	1
1	
따라서 필요한 쌓기나무는
2＋1＋3＋1＋1＝8(개)입니다. ; 8개

14 나

15 위 / 앞 / 옆

16 ⑩ 위
	1	
1	4	1
	1	

17 1개

18 옆

---

19 ⑩ (사용한 쌓기나무의 개수)＝5＋3＋1＝9(개)
(가장 작은 정육면체 모양의 쌓기나무의 개수)
＝3×3×3＝27(개)
⇨ (필요한 쌓기나무의 개수)＝27－9＝18(개) ; 18개

20 12개, 9개

01 위에서 본 모양의 각 자리에 쌓인 쌓기나무의 개수를 씁니다.

02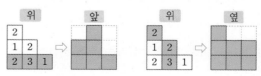

03 1층: 5개, 2층: 4개, 3층: 1개
⇨ (필요한 쌓기나무의 개수)
＝5＋4＋1＝**10**(개)

04 생각 열기 컨테이너의 최소 개수를 구하므로 쌓은 모양 뒤에 보이지 않는 컨테이너는 생각하지 않습니다.
| 2 | 4 | 1 |
| 1 | 2 | 1 |
⇨ 2＋4＋1＋1＋2＋1＝**11**(개)

05 쌓기나무로 만든 모양을 돌리거나 뒤집었을 때 같은 것은 같은 모양입니다.

06 위에서 본 모양은 1층의 모양과 똑같이 그립니다.
앞과 옆에서 본 모양은 각 방향에서 각 줄의 가장 높은 층만큼 그립니다.

07 서술형 가이드 1층에 쌓인 쌓기나무가 5개일 때와 6개일 때를 구분하여 찾는 풀이 과정이 들어 있어야 합니다.

채점 기준	
상	풀이 과정을 쓰고 답을 모두 구함.
중	풀이 과정을 썼지만 답을 1개만 구함.
하	풀이 과정을 쓰지 못하고 답도 구하지 못함.

08 생각 열기 쌓기나무로 쌓은 모양을 앞과 옆에서 본 모양은 각 방향에서 각 줄의 가장 높은 층만큼 그립니다.

위
2		
1	2	
2	3	1
⇨ 앞

위
2		
1	2	
2	3	1
⇨ 옆

09 각설탕이 1층에는 5개, 2층에는 2개, 3층에는 1개 있습니다.

10 생각 열기 쌓기나무로 만든 모양을 돌리거나 뒤집었을 때의 모양을 생각해 봅니다.

 도 답이 됩니다.

12 해법 순서
① 쌓기나무로 쌓은 모양을 알아봅니다.
② ①을 앞에서 본 모양을 그려 봅니다.
③ 똑같은 모양을 쌓는 데 필요한 쌓기나무의 개수를 구합니다.

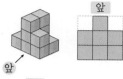

⇨ (필요한 쌓기나무의 개수)
  $=2+3+1+1+3+2=$ **12(개)**

13 서술형 가이드 위에서 본 모양에 쌓기나무의 개수를 써넣어 필요한 쌓기나무의 개수를 구하는 풀이 과정이 들어 있어야 합니다.

채점 기준	
상	위에서 본 모양에 쌓기나무의 개수를 써넣어 답을 바르게 구함.
중	위에서 본 모양에 쌓기나무의 개수를 써넣었지만 답이 틀림.
하	위에서 본 모양에 쌓기나무의 개수를 써넣지 못해 답을 구하지 못함.

14 생각 열기 위에서 본 모양의 각 자리에 쌓기나무의 개수를 써 봅니다.

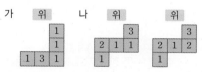

따라서 만들어지는 모양이 한 개가 아닌 것은 **나**입니다.

15 해법 순서
① 빨간색 쌓기나무 3개를 빼낸 모양을 알아봅니다.
② ①을 위, 앞, 옆에서 본 모양을 각각 그려 봅니다.

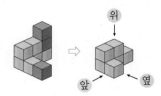

16 1층에 쌓기나무 5개를 놓고 나머지 3개는 앞에서 본 모양과 옆에서 본 모양이 서로 같도록 한 자리에 4층으로 쌓아 봅니다.

등 여러 가지 모양이 나올 수 있습니다.

17 해법 순서
① 가의 1층에 쌓인 쌓기나무의 개수를 구합니다.
② 나의 1층에 쌓인 쌓기나무의 개수를 구합니다.
③ ①과 ②의 차를 구합니다.
가: 2층과 3층에 $3+1=4$(개)가 쌓여 있으므로
  1층에는 $10-4=6$(개)가 쌓여 있습니다.
나: 2층과 3층에 $2+1=3$(개)가 쌓여 있으므로
  1층에는 $10-3=7$(개)가 쌓여 있습니다.
⇨ $7-6=$ **1(개)**

주의
가의 1층에 쌓인 쌓기나무를 5개, 나의 1층에 쌓인 쌓기나무를 6개라고 생각하지 않도록 주의합니다.

18 앞에서 본 모양을 이용하여 위에서 본 모양의 각 자리에 쌓은 쌓기나무의 개수를 알아보면 오른쪽과 같습니다.
㉠과 ㉡에는 1개 또는 2개를 쌓을 수 있습니다.
쌓기나무 9개로 쌓은 모양이므로
㉠+㉡$=9-1-3-1=4$에서 ㉠과 ㉡에는 각각 2개씩 쌓여 있습니다.

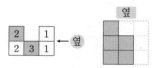

19 서술형 가이드 사용한 쌓기나무의 개수와 가장 작은 정육면체 모양의 쌓기나무의 개수를 구하여 차를 구하는 풀이 과정이 들어 있어야 합니다.

채점 기준	
상	사용한 쌓기나무의 개수와 가장 작은 정육면체 모양의 쌓기나무의 개수를 구하여 답을 바르게 구함.
중	사용한 쌓기나무의 개수와 가장 작은 정육면체 모양의 쌓기나무의 개수를 구했으나 답을 구하지 못함.
하	사용한 쌓기나무의 개수와 가장 작은 정육면체 모양의 쌓기나무의 개수를 구하지 못해 답을 구하지 못함.

20 생각 열기 쌓기나무의 개수를 정확하게 알 수 있는 자리를 먼저 알아봅니다.

· 최대 ⇨ $3+1+2+3+1+2=$ **12(개)**

· 최소 ㉠과 ㉡에는 1개, 3개 또는 3개, 1개를 쌓을 수 있고 ㉢과 ㉣에는 1개, 2개 또는 2개, 1개를 쌓을 수 있습니다.

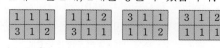
⇨ **9개**

4 비례식과 비례배분

92 ~ 95쪽

STEP 1 기본 유형 익히기

1-1 예 12 : 18, 8 : 12

1-2 45 cm

1-3 21 : 27, 14 : 18, 7 : 9

2-1 (1) 예 9 : 7 (2) 예 5 : 8 (3) 예 27 : 28

2-2 민수

2-3 예 $7\frac{1}{2} : 6.5 = 7.5 : 6.5$
$= (7.5 \times 10) : (6.5 \times 10) = 75 : 65$
$= (75 \div 5) : (65 \div 5) = 15 : 13$
; 예 15 : 13

2-4 예 3 : 2

3-1 5, 27 ; 9, 15

3-2 2 : 5 = 8 : 20 또는 8 : 20 = 2 : 5

3-3 3, 25

3-4 예 전항을 □라고 하면 □ : 90의 비율은 $\frac{□}{90}$입니다.
$\Rightarrow \frac{□ \div 10}{90 \div 10} = \frac{5}{9}$, □ ÷ 10 = 5, □ = 5 × 10 = 50 ; 50

4-1 60 **4-2** ㉠, ㉡

4-3 4, 20 **4-4** ㉡, ㉢, ㉠

5-1 48 cm **5-2** 2400원

5-3 3시간 20분 **5-4** 8.1 m²

6-1 64, 96 **6-2** 7 : 13

6-3 $\frac{117}{143}$

6-4 예 (도화지의 넓이) = 25 × 20 = 500 (cm²)
진호: $500 \times \frac{3}{3+7} = 500 \times \frac{3}{10} = 150$ (cm²)
지선: $500 \times \frac{7}{3+7} = 500 \times \frac{7}{10} = 350$ (cm²)
; 150 cm², 350 cm²

6-5 200 mL, 180 mL

1-1 $24 : 36 = (24 \div 2) : (36 \div 2) = \mathbf{12 : 18}$
$= (24 \div 3) : (36 \div 3) = \mathbf{8 : 12}$

> **주의**
> 비의 전항과 후항에 0이 아닌 같은 수를 곱하거나 나누어도 비율은 같습니다.
> 정답으로 제시된 비 이외에도 4 : 6, 48 : 72와 같이 비의 전항과 후항에 0이 아닌 같은 수를 곱하거나 나누어서 나타낸 비는 모두 정답으로 인정합니다.

1-2 3 : 2의 후항에 15를 곱하면 2 × 15 = 30이 되므로 각 항에 15를 곱합니다.
$3 : 2 = (3 \times 15) : (2 \times 15) = 45 : 30$
따라서 가로는 **45 cm**로 해야 합니다.

1-3 생각 열기 비의 전항과 후항을 모두 나눌 수 있는 수는 두 항의 공약수입니다.

$\begin{array}{r} 2)\underline{42\ \ 54} \\ 3)\underline{21\ \ 27} \\ 7\ \ \ 9 \end{array}$ ⇨ 42와 54의 최대공약수: $2 \times 3 = 6$
⇨ 42와 54의 공약수: 1, 2, 3, 6

$42 : 54 = (42 \div 2) : (54 \div 2) = \mathbf{21 : 27}$
$= (42 \div 3) : (54 \div 3) = \mathbf{14 : 18}$
$= (42 \div 6) : (54 \div 6) = \mathbf{7 : 9}$

2-1 (1) $72 : 56 = (72 \div 8) : (56 \div 8) = \mathbf{9 : 7}$
(2) $0.5 : 0.8 = (0.5 \times 10) : (0.8 \times 10) = \mathbf{5 : 8}$
(3) $\frac{3}{4} : \frac{7}{9} = \left(\frac{3}{4} \times 36\right) : \left(\frac{7}{9} \times 36\right) = \mathbf{27 : 28}$

2-2 〈준상〉 $3.2 : 4.8 = (3.2 \times 10) : (4.8 \times 10) = 32 : 48$
$= (32 \div 16) : (48 \div 16) = 2 : 3$
〈민수〉 $\frac{4}{5} : \frac{2}{7} = \left(\frac{4}{5} \times 35\right) : \left(\frac{2}{7} \times 35\right) = 28 : 10$
$= (28 \div 2) : (10 \div 2) = 14 : 5$
따라서 바르게 나타낸 사람은 **민수**입니다.

2-3 서술형 가이드 분수를 소수로 고치거나 소수를 분수로 고쳐서 자연수의 비로 나타낸 다음, 두 항의 최대공약수로 나누는 풀이 과정이 들어 있어야 합니다.

채점 기준	
상	두 항을 소수, 분수 중 한 가지로 통일한 다음, 답을 바르게 구함.
중	두 항을 소수, 분수 중 한 가지로 통일했지만 답이 틀림.
하	분수와 소수로 이루어진 비를 자연수의 비로 나타내는 방법을 몰라서 답을 구하지 못함.

2-4 1시간 동안 한 숙제의 양
⇨ (재우) = $\frac{1}{2}$, (희수) = $\frac{1}{3}$
$\frac{1}{2} : \frac{1}{3} = \left(\frac{1}{2} \times 6\right) : \left(\frac{1}{3} \times 6\right) = \mathbf{3 : 2}$

> **주의**
> 숙제를 하는 데 걸린 시간의 비와 1시간 동안 한 숙제의 양의 비는 다릅니다.

3-1 외항
$5 : 9 = 15 : 27$
내항

3-2 [생각 열기] 먼저 각 비의 비율을 구하여 비율이 같은 비를 찾고 이를 비례식으로 나타냅니다.

$2:5 \Rightarrow \dfrac{2}{5}$, $3:7 \Rightarrow \dfrac{3}{7}$,

$6:8 \Rightarrow \dfrac{6}{8}=\dfrac{3}{4}$, $8:20 \Rightarrow \dfrac{8}{20}=\dfrac{2}{5}$

$2:5$와 $8:20$의 비율이 같으므로 비례식으로 나타낼 수 있습니다.

$\Rightarrow$ **$2:5=8:20$** 또는 **$8:20=2:5$**

3-3 [생각 열기] ■에 대한 ▲의 비는 ▲ : ■입니다.

증류수 양에 대한 염산 양의 비는 $3:25$이므로 전항은 **3**이고 후항은 **25**입니다.

3-4 [서술형 가이드] (비율)$=\dfrac{(전항)}{(후항)}$임을 이용하여 전항을 구하는 풀이 과정이 들어 있어야 합니다.

채점 기준	
상	알맞은 식을 세운 다음, 답을 바르게 구함.
중	알맞은 식은 세웠지만 전항을 구하는 과정에서 실수하여 답이 틀림.
하	알맞은 식을 세우지 못하여 답을 구하지 못함.

4-1 비례식에서 외항의 곱과 내항의 곱은 같으므로
(외항의 곱)=(내항의 곱)=$5\times12=$**60**

4-2 [생각 열기] 외항의 곱과 내항의 곱이 다르면 옳은 비례식이 아닙니다.

㉠ 외항의 곱: $5\times16=80$,
　내항의 곱: $8\times10=80$ (○)

㉡ 외항의 곱: $4\times9=36$,
　내항의 곱: $6\times6=36$ (○)

㉢ 외항의 곱: $8\times2=16$,
　내항의 곱: $3\times10=30$ (×)

㉣ 외항의 곱: $12\times11=132$,
　내항의 곱: $6\times23=138$ (×)

$\Rightarrow$ ㉢과 ㉣은 외항의 곱과 내항의 곱이 서로 다르므로 옳은 비례식이 아닙니다.

4-3 (외항의 곱)=㉠$\times35=140$, ㉠$=140\div35=$**4**
(외항의 곱)=(내항의 곱)이므로
$7\times$㉡$=140$, ㉡$=140\div7=$**20**

4-4 ㉠ $4\times28=7\times\square$, $7\times\square=112$, $\square=112\div7=16$

㉡ $1\dfrac{2}{3}\times\square=2\dfrac{1}{2}\times16$, $1\dfrac{2}{3}\times\square=40$,
　$\square=40\div1\dfrac{2}{3}=24$

㉢ $3.8\times11=2.2\times\square$, $2.2\times\square=41.8$,
　$\square=41.8\div2.2=19$

$\Rightarrow$ $24>19>16$이므로 ㉡, ㉢, ㉠입니다.

5-1 [생각 열기] 직사각형의 세로를 $\square$ cm라 하고 비례식을 세웁니다.

(가로) : (세로)$=4:3 \Rightarrow 4:3=64:\square$

$\Rightarrow 4\times\square=3\times64$, $4\times\square=192$,
　$\square=192\div4=$**48**

5-2 단체일 때 한 명의 입장료를 $\square$원이라 하고 비례식을 세우면 $5:4=3000:\square$입니다.

$\Rightarrow 5\times\square=4\times3000$, $5\times\square=12000$,
　$\square=12000\div5=$**2400**

5-3 자동차가 360 km를 달리는 데 걸리는 시간을 $\square$분이라 하고 비례식을 세우면 $9:5=360:\square$입니다.

$\Rightarrow 9\times\square=5\times360$,
　$9\times\square=1800$, $\square=1800\div9=200$

따라서 200분은 180분+20분이므로 **3시간 20분**입니다.

5-4 삼각형의 실제 높이를 $\square$ m라 하고 비례식을 세우면
$4:5=3.6:\square$입니다.

$\Rightarrow 4\times\square=5\times3.6$, $4\times\square=18$, $\square=18\div4=4.5$

$\Rightarrow$ (삼각형의 실제 넓이)$=3.6\times4.5\div2=$**8.1** (m^2)

6-1 가: $160\times\dfrac{2}{2+3}=160\times\dfrac{2}{5}=$**64**,

나: $160\times\dfrac{3}{2+3}=160\times\dfrac{3}{5}=$**96**

6-2 전체 ●를 ■ : ▲로 비례배분하면

가: $●\times\dfrac{■}{■+▲}$, 나: $●\times\dfrac{▲}{■+▲}$와 같으므로

가 : 나$=$**7 : 13**입니다.

6-3 분자: $260\times\dfrac{9}{9+11}=260\times\dfrac{9}{20}=117$
분모: $260\times\dfrac{11}{9+11}=260\times\dfrac{11}{20}=143$ $\Rightarrow \dfrac{\mathbf{117}}{\mathbf{143}}$

6-4 [서술형 가이드] 주어진 도화지의 넓이를 구한 다음, 넓이의 비로 비례배분하는 풀이 과정이 들어 있어야 합니다.

채점 기준	
상	도화지의 넓이를 구한 다음, 답을 바르게 구함.
중	도화지의 넓이는 구했지만 비례배분하는 과정에서 실수하여 답이 틀림.
하	도화지의 넓이는 구했지만 비례배분하는 방법을 알지 못하여 답을 구하지 못함.

6-5 $\dfrac{2}{3}:\dfrac{3}{5}=\left(\dfrac{2}{3}\times15\right):\left(\dfrac{3}{5}\times15\right)=10:9$

오전: $380\times\dfrac{10}{10+9}=380\times\dfrac{10}{19}=$**200** (mL)

오후: $380\times\dfrac{9}{10+9}=380\times\dfrac{9}{19}=$**180** (mL)

STEP 2 응용 유형 익히기

96 ~ 103쪽

- 응용 **1** $3:9=7:21$
- 예제 **1-1** $8:20=4:10$ 예제 **1-2** $7, 9, 15$
- 응용 **2** 예 $2:7$
- 예제 **2-1** 예 $5:8$ 예제 **2-2** 예 $4:11$
- 응용 **3** 예 $6:5$
- 예제 **3-1** 예 $32:15$ 예제 **3-2** 예 $21:40$
- 응용 **4** 98바퀴
- 예제 **4-1** 63바퀴 예제 **4-2** 18바퀴
- 응용 **5** 오후 4시 3분
- 예제 **5-1** 오후 2시 50분 예제 **5-2** 3시간 56분
- 응용 **6** $120 \, cm^2$, $170 \, cm^2$
- 예제 **6-1** $483 \, cm^2$, $315 \, cm^2$ 예제 **6-2** $18 \, cm$
- 응용 **7** 10시간
- 예제 **7-1** $30 \, L$ 예제 **7-2** $45 \, kg$
- 응용 **8** 100
- 예제 **8-1** 112 예제 **8-2** 120명

응용 **1**
(1) $3:\text{㉠} \Rightarrow \dfrac{3}{\text{㉠}}=\dfrac{1}{3}$, ㉠$=9$

(2) (내항의 곱)$=\text{㉠}\times\text{㉡}=9\times\text{㉡}=63$,
㉡$=63\div9=7$

㉡$:\text{㉢}=7:\text{㉢} \Rightarrow \dfrac{7}{\text{㉢}}=\dfrac{1}{3}$, ㉢$=21$

$3:\text{㉠}=\text{㉡}:\text{㉢} \Rightarrow \mathbf{3:9=7:21}$

예제 **1-1** 해법 순서
① 비율을 이용하여 ㉢을 구합니다.
② 주어진 외항의 곱을 이용하여 ㉠을 구합니다.
③ 비율을 이용하여 ㉡을 구합니다.

$4:\text{㉢} \Rightarrow \dfrac{4}{\text{㉢}}=\dfrac{2}{5}$, ㉢$=10$

(외항의 곱)$=\text{㉠}\times\text{㉢}=\text{㉠}\times10=80$,
㉠$=80\div10=8$

㉠$:\text{㉡}=8:\text{㉡} \Rightarrow \dfrac{8}{\text{㉡}}=\dfrac{2}{5}$, ㉡$=20$

㉠$:\text{㉡}=4:\text{㉢} \Rightarrow \mathbf{8:20=4:10}$

참고
㉡을 구할 때
(외항의 곱)$=$(내항의 곱)임을 이용하여 구해도 됩니다.
㉡$=$(내항의 곱)$\div4=80\div4=20$

예제 **1-2** $6:(\text{㉠}+1) \Rightarrow \dfrac{6}{(\text{㉠}+1)}=\dfrac{3}{4}$,
$(\text{㉠}+1)=8$, ㉠$=8-1=7$

(외항의 곱)$=6\times(\text{㉢}-3)=72$,
$(\text{㉢}-3)=72\div6=12$,
㉢$=12+3=\mathbf{15}$

㉡$:(\text{㉢}-3)=\text{㉡}:12 \Rightarrow \dfrac{\text{㉡}}{12}=\dfrac{3}{4}$, ㉡$=\mathbf{9}$

응용 **2** 생각 열기 소수의 비는 먼저 각 항에 10, 100, 1000
……을 곱하여 자연수의 비로 나타냅니다.

(1) (파란색 테이프)$=$(빨간색 테이프)$\times3.5$
$=1\times3.5=3.5$

(2) (빨간색 테이프)$:$(파란색 테이프)$=1:3.5$

(3) $1:3.5=(1\times10):(3.5\times10)=10:35$
$=(10\div5):(35\div5)=\mathbf{2:7}$

예제 **2-1** ㉠의 길이를 1이라고 하면
㉡$=\text{㉠}\times1.6=1\times1.6=1.6$

㉠$:\text{㉡}=1:1.6=(1\times10):(1.6\times10)=10:16$
$=(10\div2):(16\div2)=\mathbf{5:8}$

예제 **2-2** 해법 순서
① 민재가 가진 노끈의 길이를 1이라 하고 영호가 가진 노끈의 길이를 구합니다.
② 처음 노끈의 길이를 구합니다.
③ 민재가 가진 노끈의 길이와 처음 노끈의 길이를 비로 나타냅니다.
④ ③에서 나타낸 비를 간단한 자연수의 비로 나타냅니다.

민재가 가진 노끈의 길이를 1이라고 하면
(영호)$=1\times1.75=1.75$
⇨ (처음 노끈의 길이)
$=$(영호와 민재가 가진 노끈의 길이의 합)
$=1.75+1=2.75$
⇨ (민재)$:$(처음 노끈의 길이)
$=1:2.75=(1\times100):(2.75\times100)$
$=100:275=(100\div25):(275\div25)$
$=\mathbf{4:11}$

응용 **3** 생각 열기 비례식의 성질을 거꾸로 생각하여 곱셈식을 비례식으로 나타내어 봅니다.

(1) (겹쳐진 부분의 넓이)$=$가$\times\dfrac{1}{3}=$나$\times\dfrac{2}{5}$

(2) '비례식에서 외항의 곱은 내항의 곱과 같습니다.'
라는 성질을 거꾸로 생각하여 곱셈식을 비례식으로 나타내면
가$\times\dfrac{1}{3}=$나$\times\dfrac{2}{5}$를 가$:$나$=\dfrac{2}{5}:\dfrac{1}{3}$로 바꿀 수 있습니다.

(3) 가$:$나$=\dfrac{2}{5}:\dfrac{1}{3}=\left(\dfrac{2}{5}\times15\right):\left(\dfrac{1}{3}\times15\right)$
$=\mathbf{6:5}$

예제 3-1 해법 순서

① 가와 나의 관계를 곱셈식으로 나타냅니다.

② ①에서 나타낸 곱셈식을 비례식으로 만듭니다.

③ 가와 나의 넓이의 비를 간단한 자연수의 비로 나타냅니다.

$$(겹쳐진 부분의 넓이)=가×\frac{3}{8}=나×\frac{4}{5}$$

$$⇨ 가 : 나=\frac{4}{5} : \frac{3}{8}=\left(\frac{4}{5}×40\right) : \left(\frac{3}{8}×40\right)$$

$$=32 : 15$$

예제 3-2 생각 열기 백분율을 비율로 나타냅니다.

$$30\%를 비율로 나타내면 \frac{30}{100}=\frac{3}{10}이므로$$

$$(겹쳐진 부분의 넓이)=가×\frac{4}{7}=나×\frac{3}{10}$$

$$⇨ 가 : 나=\frac{3}{10} : \frac{4}{7}=\left(\frac{3}{10}×70\right) : \left(\frac{4}{7}×70\right)$$

$$=21 : 40$$

응용 4 (1) ㉮ : ㉯＝4 : 7

(2) 톱니바퀴 ㉮가 56바퀴 도는 동안에 톱니바퀴 ㉯가 도는 회전수를 □바퀴라 하면 4 : 7＝56 : □입니다.

$$⇨ 4×□=7×56, 4×□=392,$$

$$□=392÷4=98$$

예제 4-1 톱니바퀴 ㉮가 45바퀴 도는 동안에 톱니바퀴 ㉯가 도는 회전수를 □바퀴라 하면 5 : 7＝45 : □입니다.

$$⇨ 5×□=7×45, 5×□=315,$$

$$□=315÷5=63$$

예제 4-2 톱니바퀴 ㉮와 톱니바퀴 ㉯의 톱니 수의 비

$$⇨ 12 : 26$$

톱니 수의 비가 12 : 26이므로 회전수의 비는 26 : 12입니다.

간단한 자연수의 비로 나타내면 26 : 12＝13 : 6이고 ㉮가 39바퀴 도는 동안에 ㉯가 도는 회전수를 □바퀴라 하면 13 : 6＝39 : □입니다.

$$⇨ 13×□=6×39, 13×□=234,$$

$$□=234÷13=18$$

참고

맞물려 돌아가는 두 톱니바퀴 ㉮와 ㉯에서 ㉮와 ㉯의 맞물린 톱니 수는 같습니다.

(㉮의 톱니 수)×(㉮의 회전수)

＝(㉯의 톱니 수)×(㉯의 회전수)

⇨ 톱니 수가 많으면 회전수는 적고, 톱니 수가 적으면 회전수는 많습니다.

응용 5 생각 열기 하루는 24시간이고, 30분은 0.5시간입니다.

⑴ 3일은 24×3＝72(시간)이므로

(걸린 시간) : (시계가 빨리 간 시간)

＝72 : 144

⑵ 오늘 오전 7시 30분부터 내일 오후 3시까지의 시간은 31시간 30분이고 소수로 나타내면 31.5시간입니다.

⑶ 72 : 144＝31.5 : □

$$⇨ 72×□=144×31.5, 72×□=4536,$$

$$□=4536÷72=63$$

⇨ 1시간 3분 빨리 가므로 오후 **4**시 **3**분을 가리킵니다.

예제 5-1 해법 순서

① 오늘 오전 8시 30분부터 내일 오후 5시까지의 시간을 알아봅니다.

② 내일 오후 5시까지 이 시계가 늦게 간 시간을 □분이라 하여 비례식을 세웁니다.

③ 비례식을 풀어 답을 구합니다.

오늘 오전 8시 30분부터 내일 오후 5시까지의 시간은 32시간 30분이고 소수로 나타내면 32.5시간입니다. 2일은 24×2＝48(시간)이므로 내일 오후 5시까지 이 시계가 늦게 간 시간을 □분이라고 하면

(걸린 시간) : (시계가 늦게 간 시간)＝48 : 192

$$⇨ 48 : 192=32.5 : □$$

$$⇨ 48×□=192×32.5, 48×□=6240,$$

$$□=6240÷48=130$$

⇨ 2시간 10분 늦게 가므로 오후 **2**시 **50**분을 가리킵니다.

예제 5-2 오늘 오전 10시부터 내일 오후 3시 30분까지의 시간은 29시간 30분이고 소수로 나타내면 29.5시간입니다.

4일은 24×4＝96(시간)이고,

3일은 24×3＝72(시간)이므로

가 시계가 빨리 간 시간을 □분이라고 하면

(걸린 시간) : (시계가 빨리 간 시간)＝96 : 288

$$⇨ 96 : 288=29.5 : □$$

$$⇨ 96×□=288×29.5, 96×□=8496,$$

$$□=8496÷96=88.5$$

나 시계가 늦게 간 시간을 △분이라고 하면

(걸린 시간) : (시계가 늦게 간 시간)＝72 : 360

$$⇨ 72 : 360=29.5 : △$$

$$⇨ 72×△=360×29.5, 72×△=10620,$$

$$△=10620÷72=147.5$$

⇨ 가 시계는 빨리 가고 나 시계는 늦게 가므로

88.5＋147.5＝236(분), 즉 **3**시간 **56**분 차이가 납니다.

다른 풀이

가 시계는 4일 동안에 288분씩 빨리 가므로 하루에
$288 \div 4 = 72$(분)씩 빨리 갑니다.

나 시계는 3일 동안에 360분씩 늦게 가므로 하루에
$360 \div 3 = 120$(분)씩 늦게 갑니다.

⇨ 두 시계는 하루에 $72 + 120 = 192$(분)씩 차이가 나
므로 두 시계의 29.5시간 동안의 시각의 차이를 □분
이라고 하면 $24 : 192 = 29.5 : □$

⇨ $24 \times □ = 192 \times 29.5$, $24 \times □ = 5664$,
　　$□ = 5664 \div 24 = 236$ ⇨ **3시간 56분**

응용 6 (1) 직사각형 가와 나의 세로가 같으므로 넓이의 비는
가로의 길이의 비와 같습니다.
　⇨ 가 : 나 $= 12 : 17$

(2) 가: $290 \times \dfrac{12}{12+17} = 290 \times \dfrac{12}{29}$
　　　$= \mathbf{120 \ (cm^2)}$

　나: $290 \times \dfrac{17}{12+17} = 290 \times \dfrac{17}{29}$
　　　$= \mathbf{170 \ (cm^2)}$

예제 6-1 평행사변형 가와 나의 높이가 같으므로 넓이의 비는
밑변의 길이의 비와 같습니다
　⇨ 가 : 나 $= 23 : 15$

가: $798 \times \dfrac{23}{23+15} = 798 \times \dfrac{23}{38}$
　　$= \mathbf{483 \ (cm^2)}$

나: $798 \times \dfrac{15}{23+15} = 798 \times \dfrac{15}{38}$
　　$= \mathbf{315 \ (cm^2)}$

예제 6-2 가와 나의 윗변과 아랫변의 길이를 모두 더하면
$30 + 30 = 60$ (cm)입니다.
높이가 같은 두 사다리꼴의 넓이의 비는 윗변의 길이
와 아랫변의 길이의 합의 비와 같으므로
(가의 윗변과 아랫변의 길이의 합)
$= 60 \times \dfrac{2}{2+3} = 24$ (cm)
(가의 윗변의 길이) $= 30 - 24 = 6$ (cm)
(아랫변인 ㉠의 길이) $= 24 - 6 = \mathbf{18 \ (cm)}$

응용 7 (1) $4.8 : 6 = (4.8 \times 10) : (6 \times 10) = 48 : 60$
　　　　$= (48 \div 12) : (60 \div 12) = 4 : 5$

(2) 평일: $90 \times \dfrac{4}{4+5} = 90 \times \dfrac{4}{9} = 40$(시간)

　주말: $90 \times \dfrac{5}{4+5} = 90 \times \dfrac{5}{9} = 50$(시간)

(3) $50 - 40 = \mathbf{10}$(시간)

예제 7-1 해법 순서
① 우유와 주스의 양의 비를 간단한 자연수의 비로 나
타냅니다.
② ①에서 나타낸 비로 비례배분합니다.
③ ②에서 구한 두 양의 차를 구합니다.

$5 : 3\dfrac{4}{7} = (5 \times 7) : \left(\dfrac{25}{7} \times 7\right) = 35 : 25$
　　　$= (35 \div 5) : (25 \div 5) = 7 : 5$

⇨ 우유: $180 \times \dfrac{7}{7+5} = 180 \times \dfrac{7}{12} = 105$ (L)

　주스: $180 \times \dfrac{5}{7+5} = 180 \times \dfrac{5}{12} = 75$ (L)

⇨ $105 - 75 = \mathbf{30 \ (L)}$

예제 7-2 $2\dfrac{2}{5} : 4.2 = (2.4 \times 10) : (4.2 \times 10) = 24 : 42$
　　　$= (24 \div 6) : (42 \div 6) = 4 : 7$

⇨ 배추: $165 \times \dfrac{4}{4+7} = 165 \times \dfrac{4}{11}$
　　　$= 60$ (kg)

　무: $165 \times \dfrac{7}{4+7} = 165 \times \dfrac{7}{11}$
　　　$= 105$ (kg)

⇨ $105 - 60 = \mathbf{45 \ (kg)}$

응용 8 (1) 가: $□ \times \dfrac{3}{3+4} = □ \times \dfrac{3}{7} = 60$,
　　　$□ = 60 \div \dfrac{3}{7} = 60 \times \dfrac{7}{3} = 140$

(2) 나: $140 \times \dfrac{5}{2+5} = 140 \times \dfrac{5}{7} = \mathbf{100}$

예제 8-1 어떤 수를 □라 하면
나: $□ \times \dfrac{7}{4+7} = □ \times \dfrac{7}{11} = 98$이고,
$□ = 98 \div \dfrac{7}{11} = 98 \times \dfrac{11}{7} = 154$입니다.
⇨ 가: $154 \times \dfrac{8}{8+3} = 154 \times \dfrac{8}{11}$
　　　$= \mathbf{112}$

예제 8-2 전체 국회의원 수를 □명이라 하면
비례대표: $□ \times \dfrac{9}{41+9} = □ \times \dfrac{9}{50} = 54$이고,
$□ = 54 \div \dfrac{9}{50} = 54 \times \dfrac{50}{9} = 300$입니다.
⇨ 지역구: $300 \times \dfrac{7}{7+3} = 300 \times \dfrac{7}{10}$
　　　$= 210$(명)
비례대표: $300 \times \dfrac{3}{7+3} = 300 \times \dfrac{3}{10} = 90$(명)
⇨ $210 - 90 = \mathbf{120}$(명)

STEP 3 응용 유형 뛰어넘기

104 ～ 108쪽

01 108

02 8자루, 10자루

03 예 4, 7, 12, 21 ; 예 두 수의 곱이 같은 카드를 찾아서 외항과 내항에 놓아 비례식을 만들었습니다. $4 \times 21 = 84$, $7 \times 12 = 84$이므로 4와 21이 외항, 7과 12가 내항이 되도록 수를 써넣거나 7과 12가 외항, 4와 21이 내항이 되도록 수를 써넣습니다.

04 10 cm

05 예 직사각형의 가로를 □ cm라 하고 비례식을 세우면 $9 : 8 = □ : 16$입니다.
  ⇨ $9 \times 16 = 8 \times □$, $8 \times □ = 144$, $□ = 144 \div 8 = 18$
  ⇨ (직사각형의 둘레) $= (18 + 16) \times 2 = 68$ (cm)
  ; 68 cm

06 30 cm

07 예 두 사람이 가지게 되는 우표의 수는 전체의 $1 - \dfrac{3}{7} = \dfrac{4}{7}$입니다.
  (두 사람이 가지게 되는 우표의 수)
  $= 140 \times \dfrac{4}{7} = 80$(장)
  (수미가 가지게 되는 우표의 수)
  $= 80 \times \dfrac{7}{7+9} = 80 \times \dfrac{7}{16} = 35$(장)
  ; 35장

08 예 6 : 7

09 40 cm

10 24명

11 28명

12 35

13 예 5 : 7

14 420만 원

---

01 생각 열기 ■ : ▲의 비율은 $\dfrac{■}{▲}$입니다.

전항을 □라고 하면 □ : 60의 비율은 $\dfrac{□}{60}$입니다.
  ⇨ $\dfrac{□ \div 6}{60 \div 6} = \dfrac{18}{10}$, $□ \div 6 = 18$,
  $□ = 18 \times 6 = \mathbf{108}$

02 (미라) : (윤호) $= 2.1 : 2\dfrac{5}{8} = \dfrac{21}{10} : \dfrac{21}{8}$
  $= \left(\dfrac{21}{10} \times 40 \right) : \left(\dfrac{21}{8} \times 40 \right) = 84 : 105$
  $= (84 \div 21) : (105 \div 21) = 4 : 5$
  미라: $18 \times \dfrac{4}{4+5} = 18 \times \dfrac{4}{9} = \mathbf{8}$(자루)
  윤호: $18 \times \dfrac{5}{4+5} = 18 \times \dfrac{5}{9} = \mathbf{10}$(자루)

03 서술형 가이드 $4 \times 21 = 84$, $7 \times 12 = 84$이므로 4와 21이 외항, 7과 12가 내항이 되도록 수를 써넣거나 7과 12가 외항, 4와 21이 내항이 되도록 수를 써넣는 풀이 과정이 들어 있어야 합니다.

참고
- 4와 21이 외항, 7과 12가 내항인 경우
  $4 : 7 = 12 : 21$, $4 : 12 = 7 : 21$,
  $21 : 7 = 12 : 4$, $21 : 12 = 7 : 4$
- 7과 12가 외항, 4와 21이 내항인 경우
  $7 : 4 = 21 : 12$, $7 : 21 = 4 : 12$,
  $12 : 4 = 21 : 7$, $12 : 21 = 4 : 7$

주의
비율이 같은 두 비를 서로 같다고 놓고 비례식을 만드는 방법도 정답으로 인정합니다.

채점 기준

상	알맞은 비례식을 만들고 만든 방법을 바르게 씀.
중	알맞은 비례식은 만들었으나 만든 방법을 쓰지 못함.
하	알맞은 비례식을 만들지 못함.

04 생각 열기 1000 km = 1000000 m = 100000000 cm
지도에서 잰 우리나라의 남북의 길이를 □ cm라 하고 비례식을 세우면
  $1 : 10000000 = □ : 100000000$입니다.
  ⇨ $1 \times 100000000 = 10000000 \times □$,
  $□ = 100000000 \div 10000000 = \mathbf{10}$

05 서술형 가이드 직사각형의 가로를 □ cm라 하고 비례식을 세워 가로를 구한 다음, 둘레를 구하는 풀이 과정이 들어 있어야 합니다.

채점 기준

상	비례식을 세워 직사각형의 가로를 구한 다음, 답을 바르게 구함.
중	비례식을 세워 직사각형의 가로는 구했지만 둘레를 구하는 과정에서 실수하여 답이 틀림.
하	직사각형의 가로를 구하지 못하여 답을 구하지 못함.

06 생각 열기 원본과 확대본의 (가로) : (세로)의 비율은 같습니다.
  (원본의 가로) : (확대본의 가로) $= 48 : 60 = 4 : 5$,
  (원본의 세로) : (확대본의 세로) $= 36 : 45 = 4 : 5$이므로
  (원본) : (확대본) $= 4 : 5$입니다.
  (원본의 건물 높이) : (확대본의 건물 높이) $= 4 : 5$이므로
  확대본의 건물 높이를 □ cm라 하면 $4 : 5 = 24 : □$
  ⇨ $4 \times □ = 5 \times 24$, $4 \times □ = 120$, $□ = 120 \div 4 = \mathbf{30}$

07 서술형 가이드 두 사람이 가지게 되는 우표의 수는 전체의 얼마인지 구한 다음, 두 사람이 가지게 되는 우표의 수와 수미가 가지게 되는 우표의 수를 차례로 구하는 풀이 과정이 들어 있어야 합니다.

채점 기준	
상	두 사람이 가지게 되는 우표의 수가 전체의 얼마인지 구한 다음, 답을 바르게 구함.
중	두 사람이 가지게 되는 우표의 수가 전체의 얼마인지 구했지만 수미가 가지게 되는 우표의 수를 구하는 과정에서 실수하여 답이 틀림.
하	두 사람이 가지게 되는 우표의 수가 전체의 얼마인지 구하지 못하여 답을 구하지 못함.

08 생각 열기 평행사변형 ㄱㄴㄷㄹ의 높이와 사다리꼴 ㅁㅂㅅㅇ의 높이는 같습니다.

높이를 $\square$ cm라 하면

(평행사변형의 넓이)$=(6 \times \square)$ cm^2

(사다리꼴의 넓이)$=(5+9) \times \square \div 2=(7 \times \square)$ cm^2

비의 전항과 후항을 0이 아닌 같은 수로 나누어도 비율은 같으므로

$(6 \times \square):(7 \times \square)=(6 \times \square \div \square):(7 \times \square \div \square)$
$$=\mathbf{6:7}$$

09 주어진 사람의 키를 $\square$ cm라 하면

$\square \times \dfrac{5}{5+8}=\square \times \dfrac{5}{13}=65$,

$\square=65 \div \dfrac{5}{13}=65 \times \dfrac{13}{5}=169$입니다.

(배꼽에서 발까지의 길이)$=169-65=104$ (cm)

(무릎에서 발까지의 길이)
$$=104 \times \dfrac{5}{8+5}=104 \times \dfrac{5}{13}=\mathbf{40}\ \textbf{(cm)}$$

10 생각 열기 소설책을 매주 한 권씩 읽는 학생들의 백분율을 먼저 구합니다.

소설책을 읽는 학생 수는 75 %의 $\dfrac{1}{3}$이므로 25 %입니다.

$25\ \% \Rightarrow \dfrac{25}{100} \Rightarrow 25:100$이므로

(소설책을 매주 한 권씩 읽는 학생 수) : (전체 학생 수)
$=25:100$

현수네 반 전체 학생 수를 $\square$명이라 하면

$25:100=6:\square$

$\Rightarrow 25 \times \square=100 \times 6,\ 25 \times \square=600,$

$\square=600 \div 25=24$

11 남학생 수: $847 \times \dfrac{5}{5+6}=847 \times \dfrac{5}{11}=385$(명)

전학을 간 후 여학생 수: $847-385=462$(명)

전학을 가기 전 여학생 수를 $\square$명이라 하고 비례식을 세우면 $11:14=385:\square$입니다.

$11 \times \square=14 \times 385,\ 11 \times \square=5390,$

$\square=5390 \div 11=490$

$\Rightarrow$ 전학을 간 여학생 수: $490-462=\mathbf{28}$(명)

12 ㉠ : $\square=8:$ ㉡에서 ㉠$\times$㉡$=\square \times 8$이므로 ㉠$\times$㉡은 8의 배수이고, ㉠$\times$㉡은 300보다 작은 7의 배수이므로 ㉠$\times$㉡이 될 수 있는 수는 300보다 작은 8과 7의 공배수입니다.

8과 7의 공배수는 56의 배수이고, $\square$ 안에 들어갈 수 있는 수가 가장 큰 경우는 ㉠$\times$㉡이 가장 큰 수일 때이므로 ㉠$\times$㉡$=280$일 때입니다.

$\Rightarrow$ ㉠$\times$㉡$=\square \times 8,\ 280=\square \times 8,$
   $\square=280 \div 8=\mathbf{35}$

13 생각 열기 하루는 24시간이므로 (밤의 길이)$+$(낮의 길이)$=24$시간입니다.

(밤의 길이)$+$(낮의 길이)$=24$,

(밤의 길이)$=$(낮의 길이)$+4$

$\Rightarrow$ (밤의 길이)$+$(낮의 길이)
   $=$(낮의 길이)$+4+$(낮의 길이)$=24$,
   (낮의 길이)$\times 2=20$,
   (낮의 길이)$=10$시간, (밤의 길이)$=10+4=14$(시간)
   (낮의 길이) : (밤의 길이)
   $=10:14=(10 \div 2):(14 \div 2)=\mathbf{5:7}$

14 지난달에 210만$+90$만$=300$만 (원)을 투자하여 이익금을 50만 원 얻었으므로

(투자한 금액) : (이익금)$=300$만 $:50$만$=6:1$입니다.

이익금은 갑과 을이 210만 $:90$만$=7:3$으로 비례배분하므로 이번 달에 얻은 이익금을 $\square$원이라 하면

$\square \times \dfrac{7}{7+3}=\square \times \dfrac{7}{10}=70$만, $\square=70$만$\div \dfrac{7}{10}$,

$\square=70$만$\times \dfrac{10}{7}=100$만입니다.

이번 달에 갑과 을이 투자한 금액을 $\triangle$원이라 하면

$6:1=\triangle:100$만 $\Rightarrow 6 \times 100$만$=1 \times \triangle,\ \triangle=600$만

$\Rightarrow$ 갑: 600만$\times \dfrac{7}{7+3}=600$만$\times \dfrac{7}{10}=\mathbf{420}$만 (원)

다른 풀이

(갑) : (을)$=210$만 $:90$만$=7:3$이므로
지난달에 갑이 210만 원을 투자하여
50만$\times \dfrac{7}{7+3}=50$만$\times \dfrac{7}{10}=35$만 (원)의 이익금을
얻었습니다.
따라서 이번 달에 갑의 이익금이 70만 원이 되려면 지난달에 투자한 금액 210만 원의 $70 \div 35=2$(배)를 투자해야 하므로 210만$\times 2=\mathbf{420}$만 **(원)**을 투자한 것입니다.

실력평가

01 ㉠, ㉣

02 2 : 3＝6 : 9 또는 6 : 9＝2 : 3

03 (1) 예 10 : 6, 15 : 9

　　(2) 예 12 : 24, 8 : 16

04 90, 120

05 (1) 예 4 : 21

　　(2) 예 5 : 4

06 ㉡　　　　　　　　　**07** 1000원

08 ㉡, ㉣　　　　　　　**09** 예 4, 6, 12, 18

10 예 $\frac{3}{4}$시간＝$\frac{45}{60}$시간＝45분이므로

　　(걸어갈 때) : (자전거)＝45 : 20

　　　　　　　　　　　　＝(45÷5) : (20÷5)＝9 : 4

　　; 예 9 : 4

11 $\frac{5}{9}$: $\frac{4}{7}$　　　　　　**12** 490 cm, 350 cm

13 5개

14 예 4×▲＝572, ▲＝572÷4＝143

　　(외항의 곱)＝(내항의 곱)이므로

　　11×●＝572, ●＝572÷11＝52

　　⇨ ●＋▲＝52＋143＝195 ; 195

15 20명　　　　　**16** ㉣, ㉠, ㉢ , ㉡

17 30 cm²

18 예 올해 현서의 나이를 □살이라 하면 2 : 7＝□ : 42

　　⇨ 2×42＝7×□, 7×□＝84, □＝84÷7＝12

　　⇨ 3년 후 현서와 삼촌의 나이의 비는

　　　(12＋3) : (42＋3)＝15 : 45

　　　　　　　　　　　＝(15÷15) : (45÷15)

　　　　　　　　　　　＝1 : 3입니다.

　　; 예 1 : 3

19 140 g

20 예 2 : 5

---

01 ㉠ 7 : 5 ⇨ 후항: 5　　　㉡ 5 : 8 ⇨ 후항: 8

　　㉢ 3 : 9 ⇨ 후항: 9　　　㉣ 4 : 7 ⇨ 후항: 7

02 8 : 9 ⇨ $\frac{8}{9}$, 2 : 3 ⇨ $\frac{2}{3}$,

　　4 : 5 ⇨ $\frac{4}{5}$, 6 : 9 ⇨ $\frac{6}{9}＝\frac{2}{3}$,

　　2 : 3과 6 : 9의 비율이 같으므로 비례식으로 나타낼 수 있습니다.

　　⇨ **2 : 3＝6 : 9 또는 6 : 9＝2 : 3**

03 (1) 5 : 3＝(5×2) : (3×2)＝**10 : 6**

　　　　　＝(5×3) : (3×3)＝**15 : 9**

　　(2) 24 : 48＝(24÷2) : (48÷2)＝**12 : 24**

　　　　　＝(24÷3) : (48÷3)＝8 : 16

04 가: 210×$\frac{3}{3＋4}$＝210×$\frac{3}{7}$＝**90**

　　나: 210×$\frac{4}{3＋4}$＝210×$\frac{4}{7}$＝**120**

05 (1) $\frac{1}{7}$: $\frac{3}{4}$＝$\left(\frac{1}{7}×28\right)$: $\left(\frac{3}{4}×28\right)$＝**4 : 21**

　　(2) 4.5 : 3.6＝(4.5×10) : (3.6×10)＝45 : 36

　　　　　　＝(45÷9) : (36÷9)＝**5 : 4**

06 생각 열기 각 비례식을 만들어 외항의 곱과 내항의 곱을 구하고 비교합니다.

　　㉠ 외항의 곱: 7×13＝91, 내항의 곱: 11×9＝99

　　　⇨ 다릅니다.

　　㉡ 외항의 곱: 7×22＝154, 내항의 곱: 11×14＝154

　　　⇨ 같습니다.

　　㉢ 외항의 곱: 7×21＝147, 내항의 곱: 11×9＝99

　　　⇨ 다릅니다.

　　㉣ 외항의 곱: 7×17＝119, 내항의 곱: 11×5＝55

　　　⇨ 다릅니다.

07 초등학생의 입장료를 □원이라 하고 비례식을 세우면

　　1 : 2＝□ : 2000입니다.

　　⇨ 1×2000＝2×□, 2×□＝2000,

　　　□＝2000÷2＝**1000**

08 ㉠ 외항의 곱: $\frac{3}{4}$×4＝3, 내항의 곱: $\frac{2}{3}$×3＝2

　　　⇨ 다릅니다.

　　㉡ 외항의 곱: 10×6＝60, 내항의 곱: 3×20＝60

　　　⇨ 같습니다.

　　㉢ 외항의 곱: 7×21＝147, 내항의 곱: 9×27＝243

　　　⇨ 다릅니다.

　　㉣ 외항의 곱: 0.9×10＝9, 내항의 곱: 1.5×6＝9

　　　⇨ 같습니다.

> 참고
> 외항의 곱과 내항의 곱이 같으면 옳은 비례식입니다.

09 생각 열기 4장의 수 카드를 곱이 같은 두 수씩 짝 짓습니다.

　　4×18＝72, 6×12＝72이므로 4와 18이 외항, 6과 12가 내항이 되도록 수를 써넣거나 6과 12가 외항, 4와 18이 내항이 되도록 수를 써넣습니다.

10 서술형 가이드 $\frac{3}{4}$시간이 몇 분인지 구한 다음, 간단한 자연수의 비로 나타내는 풀이 과정이 들어 있어야 합니다.

채점 기준

상	소희가 걸어갈 때 걸리는 시간을 분으로 나타낸 다음, 답을 바르게 구함.
중	소희가 걸어갈 때 걸리는 시간을 분으로 나타냈지만 답이 틀림.
하	소희가 걸어갈 때 걸리는 시간을 분으로 나타내지 못하여 답을 구하지 못함.

11 생각 열기 비례식에서 '외항의 곱은 내항의 곱과 같습니다.'라는 성질을 거꾸로 생각해 봅니다.
곱셈식을 비례식으로 나타내어 봅니다.

$㉮\times\frac{4}{7}=㉯\times\frac{5}{9}$ ⇨ $㉮:㉯=\frac{5}{9}:\frac{4}{7}$

12 생각 열기 $1\,m=100\,cm$임을 이용하여 m 단위를 cm 단위로 바꿉니다.
$8.4\,m=840\,cm$

갑: $840\times\frac{7}{7+5}=840\times\frac{7}{12}=490\,(cm)$

을: $840\times\frac{5}{7+5}=840\times\frac{5}{12}=350\,(cm)$

13 $6:5=(6\times2):(5\times2)=12:10$
$\quad\quad=(6\times3):(5\times3)=18:15$
$\quad\quad\quad\quad\quad\quad\vdots$
$\quad\quad=(6\times6):(5\times6)=36:30$
$\quad\quad=(6\times7):(5\times7)=42:35$

⇨ 두 항에 2부터 6까지 곱할 수 있으므로 모두 **5개**의 자연수의 비로 나타낼 수 있습니다.

14 서술형 가이드 비례식에서 외항의 곱과 내항의 곱은 같다는 성질을 이용하여 답을 구하는 풀이 과정이 들어 있어야 합니다.

채점 기준

상	비례식의 성질을 이용하여 답을 바르게 구함.
중	비례식의 성질을 이용하여 식은 바르게 세웠으나 실수하여 답이 틀림.
하	비례식의 성질을 알지 못하여 식을 세우지 못함.

15 은채네 반 전체 학생 수를 □명이라 하고 비례식을 세우면 $45:9=100:$□입니다.
⇨ $45\times$□$=9\times100$, $45\times$□$=900$,
□$=900\div45=$**20**

16 ㉠ $4\times$□$=8\times16$, $4\times$□$=128$,
□$=128\div4=32$
㉡ $5\times500=100\times$□, $100\times$□$=2500$,
□$=2500\div100=25$
㉢ $3.2\times$□$=15\times6.4$, $3.2\times$□$=96$,
□$=96\div3.2=30$
㉣ $\frac{4}{7}\times15=\frac{5}{21}\times$□, $\frac{5}{21}\times$□$=\frac{60}{7}$,
□$=\frac{60}{7}\div\frac{5}{21}=\frac{60}{7}\times\frac{21}{5}=36$
⇨ $36>32>30>25$이므로 ㉣, ㉠, ㉢, ㉡입니다.

17 생각 열기 삼각형 ㄱㄴㄹ과 삼각형 ㄱㄹㄷ의 높이가 같으므로 넓이의 비는 밑변의 길이의 비와 같습니다.
(삼각형 ㄱㄴㄹ의 넓이) : (삼각형 ㄱㄹㄷ의 넓이)
$=6:5$
⇨ (삼각형 ㄱㄹㄷ의 넓이)
$=66\times\frac{5}{6+5}=66\times\frac{5}{11}=$**30 (cm²)**

18 서술형 가이드 올해 현서의 나이를 □살이라 놓고 비례식을 세워 답을 구하는 풀이 과정이 들어 있어야 합니다.

채점 기준

상	올해 현서의 나이를 □살이라 놓고 비례식을 세워 답을 바르게 구함.
중	올해 현서의 나이를 □살이라 놓고 비례식은 세웠으나 답을 구하지 못함.
하	올해 현서의 나이를 □살이라 놓고 비례식을 세우지 못함.

19 넣은 쌀의 양을 □g이라 하고 비례식을 세우면
$7:3=$□$:60$입니다.
⇨ $7\times60=3\times$□, $3\times$□$=420$, □$=420\div3=140$

다른 풀이

넣은 쌀과 잡곡의 양을 모두 □g이라고 하면
잡곡: □$\times\frac{3}{7+3}=$□$\times\frac{3}{10}=60$이고,
□$=60\div\frac{3}{10}=60\times\frac{10}{3}=200$입니다.
⇨ 쌀: $200\times\frac{7}{7+3}=200\times\frac{7}{10}=$**140 (g)**

20 (진수)$\times3=$(영호)$\times1.2$
⇨ (진수) : (영호)$=1.2:3$
$\quad\quad\quad\quad\quad=(1.2\times10):(3\times10)=12:30$
$\quad\quad\quad\quad\quad=(12\div6):(30\div6)=$**2 : 5**

참고
$㉮\times■=㉯\times▲$ ⇨ $㉮:㉯=▲:■$

38 수학 6-2

⑤ 원의 넓이

1-1 ⑩ 원주

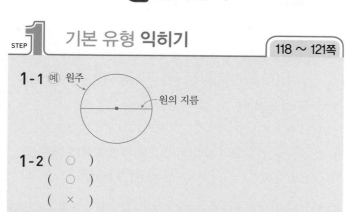

원의 지름

1-2 (○)
　　　(○)
　　　(×)

1-3 ㉢

2-1 3.14, 3.14

2-2 ⑩ 원의 크기와 상관없이 (원주)÷(지름)은 일정합니다.

2-3 성규

3-1 $17 \times 3.14 = 53.38$; 53.38 cm

3-2 14 cm　　　　　**3-3** 6 cm

3-4 6.2 cm

3-5 24 mm

3-6 ㉡, ㉢, ㉠

3-7 197.82 cm

4-1 ⑴ 450 cm² ⑵ 900 cm² ⑶ 450, 900

4-2 88, 132

4-3 ⑩ 525 cm² ; ⑩ 원 안에 있는 정육각형의 넓이는 450 cm²이고 원 밖에 있는 정육각형의 넓이는 600 cm²입니다. 원의 넓이는 원 안에 있는 정육각형의 넓이보다 크고, 원 밖에 있는 정육각형의 넓이보다 작으므로 450 cm² 보다 크고, 600 cm²보다 작습니다.

5-1 15.7 ; 78.5 cm²

5-2 151.9 cm²

5-3 49.6 cm²

5-4 693.94 cm²

5-5 697.5 cm²

5-6 ㉠, ㉢, ㉡

6-1 476.28 cm²

6-2 144 cm²

6-3 60.3 cm²

1-1 원의 지름은 원 위의 두 점을 이은 선분 중에서 원의 중심을 지나는 선분입니다.
원주는 원의 둘레입니다.

1-2 원주가 길어지면 원의 지름도 길어집니다.
원주는 (지름)×(원주율)이므로 원주와 원의 지름은 길이가 같지 않습니다.

1-3 지름이 2 cm인 원의 원주는 지름의 3배인 6 cm보다 길고, 지름의 4배인 8 cm보다 짧으므로 원주와 가장 비슷한 것은 ㉢입니다.

2-1 ・$21.98 \div 7 = 3.14$
　　・$34.54 \div 11 = 3.14$
　⇨ (원주)÷(지름)=**3.14**로 모두 같습니다.

2-2 서술형 가이드 표에 나타난 (원주)÷(지름)을 보고 알 수 있는 사실이 나타나게 서술해야 합니다.

채점 기준	
상	(원주)÷(지름)을 보고 알 수 있는 사실을 바르게 씀.
중	(원주)÷(지름)을 보고 알 수 있는 사실을 썼으나 미흡함.
하	(원주)÷(지름)을 보고 알 수 있는 사실을 쓰지 못함.

2-3 생각 열기 (원주율)=(원주)÷(지름)
성규: 원주율은 ~~지름~~을 ~~원주~~로 나눈 값입니다.
⇨ 원주율은 원주를 지름으로 나눈 값입니다.

3-1 생각 열기 (원주)=(지름)×(원주율)
서술형 가이드 원반의 원주를 구하는 식을 바르게 세우고 답을 구해야 합니다.

채점 기준	
상	식을 바르게 세우고 계산하여 답을 구함.
중	식을 바르게 세웠으나 계산 과정에서 실수가 있음.
하	식을 바르게 세우지 못하여 답을 구하지 못함.

3-2 생각 열기 (원주)=(지름)×(원주율)이므로
(지름)=(원주)÷(원주율)입니다.
(지름)=$43.96 \div 3.14 = $ **14 (cm)**입니다.

3-3 (지름)=(원주)÷(원주율)
　　　　$= 37.68 \div 3.14 = 12$ (cm)
⇨ (반지름)=$12 \div 2 = $ **6 (cm)**

3-4 ・왼쪽 원: (원주)=$18 \times 3.1 = 55.8$ (cm)
・오른쪽 원: (지름)=$10 \times 2 = 20$ (cm)이므로
　(원주)=$20 \times 3.1 = 62$ (cm)입니다.
⇨ $62 - 55.8 = $ **6.2 (cm)**

3-5 (가로 단면의 지름)=$(3+1) \times 2 = 8$ (mm)
⇨ (원주)=$8 \times 3 = $ **24 (mm)**

3-6 생각 열기 (원의 반지름)=(원주)÷(원주율)÷2

(㉠의 반지름)=58.9÷3.1÷2=9.5 (cm)

(㉡의 반지름)=24.8÷3.1÷2=4 (cm)

(㉢의 반지름)=10÷2=5 (cm)

⇨ 4<5<9.5이므로 반지름이 짧은 원부터 차례로 쓰면 ㉡, ㉢, ㉠입니다.

3-7 생각 열기 접시가 1바퀴 굴러간 거리는 접시의 원주와 같습니다.

해법 순서
① 접시가 1바퀴 굴러간 거리를 구합니다.
② 접시가 3바퀴 굴러간 거리를 구합니다.

접시가 1바퀴 굴러간 거리: 21×3.14=65.94 (cm)

접시가 3바퀴 굴러간 거리: 65.94×3=**197.82 (cm)**

4-1 (1) 정사각형 ㅁㅂㅅㅇ은 두 대각선의 길이가

15×2=30 (cm)인 마름모이므로

(넓이)=30×30÷2=**450 (cm²)**입니다.

(2) 정사각형 ㄱㄴㄷㄹ은 한 변의 길이가

15×2=30 (cm)이므로

(넓이)=30×30=**900 (cm²)**입니다.

(3) (정사각형 ㅁㅂㅅㅇ의 넓이)<(원의 넓이)

(원의 넓이)<(정사각형 ㄱㄴㄷㄹ의 넓이)

⇨ **450 cm²**<(원의 넓이)

(원의 넓이)<**900 cm²**

4-2 생각 열기 원의 넓이는 원 안의 색칠된 노란색 모눈의 넓이보다 크고 원 밖의 빨간색 선 안쪽 모눈의 넓이보다 작습니다.

• 노란색 모눈의 넓이:

1 cm²인 칸이 88개이므로 88 cm²입니다.

• 빨간색 선 안쪽 모눈의 넓이:

1 cm²인 칸이 132개이므로 132 cm²입니다.

⇨ **88 cm²**<(원의 넓이)

(원의 넓이)<**132 cm²**

4-3 서술형 가이드 원 안에 있는 정육각형과 원 밖에 있는 정육각형의 넓이를 이용하여 원의 넓이를 어림하는 풀이 과정이 들어 있어야 합니다.

채점 기준

상	원의 넓이를 바르게 어림하고 그 이유를 바르게 씀.
중	원의 넓이를 바르게 어림하고 그 이유를 썼으나 미흡함.
하	원의 넓이를 바르게 어림하지 못함.

참고
(원 안에 있는 정육각형의 넓이)=75×6=450 (cm²)
(원 밖에 있는 정육각형의 넓이)=100×6=600 (cm²)

5-1 (원주)×$\frac{1}{2}$=10×3.14÷2=**15.7** (cm)

⇨ (원의 넓이)=15.7×5=**78.5 (cm²)**

참고
원을 한없이 잘라 이어 붙여서 직사각형 모양으로 만들면 직사각형의 가로는 (원주)×$\frac{1}{2}$이고, 세로는 원의 반지름과 같습니다.

5-2 생각 열기 (원의 넓이)=(반지름)×(반지름)×(원주율)

(원의 넓이)=7×7×3.1=**151.9 (cm²)**

5-3 생각 열기 원의 반지름을 먼저 구한 다음 넓이를 구합니다.

원의 반지름이 8÷2=4 (cm)이므로

(원의 넓이)=4×4×3.1=**49.6 (cm²)**입니다.

5-4 • 왼쪽 목재: 10×10×3.14=314 (cm²)

• 오른쪽 목재: 11×11×3.14=379.94 (cm²)

⇨ 314+379.94=**693.94 (cm²)**

주의
(원주)=(반지름)×(원주율)
(원주)=(지름)×(원주율)
(원의 넓이)=(지름)×(지름)×(원주율)
(원의 넓이)=(반지름)×(반지름)×(원주율)

5-5 (작은 원의 넓이)=8×8×3.1=198.4 (cm²)

큰 원의 반지름은 25-8=17 (cm)이므로

(큰 원의 넓이)=17×17×3.1=895.9 (cm²)입니다.

⇨ 895.9-198.4=**697.5 (cm²)**

5-6 생각 열기 (원의 넓이)=(반지름)×(반지름)×(원주율)

㉠ (넓이)=12×12×3.14=452.16 (cm²)

㉢ (넓이)=16×16×3.14÷2=401.92 (cm²)

⇨ 452.16 cm²>401.92 cm²>379.94 cm²이므로

㉠>㉢>㉡입니다.

참고
• 원의 크기 비교
① 반지름이 길수록 더 큰 원입니다.
② 지름이 길수록 더 큰 원입니다.
③ 원주가 길수록 더 큰 원입니다.
④ 넓이가 넓을수록 더 큰 원입니다.

6-1 (색칠한 부분의 넓이)

=(정사각형의 넓이)-(반원의 넓이)

=28×28-14×14×3.14÷2

=784-307.72

=**476.28 (cm²)**

6-2 (색칠한 부분의 넓이)=(큰 원의 넓이)−(작은 원의 넓이)

$$=8\times8\times3-4\times4\times3$$
$$=192-48=\boldsymbol{144\,(cm^2)}$$

6-3

- ㉠과 ㉡의 넓이의 합은 반지름이 3 cm인 원의 넓이와 같습니다.

  ⇨ (㉠의 넓이)+(㉡의 넓이)
  $$=3\times3\times3.1=27.9\,(cm^2)$$

- 정사각형의 한 변의 길이는 $3\times4=12\,(cm)$입니다.

  (색칠한 나머지 부분의 넓이)
  $$=12\times12-6\times6\times3.1$$
  $$=144-111.6$$
  $$=32.4\,(cm^2)$$

  ⇨ $27.9+32.4=\boldsymbol{60.3\,(cm^2)}$

STEP 2 응용 유형 익히기

122 ～ 127쪽

응용 1 56.52 cm	
예제 1-1 44 cm	**예제 1-2** 97.65 cm
응용 2 81.6 cm	
예제 2-1 49.98 cm	**예제 2-2** 58.8 cm
응용 3 6 cm	
예제 3-1 47.5 cm	**예제 3-2** 0.1825 m
응용 4 24 cm	
예제 4-1 8 cm	**예제 4-2** 50 cm
응용 5 1187.84 cm²	
예제 5-1 455.7 cm²	**예제 5-2** 270 cm²
응용 6 37.2 cm	
예제 6-1 50.24 cm	**예제 6-2** 4.557 cm²

응용 1 생각 열기 큰 원과 작은 원으로 나누어 생각하면 색칠한 부분의 둘레를 구할 수 있습니다.

(1) 큰 원의 원주: $(3+3)\times2\times3.14=37.68\,(cm)$

작은 원의 원주: $3\times2\times3.14=18.84\,(cm)$

(2) (색칠한 부분의 둘레)$=37.68+18.84$
$$=\boldsymbol{56.52\,(cm)}$$

예제 1-1 생각 열기 색칠한 부분의 둘레는 어떤 길이의 합인지 알아봅니다.

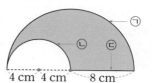

색칠한 부분의 둘레는 큰 반원의 곡선 부분(㉠)의 길이, 작은 반원의 곡선 부분(㉡)의 길이와 8 cm(㉢)의 합과 같습니다.

⇨ (색칠한 부분의 둘레)
$$=㉠+㉡+㉢$$
$$=8\times2\times3\div2+8\times3\div2+8$$
$$=24+12+8$$
$$=\boldsymbol{44\,(cm)}$$

예제 1-2

(철사의 길이)
$$=(큰\ 원의\ 원주)+(작은\ 원의\ 원주의\ 반)\times3$$
$$=9\times2\times3.1+9\times3.1\div2\times3$$
$$=55.8+41.85$$
$$=\boldsymbol{97.65\,(cm)}$$

응용 2 (1) 직선 부분의 길이:
$$16\times2=32\,(cm)$$

곡선 부분의 길이:

(반지름이 8 cm인 원의 원주)
$$=8\times2\times3.1$$
$$=49.6\,(cm)$$

(2) (사용한 끈의 길이)
$$=32+49.6$$
$$=\boldsymbol{81.6\,(cm)}$$

예제 2-1 생각 열기 그림에서 직선 부분과 곡선 부분으로 나누어 생각해 봅니다.

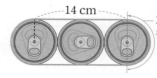

(사용한 테이프의 길이)
$$=14\times2+7\times3.14$$
$$=28+21.98$$
$$=\boldsymbol{49.98\,(cm)}$$

예제 **2-2** 생각 열기 사용한 끈 중 곡선 부분에 사용한 끈의 길이와 원주의 관계를 알아봅니다.

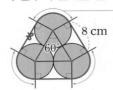

세 부분을 합치면 원 1개의 원주와 같습니다.

(사용한 끈의 길이)
= (직선인 부분의 길이의 합)
　+ (원의 일부분의 길이의 합) + (매듭의 길이)
= $8 \times 3 + 8 \times 3.1 + 10$
= **58.8 (cm)**

응용 **3** (1) (지름이 48 cm인 원의 원주) = 48×3.14
　　　　　　　　　　　　　　　　　 = 150.72 (cm)
　　(2) (작은 원의 원주) = $150.72 \div 4$
　　　　　　　　　　　　 = 37.68 (cm)
　　(3) (작은 원의 반지름) = $37.68 \div 3.14 \div 2$
　　　　　　　　　　　　　 = **6 (cm)**

예제 **3-1** (작은 원 1개의 원주) = 19×3.1
　　　　　　　　　　　　　 = 58.9 (cm)
　　(큰 원의 원주) = (작은 원 1개의 원주) $\times 5$
　　　　　　　　　 = 58.9×5
　　　　　　　　　 = 294.5 (cm)
　　⇨ (큰 원의 반지름) = $294.5 \div 3.1 \div 2$
　　　　　　　　　　　 = **47.5 (cm)**

예제 **3-2** (원반던지기 서클의 반지름)
　　　 = $15 \div 2 \div 3 \div 2 = 1.25$ (m)
　　(포환던지기 서클의 반지름)
　　　 = $32.025 \div 5 \div 3 \div 2 = 1.0675$ (m)
　　⇨ (두 서클의 반지름의 차)
　　　 = $1.25 - 1.0675 = $ **0.1825 (m)**

응용 **4** 생각 열기 피자 5조각의 넓이를 5로 나누면 한 조각의 넓이가 됩니다.
　　(1) (전체 피자의 넓이)
　　　 = $282.6 \div 5 \times 8 = 452.16$ (cm²)
　　(2) (반지름) $\times$ (반지름) = $452.16 \div 3.14 = 144$이므로 (반지름) = 12 cm입니다.
　　　 ⇨ (피자의 지름) = $12 \times 2 = $ **24 (cm)**

예제 **4-1** 생각 열기 원을 똑같이 5조각으로 나눈 것 중의 4부분을 이어 붙여 만든 도형이므로 넓이를 4로 나누면 원을 똑같이 5조각으로 나누었을 때 한 조각의 넓이와 같습니다.
　　(원의 넓이) = $153.6 \div 4 \times 5$
　　　　　　　 = 192 (cm²)
　　따라서 (반지름) $\times$ (반지름) = $192 \div 3 = 64$이므로 원의 반지름은 **8 cm**입니다.

예제 **4-2** 해법 순서
　① 표시한 부분은 전체 물레방아의 몇 분의 몇인지 구합니다.
　② 물레방아의 넓이를 구합니다.
　③ 물레방아의 반지름을 구합니다.
　표시한 부분은 전체 원의 $\frac{72}{360} = \frac{1}{5}$이므로 전체 원의 넓이는 $1570 \times 5 = 7850$ (cm²)입니다.
　따라서 (반지름) $\times$ (반지름) $\times 3.14 = 7850$,
　(반지름) $\times$ (반지름) = $7850 \div 3.14 = 2500$이므로 물레방아의 반지름은 **50 cm**입니다.

응용 **5** (1) 반원 8개의 넓이는 원 4개의 넓이와 같습니다.
　　　 ⇨ (반원 8개의 넓이) = $8 \times 8 \times 3.14 \times 4$
　　　　　　　　　　　　　 = 803.84 (cm²)
　　(2) 밑변의 길이가 24 cm, 높이가 8 cm인 삼각형이 4개입니다.
　　　 ⇨ (삼각형 넓이의 합) = $24 \times 8 \div 2 \times 4$
　　　　　　　　　　　　　 = 384 (cm²)
　　(3) 따라서 색칠한 부분의 넓이는
　　　 $803.84 + 384 = $ **1187.84 (cm²)**입니다.

다른 풀이
　(반원 8개의 넓이) = $8 \times 8 \times 3.14 \div 2 \times 8$
　　　　　　　　　　 = 803.84 (cm²)
　반원으로 둘러싸인 도형은 가로가 $16 \times 3 = 48$ (cm), 세로가 16 cm인 직사각형이므로
　(직사각형의 넓이) = $48 \times 16 = 768$ (cm²)입니다.
　색칠하지 않은 부분은 두 대각선의 길이가 각각 48 cm, 16 cm인 마름모이므로
　(마름모의 넓이) = $48 \times 16 \div 2 = 384$ (cm²)입니다.
　⇨ (색칠한 부분의 넓이)
　　 = $803.84 + 768 - 384$
　　 = 1187.84 (cm²)

예제 **5-1** 해법 순서
　① 색칠한 부분이 원 몇 개의 넓이와 같은지 구합니다.
　② ①을 이용하여 색칠한 부분의 넓이를 구합니다.
　원 1개의 $\frac{1}{4}$을 뺀 모양이 4개이면 원 3개의 넓이와 같습니다.
　(색칠한 부분의 넓이)
　= (원의 일부분 4개의 넓이)
　= (원 3개의 넓이)
　= $7 \times 7 \times 3.1 \times 3$
　= **455.7 (cm²)**

예제 **5-2** 해법 순서

① 원의 일부분 모양 각각의 반지름을 알아봅니다.
② 원의 일부분 모양 각각의 넓이를 구합니다.
③ ②에서 구한 넓이의 합을 구합니다.

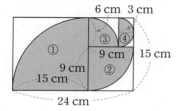

①의 넓이: $15×15×3÷4=168.75\,(\mathrm{cm}^2)$
②의 넓이: $9×9×3÷4=60.75\,(\mathrm{cm}^2)$
③의 넓이: $6×6×3÷4=27\,(\mathrm{cm}^2)$
④의 넓이: $3×3×3÷2=13.5\,(\mathrm{cm}^2)$
⇨ (색종이를 붙인 부분의 넓이의 합)
   $=①+②+③+④$
   $=168.75+60.75+27+13.5$
   $=\mathbf{270\,(cm^2)}$

응용 **6** 생각 열기 (원주)=(지름)×(원주율)

(원의 넓이)=(반지름)×(반지름)×(원주율)

(1) (작은 원의 넓이)$=2×2×3.1$
            $=12.4\,(\mathrm{cm}^2)$
   (큰 원의 넓이)$=12.4×9$
            $=111.6\,(\mathrm{cm}^2)$
(2) 큰 원의 반지름을 □ cm라 하면
   $□×□×3.1=111.6$, $□×□=36$, $□=6$이므
   로 큰 원의 지름은 12 cm입니다.
(3) (큰 원의 원주)$=12×3.1$
            $=\mathbf{37.2\,(cm)}$

예제 **6-1** 해법 순서

① 큰 원의 넓이를 구합니다.
② 작은 원의 넓이를 구합니다.
③ 작은 원의 반지름을 구합니다.
④ 작은 원의 원주를 구합니다.
(큰 원의 넓이)$=16×16×3.14$
         $=803.84\,(\mathrm{cm}^2)$
(작은 원의 넓이)$=803.84÷4$
         $=200.96\,(\mathrm{cm}^2)$
작은 원의 반지름을 □ cm라 하면
$□×□×3.14=200.96$,
$□×□=200.96÷3.14=64$, $□=8$입니다.
⇨ (작은 원의 원주)$=16×3.14$
         $=\mathbf{50.24\,(cm)}$

예제 **6-2** 해법 순서

① 가장 큰 원의 반지름을 구합니다.
② 각 간격의 길이를 구합니다.
③ 초록색 부분의 넓이를 구합니다.
(가장 큰 원의 반지름)
$=13.02÷3.1÷2=2.1\,(\mathrm{cm})$
반지름이 같은 간격으로 짧아지게 그렸으므로
$2.1÷3=0.7\,(\mathrm{cm})$ 간격입니다.
⇨ (초록색 부분의 넓이)
   $=$(초록색과 노란색 부분의 넓이)
    $-$(노란색 부분의 넓이)
   $=1.4×1.4×3.1-0.7×0.7×3.1$
   $=6.076-1.519$
   $=\mathbf{4.557\,(cm^2)}$

참고
• 원주 ⇨ 길이 ⇨ cm, m 등
• 원의 넓이 ⇨ 넓이 ⇨ cm^2, m^2 등

STEP **3** 응용 유형 뛰어넘기   128 ∼ 132쪽

01 37.68 cm   **02** 3096.04 cm²
03 예 (원의 반지름)$=130.2÷3.1÷2=21\,(\mathrm{cm})$
   ⇨ (원의 넓이)$=21×21×3.1=1367.1\,(\mathrm{cm}^2)$
   ; 1367.1 cm²
04 예 1917.48 cm²   **05** 84.5 cm²
06 21.7 cm
07 예 100.48 m$=10048$ cm
   (바퀴 자가 1바퀴 굴러간 거리)
   $=10048÷160=62.8\,(\mathrm{cm})$
   ⇨ (바퀴 자의 지름)$=62.8÷3.14=20\,(\mathrm{cm})$
   ; 20 cm
08 18.84 cm²
09 예 • 직선 부분의 길이: $5×4=20\,(\mathrm{cm})$
   • 곡선 부분의 길이:
     $10×3.14÷2+20×3.14÷2$
     $=15.7+31.4=47.1\,(\mathrm{cm})$
   따라서 (색칠한 부분의 둘레)$=20+47.1=67.1\,(\mathrm{cm})$
   입니다. ; 67.1 cm
10 64개   **11** 55140 cm²
12 116.64 cm   **13** 11바퀴
14 28.25 cm   **15** 3.875 m

01 생각 열기 (원주)＝(지름)×(원주율)

- 반지름이 25 cm인 원의 지름은 25×2＝50 (cm)입니다.

  (원주)＝50×3.14

  ＝157 (cm)

- 반지름이 19 cm인 원의 지름은 19×2＝38 (cm)입니다.

  (원주)＝38×3.14

  ＝119.32 (cm)

⇨ 157−119.32＝**37.68 (cm)**

02 생각 열기 (원의 넓이)＝(반지름)×(반지름)×(원주율)

- (반지름이 25 cm인 원의 넓이)＝25×25×3.14

  ＝1962.5 (cm²)

- (반지름이 19 cm인 원의 넓이)＝19×19×3.14

  ＝1133.54 (cm²)

⇨ 1962.5＋1133.54＝**3096.04 (cm²)**

03 서술형 가이드 원주를 이용하여 원의 반지름을 구한 후 원의 넓이를 구하는 풀이 과정이 들어 있어야 합니다.

채점 기준	
상	원의 반지름을 구한 후 답을 바르게 구함.
중	계산 과정에 실수가 있어 답이 틀림.
하	답을 구하지 못함.

04 생각 열기 (원 안에 있는 정팔각형의 넓이)＜(원의 넓이)

(원의 넓이)＜(원 밖에 있는 정팔각형의 넓이)

해법 순서

① 원 안에 있는 정팔각형의 넓이와 원 밖에 있는 정팔각형의 넓이를 각각 구합니다.

② ①에서 구한 두 넓이의 사잇값으로 어림합니다.

(원 안에 있는 정팔각형의 넓이)

＝(삼각형 ㄱㅇㄷ의 넓이)×8

＝220.49×8

＝1763.92 (cm²)

(원 밖에 있는 정팔각형의 넓이)

＝(삼각형 ㄱㅇㄴ의 넓이)×16

＝129.44×16

＝2071.04 (cm²)

⇨ 1763.92 cm²＜(원의 넓이)

(원의 넓이)＜2071.04 cm²이므로 이 두 넓이의 사잇값으로 원의 넓이를 어림할 수 있습니다.

05 해법 순서

① 색칠한 부분을 다음 그림과 같이 반으로 나누어 그중 한쪽의 넓이를 구합니다.

② ①을 2배 한 값을 구합니다.

그림과 같이 색칠한 부분을 둘로 나누어 한쪽의 넓이를 구하면

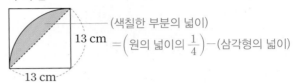

(색칠한 부분의 넓이)＝(원의 넓이의 $\frac{1}{4}$)−(삼각형의 넓이)

(색칠한 부분의 넓이의 반)

＝13×13×3÷4−13×13÷2

＝126.75−84.5＝42.25 (cm²)입니다.

⇨ (색칠한 부분의 넓이)＝42.25×2

＝**84.5 (cm²)**

06 생각 열기 색칠한 부분의 넓이가 원의 넓이의 얼마인지 알아봅니다.

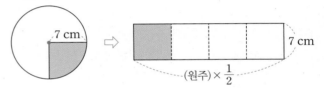

원의 넓이의 $\frac{1}{4}$이 직사각형의 넓이의 $\frac{1}{4}$이므로 원의 넓이는 직사각형의 넓이와 같습니다.

직사각형의 가로는 (원주)×$\frac{1}{2}$과 같습니다.

⇨ (직사각형의 가로)＝(원주)×$\frac{1}{2}$

＝14×3.1÷2＝**21.7 (cm)**

07 생각 열기 바퀴 자가 굴러간 바퀴 수를 이용하여 바퀴 자의 지름을 구합니다.

해법 순서

① m 단위를 cm 단위로 바꿉니다.

② 바퀴 자가 1바퀴 굴러간 거리를 구합니다.

③ 바퀴 자의 지름을 구합니다.

서술형 가이드 m 단위를 cm 단위로 바꾼 후 바퀴 자의 지름을 구하는 풀이 과정이 들어 있어야 합니다.

채점 기준	
상	바퀴 자가 1바퀴 굴러간 거리를 구한 후 바퀴 자의 지름을 cm 단위로 바르게 구함.
중	계산 과정에서 실수하여 답이 틀리거나 cm 단위로 답을 쓰지 않음.
하	바퀴 자가 1바퀴 굴러간 거리를 구하지 못함.

08 해법 순서
① 반지름이 6 cm인 원의 넓이를 구합니다.
② 색칠한 부분은 전체의 얼마인지 구합니다.
③ 색칠한 부분의 넓이를 구합니다.
반지름이 6 cm인 원의 넓이는
$6 \times 6 \times 3.14 = 113.04 \ (cm^2)$이고
색칠한 부분은 전체의 $\dfrac{60}{360} = \dfrac{1}{6}$이므로 색칠한 부분의

넓이는 $113.04 \div 6 = \mathbf{18.84 \ (cm^2)}$입니다.

09 해법 순서
① 직선 부분의 길이를 구합니다.
② 곡선 부분의 길이를 구합니다.
③ ①과 ②의 합을 구합니다.

서술형 가이드 색칠한 부분의 둘레를 직선 부분과 곡선 부분으로 나누어 구하는 풀이 과정이 들어 있어야 합니다.

채점 기준

상	색칠한 부분의 둘레를 직선 부분과 곡선 부분으로 나누어 바르게 구함.
중	색칠한 부분의 둘레를 직선 부분과 곡선 부분으로 나누었으나 계산 과정에서 실수가 있어 답이 틀림.
하	색칠한 부분의 둘레를 직선 부분과 곡선 부분으로 나누어 생각하지 못함.

10 생각 열기 호수의 둘레는 반원 모양인 양쪽 부분의 길이와 양쪽 직선의 길이로 이루어져 있습니다.

해법 순서
① 호수의 둘레를 구합니다.
② 필요한 의자 수를 구합니다.
(호수의 둘레) = (반원 모양인 양쪽 부분의 길이)
　　　　　　 + (양쪽 직선의 길이)
　　　　　 = $10 \times 3.14 + 67.5 \times 2$
　　　　　 = $166.4 \ (m)$
⇨ (필요한 의자 수) = $166.4 \div 2.6$
　　　　　　　　　 = $\mathbf{64(개)}$

참고
• 직선으로 이루어진 곳에 일정한 간격으로 시작점부터 끝점까지 물건을 놓을 때:
(물건의 수) = (전체 길이) ÷ (간격의 길이) + 1
• 원과 같이 이어진 둘레에 일정한 간격으로 물건을 놓을 때: (물건의 수) = (둘레) ÷ (간격의 길이)

11 해법 순서
① 파란색 부분의 넓이를 구합니다.
② 티의 넓이를 구합니다.
③ ①과 ②의 차를 구합니다.
파란색 부분의 넓이는 반지름이 183 cm인 원의 넓이에서 반지름이 122 cm인 원의 넓이를 뺀 것과 같습니다.
(파란색 부분의 넓이)
= $183 \times 183 \times 3 - 122 \times 122 \times 3$
= $100467 - 44652 = 55815 \ (cm^2)$
(티의 넓이) = $15 \times 15 \times 3 = 675 \ (cm^2)$
⇨ $55815 - 675 = \mathbf{55140 \ (cm^2)}$

12 해법 순서
① 자르기 전 원 모양 종이의 원주를 구합니다.
② 자른 한 조각의 곡선 부분의 길이를 구합니다.
③ 자른 한 조각의 둘레를 구합니다.

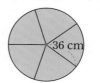 

(자르기 전 원 모양 종이의 원주)
= $36 \times 2 \times 3.1 = 223.2 \ (cm)$
자른 한 조각의 곡선 부분의 길이는
(원주) ÷ 5 = $223.2 \div 5 = 44.64 \ (cm)$입니다.
따라서 자른 한 조각의 둘레는
$36 + 36 + 44.64 = \mathbf{116.64 \ (cm)}$입니다.

13 지름이 40 cm인 굴렁쇠를 6바퀴 굴린 거리는
$40 \times 3.14 \times 6 = 753.6 \ (cm)$이므로
지름이 60 cm인 굴렁쇠가 굴러간 거리는
$2826 - 753.6 = 2072.4 \ (cm)$입니다.
⇨ (지름이 60 cm인 굴렁쇠를 굴린 바퀴 수)
= (지름이 60 cm인 굴렁쇠가 굴러간 거리)
　　 ÷ (지름이 60 cm인 굴렁쇠의 원주)
= $2072.4 \div (60 \times 3.14)$
= $2072.4 \div 188.4 = \mathbf{11(바퀴)}$

14

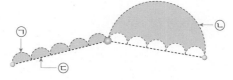

㉠: 지름이 1 cm인 원의 원주의 반
㉡: 지름이 5 cm인 원의 원주의 반
⇨ (색칠한 부분의 둘레)
= ㉠ × 10 + ㉡ + ㉢
= $1 \times 3.1 \div 2 \times 10 + 5 \times 3.1 \div 2 + 5$
= $15.5 + 7.75 + 5 = \mathbf{28.25 \ (cm)}$

15

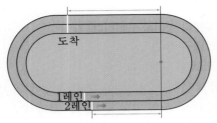

빨간색으로 표시한 거리는 1레인과 2레인 모두 같은 거리이므로 두 레인의 곡선 거리의 차만큼 2레인이 1레인보다 앞에서 출발해야 합니다.

(1레인의 곡선 구간 거리)$=50 \times 3.1 \div 2$
$\qquad\qquad\qquad\qquad = 77.5$ (m)

(2레인의 곡선 구간 거리)$=52.5 \times 3.1 \div 2$
$\qquad\qquad\qquad\qquad = 81.375$ (m)

따라서 2레인은 1레인보다 $81.375-77.5=$ **3.875 (m)** 앞에서 출발해야 공정한 경기가 될 수 있습니다.

실력평가

133 ~ 135쪽

01 길어집니다에 ○표
02 4
03 47.1 cm
04 615.44 cm²
05 (위부터) 31.4, 5 ; 26, 13
06 31, 124
07 291 cm²
08 8 cm
09 279 cm
10 예 (색칠한 부분의 넓이)
　＝(큰 원의 넓이)－(작은 원의 넓이)
　$=30 \times 30 \times 3.1 - 15 \times 15 \times 3.1$
　$=2790-697.5$
　$=2092.5$ (cm²) ; 2092.5 cm²
11 20 cm
12 171 m
13 예 (바퀴의 지름)$=0.35 \times 2 = 0.7$ (m)
　(바퀴의 원주)$=0.7 \times 3 = 2.1$ (m)
　⇨ $10.5 \div 2.1 = 5$(바퀴) ; 5바퀴
14 64 cm²
15 예 (원의 반지름)$=86.8 \div 3.1 \div 2 = 14$ (cm)
　⇨ (원의 넓이)$=14 \times 14 \times 3.1 = 607.6$ (cm²)
　; 607.6 cm²
16 이현, 백찬, 주희
17 83.7 cm²
18 337.5 cm²
19 110.4 cm
20 정사각형 모양 햄버거

01 원주가 짧아지면 원의 지름도 짧아지고 원주가 길어지면 원의 지름도 길어집니다.

02 원을 한없이 잘라 이어 붙여서 직사각형을 만들면 직사각형의 가로는 (원주)$\times \dfrac{1}{2}$과 같고 세로는 원의 반지름과 같습니다.
⇨ (직사각형의 세로)＝(원의 반지름)$=8 \div 2 =$ **4** (cm)

03 생각 열기 (원주)＝(지름)×(원주율)
(원주)$=15 \times 3.14 =$ **47.1 (cm)**

04 생각 열기 (원의 넓이)＝(반지름)×(반지름)×(원주율)
(원의 반지름)$=28 \div 2 = 14$ (cm)
(원의 넓이)$=14 \times 14 \times 3.14 =$ **615.44 (cm²)**

05 지름이 10 cm일 때
· (반지름)$=10 \div 2 =$ **5** (cm)
· (원주)$=10 \times 3.14 =$ **31.4** (cm)
원주가 81.64 cm일 때
· (지름)$=81.64 \div 3.14 =$ **26** (cm)
· (반지름)$=26 \div 2 =$ **13** (cm)

06 · (원 안에 있는 정삼각형의 넓이)$=31$ cm²
· (원 밖에 있는 정삼각형의 넓이)$=31 \times 4$
　$\qquad\qquad\qquad\qquad\qquad\qquad = 124$ (cm²)
원의 넓이는 원 안에 있는 정삼각형의 넓이보다 크고 원 밖에 있는 정삼각형의 넓이보다 작습니다.
⇨ 31 cm² < (원의 넓이)
　(원의 넓이) < **124** cm²

07 (두 원의 넓이의 합)
　＝(큰 원의 넓이)＋(작은 원의 넓이)
　$=9 \times 9 \times 3 + 4 \times 4 \times 3$
　$=243+48$
　$=$ **291 (cm²)**

08 생각 열기 (원의 넓이)＝(반지름)×(반지름)×(원주율)
⇨ (반지름)×(반지름)＝(원의 넓이)÷(원주율)
(반지름)×(반지름)$=200.96 \div 3.14 = 64$
$8 \times 8 = 64$이므로 원의 반지름은 **8 cm**입니다.

09 (색칠한 부분의 둘레)
　＝(큰 원의 원주)＋(작은 원의 원주)
　$=30 \times 2 \times 3.1 + 15 \times 2 \times 3.1$
　$=186+93$
　$=$ **279 (cm)**

10 서술형 가이드 큰 원의 넓이에서 작은 원의 넓이를 뺀 값을 구하는 풀이 과정이 들어 있어야 합니다.

채점 기준	
상	큰 원과 작은 원의 넓이를 각각 구해 답을 바르게 구함.
중	큰 원과 작은 원의 넓이는 각각 구했으나 답을 구하지 못함.
하	큰 원과 작은 원의 넓이를 각각 구하지 못함.

11 해법 순서
① 굴렁쇠의 원주를 구합니다.
② 굴렁쇠의 반지름을 구합니다.
굴렁쇠를 한 바퀴 굴렸을 때 굴러간 거리는 굴렁쇠의 원주와 같습니다.
(굴렁쇠의 원주)$=251.2 \div 2 = 125.6$ (cm)
⇨ (굴렁쇠의 반지름)$=125.6 \div 3.14 \div 2$
$= \textbf{20 (cm)}$

12 생각 열기 도형의 양쪽 끝 부분의 길이의 합은 원 1개의 원주와 같습니다.

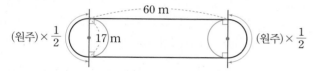

(도형의 둘레)
$=$(직선 부분의 길이)$+$(지름이 17 m인 원의 원주)
$=60 \times 2 + 17 \times 3$
$=120 + 51$
$= \textbf{171 (m)}$

13 해법 순서
① 바퀴의 지름을 구합니다.
② 바퀴의 원주를 구합니다.
③ 바퀴는 몇 바퀴 굴러간 것인지 구합니다.
서술형 가이드 바퀴의 원주를 구한 후 굴러간 바퀴 수를 구하는 풀이 과정이 들어 있어야 합니다.

채점 기준	
상	바퀴의 원주를 구하여 굴러간 바퀴 수를 바르게 구함.
중	바퀴의 원주는 구했으나 굴러간 바퀴 수를 구하지 못함.
하	바퀴의 원주를 구하지 못함.

14 생각 열기 원 안에 그릴 수 있는 가장 큰 정사각형은 두 대각선의 길이가 각각 16 cm입니다.
(원의 넓이)$=8 \times 8 \times 3 = 192$ (cm²)
(정사각형의 넓이)$=16 \times 16 \div 2 = 128$ (cm²)
⇨ (색칠한 부분의 넓이)$=192 - 128$
$= \textbf{64 (cm}^2\textbf{)}$

15 해법 순서
① 원의 반지름을 구합니다.
② 원의 넓이를 구합니다.
서술형 가이드 원주를 이용하여 원의 반지름을 구한 후 원의 넓이를 구하는 과정이 들어 있어야 합니다.

채점 기준	
상	원의 반지름을 구한 후 답을 바르게 구함.
중	계산 과정에 실수가 있어 답이 틀림.
하	답을 구하지 못함.

16 생각 열기 백찬, 이현, 주희가 각각 그린 원의 지름을 알아봅니다.
• 백찬: 20 cm
• 이현: $75.36 \div 3.14 = 24$ ⇨ 지름이 24 cm인 원
• 주희: $254.34 \div 3.14 = 81$이므로 $9 \times 9 = 81$에서 반지름은 9 cm, 지름은 $9 \times 2 = 18$ (cm)입니다.
⇨ 24 cm > 20 cm > 18 cm이므로 **이현, 백찬, 주희** 순서로 큰 원을 그립니다.

17

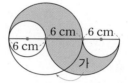

가 부분을 왼쪽으로 뒤집으면 색칠한 부분의 넓이는 반지름이 6 cm인 원의 넓이에서 지름이 6 cm인 원의 넓이를 뺀 것과 같습니다.
(색칠한 부분의 넓이)
$=6 \times 6 \times 3.1 - 3 \times 3 \times 3.1 = \textbf{83.7 (cm}^2\textbf{)}$

18 생각 열기 반지름이 30 cm인 원의 넓이의 $\frac{1}{4}$에서 반지름이 15 cm인 원의 넓이의 $\frac{1}{2}$을 뺍니다.
(색칠한 부분의 넓이)
$=30 \times 30 \times 3 \div 4 - 15 \times 15 \times 3 \div 2$
$=675 - 337.5 = \textbf{337.5 (cm}^2\textbf{)}$

19 원주는 $36 \times 3.1 = 111.6$ (cm)이므로 색칠한 부분 중 곡선 부분의 길이는
$111.6 \div 6 \times 4 = 74.4$ (cm)입니다.
⇨ $18 \times 2 + 74.4 = \textbf{110.4 (cm)}$

20 • (원 모양 햄버거의 넓이)$=7 \times 7 \times 3.14 = 153.86$ (cm²)
$3000 \div 153.86 = 19.498 \cdots$ ⇨ 1 cm²당 약 19원
• (정사각형 모양 햄버거의 넓이)$=14 \times 14 = 196$ (cm²)
$3500 \div 196 = 17.857 \cdots$ ⇨ 1 cm²당 약 18원
따라서 19원 > 18원이므로 **정사각형 모양 햄버거**를 사는 것이 더 실속 있습니다.

6 원기둥, 원뿔, 구

STEP 1 기본 유형 익히기

142 ~ 145쪽

1-1 나, 라

1-2

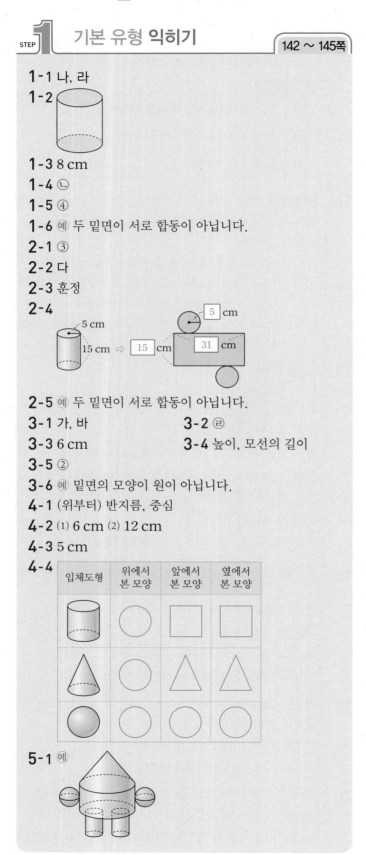

1-3 8 cm

1-4 ㉡

1-5 ④

1-6 예) 두 밑면이 서로 합동이 아닙니다.

2-1 ③

2-2 다

2-3 훈정

2-4

2-5 예) 두 밑면이 서로 합동이 아닙니다.

3-1 가, 바

3-2 ㉣

3-3 6 cm

3-4 높이, 모선의 길이

3-5 ②

3-6 예) 밑면의 모양이 원이 아닙니다.

4-1 (위부터) 반지름, 중심

4-2 ⑴ 6 cm ⑵ 12 cm

4-3 5 cm

4-4

입체도형	위에서 본 모양	앞에서 본 모양	옆에서 본 모양
(원기둥)	○	□	□
(원뿔)	○	△	△
(구)	○	○	○

5-1 예)

1-1 위와 아래에 있는 면이 서로 평행하고 합동인 원으로 이루어진 입체도형을 모두 찾으면 **나, 라**입니다.

1-2 서로 평행하고 합동인 두 면을 찾아 색칠합니다.

1-3 두 밑면에 수직인 선분의 길이를 찾습니다.
　⇨ **8 cm**

1-4 ㉡은 직육면체 모양입니다.

1-5 ④ 원기둥은 밑면이 2개입니다.

1-6 서술형 가이드 원기둥을 바르게 이해하고 있는지 확인합니다.

채점 기준	
상	원기둥이 아닌 이유를 바르게 씀.
중	원기둥이 아닌 이유는 썼지만 미흡함.
하	원기둥이 아닌 이유를 쓰지 못함.

2-1 생각 열기 원기둥을 잘라서 펼쳐 놓은 그림을 원기둥의 전개도라고 합니다.
　① 밑면이 2개여야 합니다.
　②, ④ 두 밑면이 서로 반대쪽에 있어야 합니다.

2-2 원기둥의 전개도에서 옆면의 세로의 길이는 원기둥의 높이와 같습니다. 밑면의 지름이 6 cm이고 높이가 8 cm인 원기둥의 전개도입니다.

2-3 원기둥의 전개도는 원 2개와 직사각형 1개로 이루어져 있습니다.

참고
원기둥의 전개도의 성질
① 두 밑면의 모양: 원
② 옆면의 모양: 직사각형
③ (옆면의 가로의 길이)
　=(밑면의 둘레)
④ (옆면의 세로의 길이)
　=(원기둥의 높이)

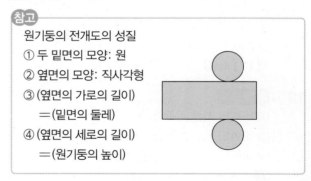

2-4

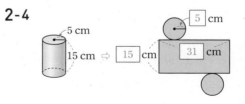

㉠ 밑면의 반지름: 5 cm
㉡ 원기둥의 높이: 15 cm
㉢ 밑면의 둘레: 5×2×3.1=31 (cm)

참고
(옆면의 가로의 길이)=(밑면의 둘레)
　　　　　　　　　=(지름)×(원주율)
　　　　　　　　　=(반지름)×2×(원주율)

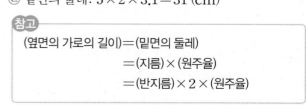

2-5 '옆면의 모양이 직사각형이 아닙니다.'라고 써도 정답입니다.

[서술형 가이드] 원기둥의 전개도를 바르게 이해하고 있는지 확인합니다.

[채점 기준]

상	원기둥의 전개도가 아닌 이유를 바르게 씀.
중	원기둥의 전개도가 아닌 이유는 썼지만 미흡함.
하	원기둥의 전개도가 아닌 이유를 쓰지 못함.

3-1 평평한 면이 원이고 옆을 둘러싼 면이 굽은 면인 뿔 모양의 입체도형을 모두 찾으면 **가, 바**입니다.
다: 원기둥, 라: 원기둥, 마: 삼각뿔

3-2 그린 모양은 평평한 면이 원이고 옆을 둘러싼 면인 굽은 면인 뿔 모양의 입체도형이므로 원뿔입니다.

3-3 선분 ㄱㄷ은 원뿔의 모선이고 모선의 길이는 모두 같습니다.
⇨ **6 cm**

[참고]
원뿔의 꼭짓점과 밑면인 원의 둘레의 한 점을 이은 선분을 모선이라고 합니다.

3-4 ㉠ 자와 삼각자를 사용하여 밑면의 가장자리에서 자를 수직으로 올려 원뿔의 꼭짓점까지의 길이를 재는 것
⇨ 원뿔의 **높이**
㉡ 원뿔의 꼭짓점에서 밑면인 원의 둘레의 한 점을 이은 선분의 길이를 재는 것
⇨ 원뿔의 **모선의 길이**

3-5 ① 높이를 잴 수 있습니다.
③ 모선은 셀 수 없이 많습니다.
④ 밑면의 모양은 원이고 1개입니다.
⑤ 모선의 길이는 모두 같습니다.

3-6 '옆면이 굽은 면이 아닙니다.'라고 써도 정답입니다.

[서술형 가이드] 원뿔을 바르게 이해하고 있는지 확인합니다.

[채점 기준]

상	원뿔이 아닌 이유를 바르게 씀.
중	원뿔이 아닌 이유는 썼지만 미흡함.
하	원뿔이 아닌 이유를 쓰지 못함.

4-1 구의 **중심**: 구의 가장 안쪽에 있는 점
구의 **반지름**: 구의 중심에서 구의 겉면의 한 점을 이은 선분

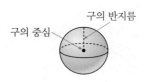

4-2 (1) 반원의 반지름은 구의 반지름과 같습니다. ⇨ **6 cm**
(2) $6 \times 2 = 12$ (cm)

4-3 반원의 중심은 구의 중심이 되고 반원의 반지름은 구의 반지름이 됩니다.
⇨ (구의 반지름) $= 10 \div 2 = 5$ (cm)

4-4 도형을 각 방향에서 본 모양을 생각해 봅니다.

[참고]
• 원기둥, 원뿔, 구를 위에서 본 모양은 모두 원입니다.
• 구는 위, 앞, 옆에서 본 모양이 모두 원입니다.

5-1 원기둥, 원뿔, 구를 이용하여 집, 우주선, 운동 기구 등 여러 가지 모양을 만들 수 있습니다.

STEP 2 응용 유형 익히기   146 ～ 151쪽

응용 **1** 72.8 cm			
예제 **1-1** 123.2 cm		예제 **1-2** 91.36 cm	
응용 **2** 9 cm			
예제 **2-1** 6 cm		예제 **2-2** 4 cm	
응용 **3** 42 cm			
예제 **3-1** 14 cm		예제 **3-2** 75.36 cm	
응용 **4** 9360 cm²			
예제 **4-1** 9920 cm²		예제 **4-2** 4바퀴	
응용 **5** 48 cm²			
예제 **5-1** 254.34 cm²		예제 **5-2** 800 cm², 120 cm	
응용 **6** 20 cm			
예제 **6-1** 20 cm		예제 **6-2** 11 cm	

응용 **1** [생각 열기] 원기둥의 전개도에서 옆면의 가로의 길이는 밑면의 둘레와 같습니다.
(1) 원기둥의 전개도의 둘레는 밑면의 둘레를 4번, 원기둥의 높이를 2번 더한 길이와 같습니다.
(2) (전개도의 둘레) $= 15.7 \times 4 + 5 \times 2$
$= 62.8 + 10$
$= 72.8$ (cm)

예제 1-1 [해법 순서]

① 원기둥의 전개도의 둘레는 밑면의 둘레와 높이를 몇 번 더한 길이와 같은지 알아봅니다.

② ①을 이용하여 전개도의 둘레를 구합니다.

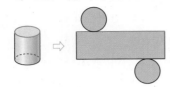

(밑면의 둘레)$=4 \times 2 \times 3.1 = 24.8$ (cm)

⇨ (원기둥의 전개도의 둘레)

$= 24.8 \times 4 + 12 \times 2$

$= 99.2 + 24$

$= \textbf{123.2 (cm)}$

예제 1-2 [생각 열기] 원기둥의 전개도에서 옆면의 가로의 길이는 밑면의 둘레와 같습니다.

(밑면의 둘레)$= 6 \times 3.14 = 18.84$ (cm)

⇨ (원기둥의 전개도의 둘레)

$= 18.84 \times 4 + 8 \times 2$

$= 75.36 + 16$

$= \textbf{91.36 (cm)}$

응용 2

(1) 옆면의 가로의 길이는 (밑면의 지름)×(원주율)로 구할 수 있으므로 밑면의 지름은

(옆면의 가로의 길이)÷(원주율)

$= 54 \div 3 = 18$ (cm)입니다.

(2) 밑면의 반지름은 $18 \div 2 = \textbf{9 (cm)}$입니다.

[참고]

원기둥의 전개도에서 옆면의 가로의 길이는 밑면의 둘레와 같습니다.

원기둥의 전개도에서 옆면의 세로의 길이는 원기둥의 높이와 같습니다.

예제 2-1 [해법 순서]

① 옆면의 가로의 길이를 이용하여 밑면의 지름을 구합니다.

② ①에서 구한 지름을 이용하여 반지름을 구합니다.

(밑면의 지름)=(옆면의 가로의 길이)÷(원주율)

$= 36 \div 3 = 12$ (cm)

(밑면의 반지름)$= 12 \div 2 = \textbf{6 (cm)}$

예제 2-2 [생각 열기] 옆면의 둘레를 이용하여 밑면의 반지름을 구합니다.

옆면의 가로의 길이를 □cm라 하면

(□+15)×2=78입니다. □+15=39, □=24

밑면의 반지름을 △cm라고 하면 △×2×3=24이므로 △×6=24, △=24÷6=4입니다.

응용 3 [생각 열기] 원뿔에서 모선의 길이는 모두 같습니다.

(1) 원뿔의 꼭짓점과 밑면인 원의 둘레의 한 점을 이은 선분을 찾으면 모두 3개입니다.

(2) (파란색 철사의 길이의 합)$=16 \times 3$

$= 48$ (cm)

(3) (빨간색 철사의 길이)$= 90 - 48$

$= \textbf{42 (cm)}$

[참고]

원뿔의 꼭짓점과 밑면인 원의 둘레의 한 점을 이은 선분을 모선이라고 합니다.

예제 3-1 [해법 순서]

① 빨간색 철사의 길이를 구합니다.

② 파란색 철사의 길이를 구합니다.

③ ①, ②에서 구한 두 길이의 차를 구합니다.

왼쪽 원뿔 모양에서 모선을 나타내는 선분은 3개입니다.

(빨간색 철사의 길이)$= 128 - 22 \times 3$

$= 128 - 66 = 62$ (cm)

오른쪽 원뿔 모양에서 모선을 나타내는 선분은 4개입니다.

(파란색 철사의 길이)$= 128 - 20 \times 4$

$= 128 - 80 = 48$ (cm)

⇨ $62 - 48 = \textbf{14 (cm)}$

예제 3-2 [해법 순서]

① 모선을 나타내는 선분과 밑면의 지름을 나타내는 선분의 개수를 각각 구합니다.

② 밑면의 지름을 구합니다.

③ 빨간색 철사의 길이를 구합니다.

모선을 나타내는 선분은 6개, 밑면의 지름을 나타내는 선분은 3개입니다.

밑면의 지름을 □cm라 하면

$25 \times 6 + □ \times 3 = 222$,

$150 + □ \times 3 = 222$, $□ \times 3 = 222 - 150$,

$□ \times 3 = 72$, $□ = 72 \div 3 = 24$입니다.

⇨ (빨간색 철사의 길이)

$=$ (밑면의 둘레)

$= 24 \times 3.14$

$= \textbf{75.36 (cm)}$

응용 4   (1) (옆면의 가로의 길이)＝(밑면의 둘레)

$$＝13×2×3＝78 \,(\text{cm})$$

      (옆면의 넓이)＝78×30

$$＝2340 \,(\text{cm}^2)$$

  (2) (벽에 색칠된 부분의 넓이)

     ＝(옆면의 넓이)×(벽에 굴린 횟수)

     ＝(옆면의 넓이)×4

     ＝2340×4＝**9360 (cm²)**

예제 4-1 [해법 순서]

① 옆면의 가로의 길이를 구합니다.

② 옆면의 넓이를 구합니다.

③ 바닥에 색칠된 부분의 넓이를 구합니다.

(옆면의 가로의 길이)＝(밑면의 둘레)

$$＝10×2×3.1＝62 \,(\text{cm})$$

(옆면의 넓이)＝62×20

$$＝1240 \,(\text{cm}^2)$$

 ⇨ (바닥에 색칠된 부분의 넓이)

   ＝(옆면의 넓이)×8＝1240×8

   ＝**9920 (cm²)**

[참고]

바닥에 색칠된 부분의 넓이는
(나무토막의 옆면의 넓이)×(바닥에 굴린 횟수)입니다.

예제 4-2 롤러를 한 바퀴 굴렸을 때 페인트가 칠해진 부분의 넓이는 원기둥 모양 롤러의 옆면의 넓이이므로 $5×2×3×11＝330 \,(\text{cm}^2)$입니다.

따라서 롤러를 적어도 $1320÷330＝$**4(바퀴)** 굴렸습니다.

응용 5   (1) 원뿔을 앞에서 본 모양은 다음과 같은 이등변삼각형입니다.

  (2) (이등변삼각형의 넓이)＝12×8÷2

$$＝48 \,(\text{cm}^2)$$

예제 5-1 [해법 순서]

① 구를 앞에서 본 모양을 알아봅니다.

② ①에서 알아본 모양의 넓이를 구합니다.

구를 앞에서 본 모양은 다음과 같은 원입니다.

 ⇨ (원의 넓이)＝9×9×3.14

$$＝254.34 \,(\text{cm}^2)$$

예제 5-2 [해법 순서]

① 원기둥을 옆에서 본 모양을 알아봅니다.

② ①에서 알아본 모양의 넓이를 구합니다.

원기둥을 옆에서 본 모양은 다음과 같은 직사각형입니다.

 ⇨ (직사각형의 넓이)

   ＝(가로)×(세로)

$$＝20×40＝\textbf{800} \,(\textbf{cm}^2)$$

   (직사각형의 둘레)

   ＝{(가로)＋(세로)}×2

$$＝(20＋40)×2＝\textbf{120} \,(\textbf{cm})$$

응용 6 [생각 열기] 원기둥의 전개도에서 옆면의 가로의 길이는 밑면의 둘레와 같습니다.

  (1) 원기둥의 전개도에서 옆면의 가로의 길이:

     (밑면의 반지름)×2×(원주율)

$$＝4×2×3＝24 \,(\text{cm})$$

  (2) 원기둥의 전개도를 그려 각 부분의 길이를 나타내면 다음과 같습니다.

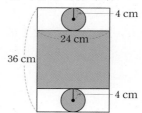

  (3) 가장 긴 옆면의 세로의 길이(＝높이):

     36－(밑면의 지름)×2＝36－8×2

$$＝36－16$$
$$＝\textbf{20} \,(\textbf{cm})$$

[참고]

높이가 가장 긴 상자를 만들려면 전개도에서 옆면의 세로의 길이를 가장 길게 만들어야 합니다.

예제 6-1 [해법 순서]

① 옆면의 가로의 길이를 구합니다.

② 가장 긴 옆면의 세로의 길이를 구합니다.

옆면의 가로의 길이: $5×2×3＝30 \,(\text{cm})$

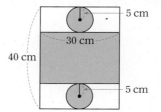

⇨ 가장 긴 옆면의 세로의 길이(=높이):
$40-(밑면의 지름)\times 2$
$=40-10\times 2$
$=\mathbf{20}\,(\mathbf{cm})$

예제 **6-2** 생각 열기 종이의 한 변의 길이는 밑면인 원의 원주와 같습니다.
밑면인 원의 지름을 □ cm라 하면
$\square\times 3.1=31$, $\square=10$입니다.
⇨ (원기둥의 높이)$=31-10\times 2$
$=31-20$
$=\mathbf{11}\,(\mathbf{cm})$

참고
원기둥의 높이는 정사각형의 한 변의 길이에서 밑면인 원의 지름을 2번 뺀 길이와 같습니다.

STEP 3 응용 유형 뛰어넘기
152 ~ 156쪽

01 ⓒ, ⓔ, ⓒ, ⓙ
02 455.7 cm²
03 예 원기둥의 전개도에서 옆면의 가로의 길이는 밑면의 둘레와 같으므로 $10\times 2\times 3.14=62.8$ (cm)입니다. 옆면의 세로의 길이는 원기둥의 높이와 같으므로 30 cm 입니다. ⇨ $62.8-30=32.8$ (cm)
; 32.8 cm
04 55 cm
05 54 cm²
06 예 색칠된 부분의 넓이는 롤러의 옆면의 넓이와 같으므로 롤러의 옆면의 넓이는 360 cm²입니다.
롤러의 밑면의 지름을 □ cm라 하면
$\square\times 3\times 20=360$, $\square\times 3=360\div 20$,
$\square=18\div 3=6$입니다. ; 6 cm
07 10 cm
08 예 밑면의 반지름이 10 cm이고 높이가 16 cm인 원기둥입니다. 이 원기둥의 전개도에서 옆면의 가로의 길이는 $10\times 2\times 3.1=62$ (cm), 세로의 길이는 16 cm입니다. ⇨ (둘레)$=(62+16)\times 2=156$ (cm)
; 156 cm
09 21.98 cm²
10 100.48 cm²
11 515.2 cm²
12 1116 cm
13 2160 cm
14 1980 cm²

01 ⓙ 원기둥의 꼭짓점의 개수: 0개
ⓒ 원뿔의 모선의 개수: 셀 수 없이 많습니다.
ⓒ 원뿔의 꼭짓점의 개수: 1개
ⓔ 원기둥의 밑면의 개수: 2개
⇨ ⓒ > ⓔ > ⓒ > ⓙ

참고
• 원기둥에는 꼭짓점이 없습니다.
• 원뿔에는 모선이 셀 수 없이 많습니다.

02 해법 순서
① 구를 위, 앞, 옆에서 본 모양을 알아봅니다.
② ①에서 알아본 모양의 넓이를 구합니다.
③ 위, 앞, 옆에서 본 모양의 넓이의 합을 구합니다.
구를 위, 앞, 옆에서 본 모양은 다음과 같은 원으로 모두 같습니다.

14 cm

(원의 넓이)$=7\times 7\times 3.1=151.9$ (cm²)
⇨ 위, 앞, 옆에서 본 모양의 넓이의 합:
$151.9\times 3=\mathbf{455.7}\,(\mathbf{cm^2})$

03 해법 순서
① 원기둥의 전개도에서 옆면의 가로의 길이를 구합니다.
② 원기둥의 전개도에서 옆면의 세로의 길이를 구합니다.
③ ①과 ②에서 구한 길이의 차를 구합니다.
서술형 가이드 원기둥의 전개도에서 옆면의 가로의 길이는 밑면의 둘레와 같고 세로의 길이는 원기둥의 높이와 같음을 이용한 풀이 과정이 들어 있어야 합니다.

채점 기준

상	원기둥의 전개도에서 옆면의 가로의 길이와 세로의 길이를 각각 구한 다음 답을 바르게 구함.
중	원기둥의 전개도에서 옆면의 가로의 길이와 세로의 길이는 각각 구했지만 길이의 차를 구하는 과정에서 실수하여 답이 틀림.
하	원기둥의 전개도에서 옆면의 가로의 길이와 세로의 길이를 구하지 못하여 답을 구하지 못함.

04 해법 순서
① 돌리기 전의 반원을 알아봅니다.
② ①의 반원의 둘레를 구합니다.
돌리기 전의 반원은 다음과 같습니다.

22 cm

⇨ (반원의 둘레)$=22+22\times 3\div 2$
$=22+33=\mathbf{55}\,(\mathbf{cm})$

참고

반원의 둘레는 직선 부분과 곡선 부분으로 이루어져 있습니다.

05 **해법 순서**

① 돌리기 전의 평면도형을 알아봅니다.

② ①에서 알아본 도형 중에서 넓이가 가장 작은 경우를 알아봅니다.

③ ②에서 알아본 도형의 넓이를 구합니다.

돌리기 전의 평면도형의 넓이가 가장 작은 경우는 다음과 같은 삼각형입니다.

➡ (삼각형의 넓이)
＝(밑변의 길이)×(높이)÷2
＝12×9÷2
＝**54 (cm²)**

06 **서술형 가이드** 색칠된 부분의 넓이와 롤러의 옆면의 넓이가 같음을 이용하여 롤러의 밑면의 지름을 구하는 풀이 과정이 들어 있어야 합니다.

채점 기준

상	롤러의 옆면의 넓이를 알고 롤러의 밑면의 지름을 바르게 구함.
중	롤러의 옆면의 넓이는 알았지만 롤러의 밑면의 지름을 구하는 과정에서 실수하여 답이 틀림.
하	롤러의 옆면의 넓이를 알지 못하여 답을 구하지 못함.

07 **생각 열기** 원뿔을 잘라서 펼친 모양에서 원뿔의 모선의 길이와 밑면의 둘레가 어느 부분인지 확인해 봅니다.

위 그림과 같이 원뿔을 잘라서 펼친 모양에서
(빨간색 선의 길이)＝(원뿔의 모선의 길이),
(파란색 선의 길이)＝(밑면의 둘레)입니다.
원뿔의 모선의 길이를 □ cm라 하면
□×2+15.7×2=51.4,
□×2+31.4=51.4,
□×2=51.4−31.4,
□=20÷2=10
따라서 원뿔의 모선의 길이는 **10 cm**입니다.

08 **서술형 가이드** 주어진 모양이 어떤 원기둥을 본 모양인지 알아본 다음 전개도에서 옆면의 넓이를 구하는 풀이 과정이 들어 있어야 합니다.

채점 기준

상	원기둥의 모양을 알아본 다음 답을 바르게 구함.
중	원기둥의 모양은 알았지만 전개도에서 옆면의 넓이를 구하는 과정에서 실수하여 답이 틀림.
하	원기둥의 모양을 알지 못하여 답을 구하지 못함.

09 **해법 순서**

① 변 ㄴㄷ을 기준으로 하여 돌려서 만든 입체도형의 밑면의 넓이를 구합니다.

② 변 ㄱㄷ을 기준으로 하여 돌려서 만든 입체도형의 밑면의 넓이를 구합니다.

③ ①과 ②에서 구한 밑면의 넓이의 차를 구합니다.

변 ㄴㄷ을 기준으로 할 때:

➡ (밑면의 넓이)＝3×3×3.14
＝28.26 (cm²)

변 ㄱㄷ을 기준으로 할 때:

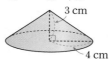

➡ (밑면의 넓이)＝4×4×3.14
＝50.24 (cm²)

➡ (밑면의 넓이의 차)＝50.24−28.26
＝**21.98 (cm²)**

10 **해법 순서**

① 원기둥, 원뿔, 구를 위에서 본 모양을 각각 알아봅니다.

② 넓이가 가장 큰 원과 가장 작은 원의 넓이를 구합니다.

③ ②에서 구한 원의 넓이의 차를 구합니다.

원기둥, 원뿔, 구를 위에서 본 모양은 모두 원입니다.

원기둥　　　원뿔　　　　　구

넓이가 가장 큰 것은 반지름이 9 cm인 원이고 넓이가 가장 작은 것은 반지름이 7 cm인 원입니다.

➡ (넓이의 차)＝9×9×3.14−7×7×3.14
＝254.34−153.86
＝**100.48 (cm²)**

참고

반지름의 길이가 길수록 넓이가 큰 원입니다.

11 원기둥의 전개도에서 옆면의 가로의 길이를 □ cm라 하면 밑면의 둘레도 □ cm입니다.

원기둥의 전개도에는 옆면의 가로의 길이와 같은 길이가 4개 있고 높이가 2개 있으므로

□×4＋10×2=226.08,

□×4＋20=226.08,

□×4=206.08,

□=206.08÷4=51.52입니다.

⇨ (옆면의 넓이)=51.52×10

　　　　　　　　=**515.2 (cm²)**

> 참고
> 원기둥의 전개도에서
> (옆면의 가로의 길이)=(밑면의 둘레),
> (옆면의 세로의 길이)=(원기둥의 높이)입니다.

12 해법 순서
① 원기둥의 전개도를 그려 봅니다.
② 옆면의 가로의 길이를 구합니다.
③ 원기둥의 전개도의 둘레를 구합니다.

원기둥의 전개도를 그리면 다음과 같습니다.

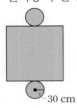

30 cm

(옆면의 가로의 길이)=(밑면인 원의 둘레)

　　　　　　　　　=30×2×3.1

　　　　　　　　　=186 (cm)

전개도에서 옆면이 정사각형이므로 한 변의 길이는 186 cm입니다.

⇨ (원기둥의 전개도의 둘레)

　=186×6

　=**1116 (cm)**

13 해법 순서
① 쇠막대 한 바퀴를 감는 데 필요한 에나멜선의 길이를 구합니다.
② 쇠막대 20개에 감는 데 필요한 에나멜선의 길이를 구합니다.

쇠막대 한 바퀴를 감는 데 필요한 에나멜선의 길이는

1.2×2×3=7.2 (cm)입니다.

쇠막대 20개에 에나멜선을 감으려면

15×20=300(바퀴)를 감아야 합니다.

⇨ 7.2×300=**2160 (cm)**

> 다른 풀이
> 쇠막대 한 바퀴를 감는 데 필요한 에나멜선의 길이는 1.2×2×3=7.2 (cm)이고, 쇠막대 한 개를 감는데 필요한 에나멜선의 길이는 7.2×15=108 (cm)입니다. 따라서 쇠막대 20개를 감는 데 필요한 에나멜선의 길이는 108×20=**2160 (cm)**입니다.

14 해법 순서
① 팔토시 한 쪽을 만드는 데 필요한 천의 가로와 세로를 각각 구합니다.
② 팔토시 한 쌍을 만드는 데 필요한 천의 가로와 세로를 각각 구합니다.
③ 팔토시 한 쌍을 만드는 데 필요한 천의 넓이를 구합니다.

〈팔토시 한 쪽을 만드는 데 필요한 천〉

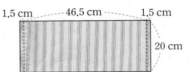

1.5 cm — 46.5 cm — 1.5 cm / 20 cm

팔토시의 밑면의 둘레는 15×3.1=46.5 (cm)이고, 양쪽 끝으로 1.5 cm씩 더 긴 천이 필요하므로 팔토시 한 쪽을 만드는 데에는 가로 46.5＋1.5＋1.5=49.5 (cm), 세로 20 cm인 직사각형 모양의 천이 필요합니다.

팔토시 한 쌍을 만드는 데에는 가로 49.5×2=99 (cm), 세로 20 cm인 직사각형 모양의 천이 필요합니다.

⇨ 팔토시 한 쌍을 만드는 데 필요한 천의 넓이는 적어도 99×20=**1980 (cm²)**입니다.

실력평가 157 ~ 159쪽

01 나, 다 **02**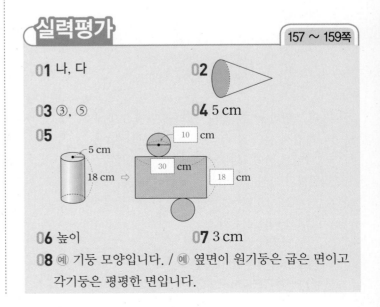

03 ③, ⑤ **04** 5 cm

05

5 cm / 18 cm ⇨ / 10 cm / 30 cm / 18 cm

06 높이 **07** 3 cm

08 예 기둥 모양입니다. / 예 옆면이 원기둥은 굽은 면이고 각기둥은 평평한 면입니다.

09 ④

10 8 cm, 6 cm

11

	원기둥	원뿔
밑면의 모양	원	원
밑면의 개수(개)	2	1

12 15 cm

13 ⑩ 굽은 면으로 둘러싸여 있습니다. / ⑩ 원뿔은 뿔 모양이고 구는 공 모양입니다.

14 930 cm²

15 다

16 ⑩ 농구공, 축구공, 야구공

17 원뿔, 원기둥, 구

18 108 cm²

19

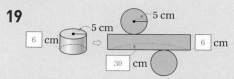

20 ⑩ 빨간색 철사의 길이는 원기둥에서 밑면의 둘레와 같으므로 (두 밑면의 둘레의 합)=31.4×2=62.8 (cm)입니다. 높이를 나타내는 철사가 3개이므로 12×3=36 (cm)입니다. 따라서 사용한 철사의 길이는 62.8+36=98.8 (cm)입니다. ; 98.8 cm

01 위와 아래에 있는 면이 서로 평행하고 합동인 원으로 이루어진 입체도형을 모두 찾으면 **나, 다**입니다.

02 원뿔에서 평평한 면을 찾아 색칠합니다.

03 두 밑면에 수직인 선분을 모두 찾으면 선분 ㄱㄷ, 선분 ㄴㄹ입니다.

> 참고
> • 원기둥의 구성 요소
> 밑면: 서로 평행하고 합동인 두 면
> 옆면: 두 밑면과 만나는 면
> 높이: 두 밑면에 수직인 선분의 길이

04 구의 반지름은 반원의 반지름과 같습니다.

05 밑면의 지름: 5×2=**10** (cm)
(전개도에서 옆면의 가로의 길이)
=(밑면의 둘레)
=(밑면인 원의 지름)×(원주율)
=10×3=**30** (cm)

06 (전개도에서 옆면의 세로의 길이)
=(원기둥의 **높이**)=18 cm

> 참고
> 원기둥의 전개도에서
> (옆면의 가로의 길이)=(밑면의 둘레),
> (옆면의 세로의 길이)=(원기둥의 높이)입니다.

07 모선의 길이: 15 cm, 높이: 12 cm
⇨ 15−12=**3 (cm)**

> 참고
> 원뿔에서
> 모선: 원뿔의 꼭짓점과 밑면인 원의 둘레의 한 점을 이은 선분
> 높이: 원뿔의 꼭짓점에서 밑면에 수직인 선분의 길이

08 서술형 가이드 원기둥과 각기둥을 비교하여 공통점과 차이점을 바르게 써야 합니다.

> 채점 기준
>
> | 상 | 공통점과 차이점을 각각 1개씩 바르게 씀. |
> |---|---|
> | 중 | 공통점과 차이점 중 한 가지만 바르게 씀. |
> | 하 | 공통점과 차이점을 모두 쓰지 못함. |

> 다른 풀이
> 공통점: 두 밑면이 서로 평행하고 합동입니다.
> 차이점: 밑면의 모양이 원기둥은 원이고 각기둥은 다각형입니다.

09 ④ 원기둥의 밑면은 2개입니다.

10 만들어진 입체도형은 밑면의 반지름이 4 cm, 높이가 **6 cm**인 원뿔입니다.
⇨ (밑면의 지름)=4×2=**8 (cm)**

> 참고
>
> | 돌리기 전의 모양 | 만들어진 입체도형 |
> |---|---|
> | 직사각형 | 원기둥 |
> | 직각삼각형 | 원뿔 |
> | 반원 | 구 |

11 원기둥의 밑면은 모양이 **원**이고 **2**개입니다.
원뿔의 밑면은 모양이 **원**이고 **1**개입니다.

> 참고
> • 원기둥과 원뿔의 비교
> 〈공통점〉
> 밑면의 모양이 원이고 옆면이 굽은 면으로 되어 있습니다.
> 〈차이점〉
> ① 원기둥은 기둥 모양이고 원뿔은 뿔 모양입니다.
> ② 밑면이 원기둥은 2개이고 원뿔은 1개입니다.
> ③ 원기둥은 뾰족한 부분이 없지만 원뿔은 있습니다.

12 해법 순서

① 밑면의 둘레를 구합니다.

② ①을 이용하여 높이를 구합니다.

(밑면의 둘레)$=4\times2\times3.1=24.8\,(cm)$

(높이)

$=($원기둥의 전개도에서 옆면의 넓이$)\div($밑면의 둘레$)$

$=372\div24.8=\mathbf{15\,(cm)}$

참고

원기둥의 밑면의 둘레는 전개도에서 옆면의 가로의 길이와 같으므로 (높이)$=($옆면의 넓이$)\div($밑면의 둘레$)$로 구할 수 있습니다.

13 서술형 가이드 원뿔과 구를 비교하여 공통점과 차이점을 바르게 써야 합니다.

채점 기준

상	공통점과 차이점을 각각 1개씩 바르게 씀.
중	공통점과 차이점 중 한 가지만 바르게 씀.
하	공통점과 차이점을 모두 쓰지 못함.

다른 풀이

• 원뿔과 구의 비교

〈공통점〉

굽은 면으로 둘러싸여 있습니다.

〈차이점〉

① 원뿔은 뿔 모양인데 구는 공 모양입니다.

② 뾰족한 부분이 원뿔은 있지만 구는 없습니다.

③ 원뿔은 보는 방향에 따라 모양이 다르지만 구는 어느 방향에서 보아도 모양이 같습니다.

14 생각 열기 필요한 색도화지의 넓이는 원기둥의 전개도에서 옆면의 넓이와 같습니다.

⇨ 원기둥의 전개도에서 (옆면의 넓이)

$=($옆면의 가로의 길이$)\times($원기둥의 높이$)$

$=10\times2\times3.1\times15=\mathbf{930\,(cm^2)}$입니다.

15 생각 열기 반원 모양을 지름을 기준으로 돌리면 구가 되고 눈사람은 구 모양 2개를 붙인 것과 같으므로 반원 모양 2개를 붙인 모양을 찾습니다.

다

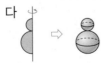

16 우리 주변에서 볼 수 있는 공 모양의 물건을 씁니다.

참고

탁구공, 지구본, 골프공, 구슬 등 공 모양의 물건은 모두 정답입니다.

17 각 부분에 사용한 입체도형은 다음과 같습니다.

18 해법 순서

① 주어진 원뿔을 앞에서 본 모양을 알아봅니다.

② ①에서 알아본 모양의 넓이를 구합니다.

주어진 원뿔을 앞에서 본 모양은 다음과 같습니다.

⇨ (앞에서 본 모양의 넓이)$=($삼각형의 넓이$)$

$=18\times12\div2$

$=\mathbf{108\,(cm^2)}$

참고

(삼각형의 넓이)$=($밑변의 길이$)\times($높이$)\div2$

19 해법 순서

① 원기둥의 전개도에서 옆면의 가로의 길이를 구합니다.

② ①과 전개도의 둘레를 이용하여 원기둥의 높이를 구합니다.

원기둥의 전개도에서 (옆면의 가로의 길이)

$=($밑면의 둘레$)=5\times2\times3$

$=\mathbf{30\,(cm)}$입니다.

원기둥의 높이를 $\square$ cm라 하면

$30\times4+\square\times2=132$,

$120+\square\times2=132$,

$\square\times2=12$, $\square=\mathbf{6}$입니다.

20 해법 순서

① 두 밑면의 둘레의 합을 구합니다.

② 높이를 나타내는 철사의 길이를 구합니다.

③ 사용한 철사의 길이를 구합니다.

서술형 가이드 두 밑면의 둘레의 합과 높이를 나타내는 철사의 길이를 구하는 풀이 과정이 들어 있어야 합니다.

채점 기준

상	두 밑면의 둘레의 합과 높이를 나타내는 철사의 길이를 구하여 답을 바르게 구함.
중	두 밑면의 둘레의 합과 높이를 나타내는 철사의 길이는 구하였으나 답이 틀림.
하	두 밑면의 둘레의 합과 높이를 나타내는 철사의 길이를 구하지 못하여 답을 구하지 못함.

기본탄탄 나의 첫 중학 내신서 **체크체크 전과목 시리즈**

국어
공통·저자별/학기서

개념은 빠르게
성적은 확실하게

베이직 수학
학기서

개념을 더 쉽게
하나하나 차근차근

수학
학기서

개념, 유형, 실전
모두 잡는 베스트셀러

사회·역사
학기서/연간서

전국 기출문제를 분석한
학교 시험대비 최강자

과학
학기서/연간서

한권으로 진도+내신
모두 잡는 기본서

영어
학기서

중학영어의 기본
실전 대비 종합서

참 잘했어요

수학의 모든 응용 문제를 풀 정도로
실력이 성장한 것을 축하하며
이 상장을 드립니다.

이름 _____

날짜 _____년____월____일

수학 전문 교재

● 연산 학습

빅터연산	예비초~6학년, 총 20권
창의융합 빅터연산	예비초~4학년, 총 16권

● 개념 학습

개념클릭 해법수학	1~6학년, 학기용

● 수준별 수학 전문서

해결의법칙(개념/유형/응용)	1~6학년, 학기용

● 단원평가 대비

수학 단원평가	1~6학년, 학기용

● 단기완성 학습

초등 수학전략	1~6학년, 학기용

● 상위권 학습

최고수준 S 수학	1~6학년, 학기용
최고수준 수학	1~6학년, 학기용
최강 TOT 수학	1~6학년, 학년용

● 경시대회 대비

해법 수학경시대회 기출문제	1~6학년, 학기용

예비 중등 교재

● 해법 반편성 배치고사 예상문제	6학년
● 해법 신입생 시리즈(수학/영어)	6학년

맞춤형 학교 시험대비 교재

● 열공 전과목 단원평가	1~6학년, 학기용(1학기 2~6년)

한자 교재

● 해법 NEW 한자능력검정시험 자격증 한번에 따기	6~3급, 총 8권
● 씽씽 한자 자격시험	8~5급, 총 4권
● 한자 전략	8~5급Ⅱ, 총 12권

우리 아이만
알고 싶은
상위권의
시작

최고를
경험해 본 아이의 성취감은
학년이 오를수록
빛을 발합니다

최고수준

완성

초등수학

5-2

* 1~6학년 / 학기 별 출시
동영상 강의 제공